计算机技术入门丛书

Python程序设计
从入门到数据科学 微课视频版

周蓉 周景 师瑞峰 魏军强 滕婧 ◎ 编著

清华大学出版社
北京

内 容 简 介

本书由浅入深地介绍了 Python 语言相关的基本知识、数据结构和基础语法。全书共 15 章，内容包括计算机基础知识、初识 Python、Python 语言基础、选择结构、循环结构、列表与元组、字典和集合、字符串、函数、面向对象程序设计、模块、异常处理及程序调试、文件与目录操作、用 numpy 实现面向数组的编程、数据科学简介：Pandas Series 和 DataFrame。

本书可作为高等院校 Python 相关课程的教材，也可供相关工程技术人员和科研工作者作为参考。

图书在版编目（CIP）数据

Python 程序设计：从入门到数据科学：微课视频版 / 周蓉等编著. -- 北京：清华大学出版社，2024. 11.
（计算机技术入门丛书）. -- ISBN 978-7-302-67549-5

Ⅰ. TP312.8

中国国家版本馆 CIP 数据核字第 20241WS834 号

责任编辑：温明洁　薛　阳
封面设计：刘　键
责任校对：胡伟民
责任印制：宋　林

出版发行：清华大学出版社
　　　网　　　址：https://www.tup.com.cn，https://www.wqxuetang.com
　　　地　　　址：北京清华大学学研大厦 A 座　　　邮　　　编：100084
　　　社 总 机：010-83470000　　　邮　　　购：010-62786544
　　　投稿与读者服务：010-62776969，c-service@tup.tsinghua.edu.cn
　　　质量反馈：010-62772015，zhiliang@tup.tsinghua.edu.cn
　　　课件下载：https://www.tup.com.cn，010-83470236
印 装 者：三河市科茂嘉荣印务有限公司
经　　　销：全国新华书店
开　　　本：185mm×260mm　　　印　　　张：17　　　字　　　数：425 千字
版　　　次：2024 年 12 月第 1 版　　　印　　　次：2024 年 12 月第 1 次印刷
印　　　数：1～1500
定　　　价：59.90 元

产品编号：104380-01

前言
PREFACE

新一轮科技革命和产业变革带动了传统产业的升级改造。党的二十大报告强调"必须坚持科技是第一生产力、人才是第一资源、创新是第一动力,深入实施科教兴国战略、人才强国战略、创新驱动发展战略,开辟发展新领域新赛道,不断塑造发展新动能新优势"。建设高质量高等教育体系是摆在高等教育面前的重大历史使命和政治责任。高等教育要坚持国家战略引领,聚焦重大需求布局,推进新工科、新医科、新农科、新文科建设,加快培养紧缺型人才。

"高级语言程序设计(Python)"是我国理工类院校的一门必修课程。该课程的学习不仅要掌握 Python 高级程序设计语言的知识,更重要的是在实践中逐步掌握程序设计的思想和方法,培养问题求解和语言的应用能力。为了更好地体现高等学校人才培养的基本要求,本课程内容的改革本着突出基础理论知识的应用和实践能力培养的原则,按照突出应用性和实战性的原则重组课程结构并更新教学内容。为了适应新的教学要求,我们编写了本书。本书内容不但符合教学大纲要求,而且以培养学生程序设计能力为目标。

Python 是一个结合了解释性、编译性、互动性和面向对象的高层次脚本语言,具有非常好的可读性、良好的表达能力、丰富的数据结构、清晰的程序结构,拥有丰富而强大的标准库和第三方库等优势。由于 Python 涉及的概念较多,语法规则比较繁杂且使用灵活,对于缺乏计算机基础知识的初学者来说,容易引起混乱。尽管目前有关 Python 程序设计的教材很多,但现有的教材一般围绕语言本身的体系展开内容,以讲解语言知识为主,特别注重语法知识讲解,书中大多数例题也是围绕语法知识展开,很容易使学生陷入繁杂的语法记忆和理解中,对 Python 的学习产生畏难情绪。

本书是作者多年教学经验和应用 Python 体会的结晶,在内容选择和结构组织上,体现以培养程序设计能力为核心,以 Python 基础知识、算法基本概念和程序基本结构为重点的教学理念。本书具有以下几个特点。

在结构组织上,秉承学以致用的原则,按照循序渐进的方式安排内容,旨在激发读者的学习兴趣和热情。每一章都以案例和问题引入内容,并以解决问题为导向,重点介绍与程序设计相关的思想和方法。为了避免过多地罗列 Python 的语法规则,将难点分散到各个章节中,以便于学生更好地理解和掌握。第 1 章介绍了计算机基础知识,第 2 章介绍了 Python 语言和运行环境,第 3 章简要介绍了 Python 的基本语法知识、函数、常用数据类型、运算符和表达式、对象和输入/输出语句,帮助学生实现简单的程序设计。随后,第 4、5 章分别介绍了数据类型、表达式、数据类型转换等烦琐的运算规则,以及选择结构和循环结构两种逻辑结构,以实现更加复杂的代码逻辑结构。第 6 章介绍了两种序列数据类型——列表和元组,第

7 章介绍了字典与集合的基本操作,第 8 章介绍了字符串的基本操作。第 9 章着重介绍了各种函数的创建与调用,帮助学生掌握模块化的程序设计思想。第 10 章介绍了如何创建自定义类和类对象的方法、类的构造函数的使用方法、类的属性和方法的使用,及父类和子类以及继承的概念,帮助学生掌握面向对象编程的使用方法。第 11 章介绍了如何导入并使用 Python 标准库和第三方库,以便编程人员根据不同的开发场景更好地完成任务。第 12 章重点介绍了异常处理及程序调试,帮助学生掌握当异常抛出时,如何寻找到发生错误的位置和错误类型,并通过程序调试解决异常。第 13 章介绍了文件与目录操作,帮助学生掌握对文件的读写操作和对目录的基本操作。第 14 章介绍了基于 numpy 库实现面向数组的编程,通过一个较为完整的案例帮助学生掌握 Python 的编程与设计。最后,第 15 章介绍了 Pandas 库以及 Series 和 DataFrame 数据结构,帮助学生在以后的学习和工作中更方便地对数据集进行数据清洗和数据分析。

在写作风格上,注重教材的可读性和可用性。每一章都以学习目标开始,让学生首先了解本章学习的关键内容。每一章都重点关注语言基础知识、算法基本概念和程序基本结构,并引入了大量的例题,侧重于例题分析。例题分析的重点也放在了程序设计的思想方法上,力求做到引人入胜,不断增加读者的编程兴趣。对于书中的每一个例题,都给出了在 Jupyter Notebook 环境下的运行结果。每一章的结尾都有一个小结,旨在对本章的内容进行系统的概括和总结。为了方便学生学习和掌握,对于一些常用的语法规则和常见的错误提示,都用简短精辟的语言进行了总结,以提醒读者加强记忆。在主要章节之中加入了实践与练习部分,将专业知识的学习与课程思政要素融入课程教学设计与课后练习中,有利于培养学生正确的价值观和科学史观。

本书第 1、2 章由魏军强编写,第 3～5 章由周蓉编写,第 6～11 章由周景编写,第 12、13 章由滕婧编写,第 14、15 章由师瑞峰编写,全书由周景统稿。

在本书的编写过程中得到了很多老师无私的帮助和支持,在此一并向他们表示衷心的感谢。

由于编者水平所限,书中难免存在不足之处,恳请广大读者批评指正。

编 者

2024 年 12 月

目 录

CONTENTS

随书资源

第 **1** 章

计算机基础知识

学习目标：

- 掌握计算机的基本概念，了解计算机的定义、发展历程以及基本组成。
- 熟悉计算机程序和程序设计语言，掌握程序设计方法和程序的编写与执行。
- 了解浮点数的基本概念，掌握进制转换规则。
- 熟悉常见的信息编码方式。

计算机是 20 世纪人类最伟大的发明创造之一，本章首先介绍计算机的基本概念，帮助读者了解计算机的发展历程以及基本组成。

Python 是一门程序设计语言，在开始 Python 学习前要熟悉计算机程序和程序设计语言，掌握程序设计方法和程序的编写与执行，掌握进制转换规则，熟悉浮点数类型和常见的编码方式。通过本章的学习，读者可以对程序设计所需的基础知识有一个大概的了解。

1.1 计算机构成

1.1.1 计算机的定义

计算机(Computer)俗称电脑，是现代一种用于高速计算的电子计算机器，既可以进行数值计算，又可以进行逻辑计算，还具有存储记忆功能，是能够按照程序运行，自动、高速处理海量数据的现代化智能电子设备。

通用计算机系统由硬件和软件组成。物理计算机和外围设备统称为硬件，计算机执行的程序称为软件。

1.1.2 计算机发展历程

计算机的发展经历了以下 4 个阶段。

第一代是电子管计算机时代(1946—1958 年)。1946 年，第一台电子计算机问世于美国宾夕法尼亚大学，冯·诺依曼参与设计，占地 170m^2，是计算机发展历史上的一个里程碑。这代计算机因选用整流管而体积大、耗电量多、计算效率低、存储量小、可靠性差。

第二代是电子管时代(1958—1964 年)。这代计算机比第一代计算机的特性增强了数十倍，软件配备逐渐产生，一些高级程序设计语言相继问世，外部设备也由几种提升到数十种。

微课视频

第三代是集成电路计算机时代(1964—1970年)。这代计算机的体积和耗电量显著降低,处理速度、存储量、可靠性有很大的提升,拥有计算机操作系统,机型多元化、通用化,并和通信技术融合,使计算机运用到很多科技进步行业。

第四代便是大规模电路计算机时代(20世纪70年代至今)。这代计算机体积更小,耗电量更少,计算速率提升到每秒上百万次,计算机可靠性也进一步提高。我国自主研发的"银河"巨型计算机是目前运算速度最快、存储容量最大、功能最强的电子计算机之一。"银河"系列超级计算机如今广泛应用于涉及国计民生的各个领域,例如,天气预报、工程物理、石油勘探、工程数据处理、卫星图像处理与分析、大型科学与工程计算、国防等,产生了巨大的经济效益和社会效益。

1.1.3　计算机的基本组成

计算机的基本组成包括控制器、运算器、存储器、输入设备和输出设备。

控制器：整个计算机的中枢神经,其功能是对程序规定的控制信息进行解释,根据其要求进行控制,调度程序、数据、地址,协调计算机各部分工作及内存与外设的访问等。

运算器：运算器的功能是对数据进行各种算术运算和逻辑运算,即对数据进行加工处理。

存储器：存储器的功能是存储程序、数据和各种信号、命令等信息,并在需要时提供这些信息。

输入设备：输入设备是计算机的重要组成部分,输入设备与输出设备合称为外部设备,简称外设。输入设备的作用是将程序、原始数据、文字、字符、控制命令或现场采集的数据等信息输入计算机。常见的输入设备有键盘、鼠标、光电输入机、磁带机、磁盘机、光盘机等。

输出设备：输出设备同样是计算机的重要组成部分,它把计算机的中间结果或最后结果、机内的各种数据符号及文字或各种控制信号等信息输出出来。常用的输出设备有显示终端CRT、打印机、激光印字机、绘图仪及磁带、光盘机等。

1.2　软件和程序

1.2.1　计算机软件

计算机软件是指计算机系统中的程序及其文档。程序是计算任务的处理对象和处理规则的描述；文档是为了便于了解程序所需的阐明性资料。计算机软件一般分为系统软件和应用软件两大类。

系统软件使得计算机使用者和其他软件将计算机当作一个整体而不需要顾及底层每个硬件是如何工作的,它为计算机的使用提供最基本的功能,但是并不针对某一特定应用领域。一般来讲,系统软件包括操作系统和一系列基本的工具(如编译器、数据库管理、存储器格式化、文件系统管理、用户身份验证、驱动管理、网络连接等方面的工具)。

具体包括以下4类。

(1)各种服务性程序,如诊断程序、排错程序、练习程序等。

(2)语言程序,如汇编程序、编译程序、解释程序。

(3)操作系统。

（4）数据库管理系统。

应用软件是为了某种特定的用途而被开发出来的软件。它可以是一个特定的程序，例如，一个图像浏览器；也可以是一组功能联系紧密、可以互相协作的程序的集合，例如，微软的 Office 软件；还可以是一个由众多独立程序组成的庞大的软件系统，例如，数据库管理系统。不同的应用软件根据用户和所服务的领域提供不同的功能。

1.2.2　计算机程序和程序设计语言

微课视频

按照程序设计语言规划组织起来的一组计算机指令称为计算机程序。计算机程序指定计算机完成任务所需的一系列步骤。

程序设计语言，又称为编程语言，是一组用来定义计算机程序的语法规则。每一种语言都有一套独特的关键字和程序指令语法。

程序设计语言分为低级语言和高级语言两类。

低级语言与特定的机器有关。机器语言是第一代程序设计语言，使用二进制代码 0 和 1 编写程序，能够直接被计算机识别和执行，但机器语言编写的程序无明显特征，不便于阅读和书写。汇编语言是第二代程序设计语言，其实质和机器语言是相同的，都是直接对硬件操作，只不过指令采用了英文缩写的标识符，更容易识别和记忆，它同样需要将每一步具体的操作用命令的形式写出来，所以使用汇编语言需要有更多的计算机专业知识。

高级语言独立于机器，一种高级语言可以在多种计算机和操作系统上运行。相对于低级语言，高级语言更接近于人类的正常思维，程序编写更为容易，可读性较强。但高级语言所编制的程序不能直接被计算机识别，必须通过编译器或者解释器将其翻译为机器语言后才能被执行。

计算机语言可以根据其解决问题的方法进行分类，按照程序如何处理数据的模型或者框架（即范式），程序设计语言通常分为以下几类。

（1）面向过程的编程语言。面向过程把事情拆分成几个步骤，相当于拆分成一个个的方法和数据，然后按照一定的顺序执行。这种编程方式符合人类的思维，编写起来相对比较简单，但是编写的代码往往只适用于一个功能，如果想再实现其他功能，即使功能相差极小，也往往要重新编写代码，所以可复用性比较低，并且难于维护。BASIC、FORTRAN、Pascal、C 等编程语言属于该范式。

（2）面向对象的编程语言。面向对象的编程语言设计的出发点是为了能更加直接地描述客观世界中存在的事件（及对象）以及它们之间的关系，它将特定类型的数据与操作封装在一起成为一个对象，给对象赋一些属性和方法，然后让每个对象去执行自己的方法。面向对象的编程语言易复用、扩展性强、易维护，由于面向对象有封装、继承、多态的特点，可以设计出低耦合的系统，使系统更加灵活、更加易于维护，但效率比面向过程低。Java、C♯、C++、Smalltalk、Visual Basic 等编程语言属于该范式。

（3）函数式编程语言。函数式编程语言将计算机运算视为数学上的函数计算，将输入列表映射到输出列表，并且避免使用程序状态以及易变对象。这意味着对于一个函数，不管何时运行，它都应该像第一次运行一样，给定相同的输入，给出相同的输出，完全不依赖外部状态的变化，且所有的数据都是不可变的。如果想修改一个对象，应该创建一个新的对象用来修改，而不是修改已有的对象。LISP、Scheme、Haskell、F♯ 等编程语言属于该范式。

（4）逻辑式编程语言。逻辑式编程语言范式使用一组事实和一组规则来回答查询，它基于希腊数学家定义的形式逻辑。Prolog等编程语言属于该范式。

Python属于多范式编程语言，既支持面向过程的编程，也支持面向对象的编程。

1.2.3　程序设计方法

常见的程序设计方法主要包括两种，即结构化程序设计和面向对象的程序设计。在结构化程序设计中，任何程序段的编写都基于三种结构：分支结构、循环结构和顺序结构。程序具有明显的模块化特征，每个程序模块具有唯一的出口和入口语句，结构化程序的结构简单清晰、模块化强、可读性强。面向对象程序设计方法是尽可能模拟人类的思维方式，使得软件的开发方法与过程尽可能接近人类认识世界、解决现实问题的方法和过程，即使得描述问题的问题空间与问题的解决方案空间在结构上尽可能一致，把客观世界中的实体抽象为问题域中的对象。

结构化程序设计通常采用自顶向下、逐步求精的程序设计方法。首先从主控程序开始，然后把每个功能分解成更小的功能模块，其特点是层次清楚、编写方便。

自顶向下程序设计的基本思想如下。

（1）问题分解。将求解问题分解为一系列的小问题，将小问题进一步分解，直到得到可以使用算法求解的简单问题。

（2）算法实现。为分解后的可求解的简单问题设计接口和算法，并编写各个模块函数的实现程序。

（3）组合程序。将各个模块函数组合起来，完成求解问题的最终程序设计。

采用自顶向下方法设计的程序，一般可以通过自底向上的方法来实现，即先实现、运行和测试每一个基本函数，再测试由基本函数组成的整体函数，这样有助于定位错误。

1.2.4　程序的编写和执行

微课视频

一般使用文本编辑器编写和编辑程序。使用文本编辑器编写一个程序后，将文件保存到磁盘上，包含程序代码的文件称为源文件。

计算机只能直接识别和执行机器语言，所以不管使用什么程序设计语言，最终都需要将源文件转换成机器语言。将源文件转换成机器语言有以下两种转换方法。

（1）编译。编译是把源代码的语句编译成机器语言，并最终生成二进制文件，这样运行时计算机可以直接以机器语言来运行此程序，在运行时会有很好的性能。编译器把一个源程序翻译成目标程序的工作过程分为5个阶段：词法分析、语法分析、语义检查和中间代码生成、代码优化、目标代码生成。主要是进行词法分析和语法分析，又称为源程序分析，分析过程中发现有语法错误，给出提示信息。编译器的主要工作流程如图1-1所示。

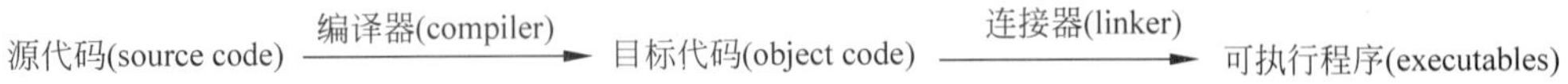

源代码(source code)　——编译器(compiler)——→　目标代码(object code)　——连接器(linker)——→　可执行程序(executables)

图 1-1　编译流程

（2）解释。解释器直接解释执行高级程序设计语言，只有在执行到对应的语句时才会将源代码逐行地解释成机器语言，给计算机来执行，解释器解释一句后就提交计算机执行一句，并不形成目标程序。如在终端上输入一条命令或语句，解释器就立即将此语句解释成一条或几条指令并提交硬件立即执行且将执行结果反映到终端,从终端把命令输入后,就能立即得到计算结果。这种工作方式非常适合于人通过终端设备与计算机对话。

高级编程语言根据执行机制的不同可以分成静态语言和脚本语言两类。

采用编译方式执行的语言属于静态语言,如 C、C++、C♯、Java 等。静态语言的优点在于编译后的目标代码可以直接运行,运行速度快、代码效率高,编译后的程序不可修改、保密性较好。

采用解释方式执行的语言属于脚本语言,如 JavaScript、PHP、Python 等。脚本语言的优点在于可移植性较好,只要有解释环境,源代码就可以在不同的操作系统上运行,解释执行需要保留源代码,因此程序纠错和维护十分方便。

1.3　浮点数标准和进制转换

1.3.1　进位记数法

微课视频

上文提到计算机只能识别二进制的数据,那么除二进制之外还有哪些常见的进制呢?

首先对进制的概念进行介绍,进制也就是进位记数制,是人为定义的带进位的记数方法(也有不带进位的记数方法,如原始的结绳记数法、唱票时常用的“正”字记数法等),可以用有限的数字符号代表所有的数值。进制所使用数字符号的数目称为基数或底数,基数为 R,即可称为 R 进位制,简称 R 进制。

几种常见进制如下。

1. 十进制

十进制的基数为 10,数码由 0~9 组成,生活中实际使用的是十进制。十进制记数法包括十进位和位值制两条原则,“十进”即满十进一;“位值”则是同一个数位在不同的位置上所表示的数值也就不同,如三位数“111”,右边的“1”在个位上表示 1 个一,中间的“1”在十位上就表示 1 个十,左边的“1”在百位上则表示 1 个百。

2. 二进制

二进制由两个数码 0、1 组成,二进制数运算规律是逢二进一。为区别于其他进制,二进制数的书写通常在数的右下方注上基数 2,或在后面加 B 表示,其中,B 是英文二进制 Binary 的首字母。例如,二进制数 10110011 可以写成 $(10110011)_2$ 或 10110011B。计算机领域之所以采用二进制进行记数,是因为二进制具有以下优点:①二进制数中只有两个数码 0 和 1,可用具有两个不同稳定状态的元器件来表示一位数码,例如,电路中某一通路的电流的有无、某一结点电压的高低、晶体管的导通和截止等;②二进制数运算简单,大大简化了计算中运算部件的结构;③二进制天然兼容逻辑运算。

3. 八进制

由于二进制数据的基数较小,所以数据的书写和阅读不方便,为此,引入了八进制。八进制的基数 $R=8=2^3$,由数码 0~7 组成,并且每个数码正好对应三位二进制数,所以八进制能很好地反映二进制。八进制用下标 8 或数据后面加 O 表示,例如,八进制数 31 可写成 $(31)_8$ 或者 31O。

4. 十六进制

由于二进制数在使用中位数太长,不容易记忆,所以又提出了十六进制数。

十六进制数由 16 个数码数字 0~9 加上字母 A~F 组成(A~F 分别表示十进制数 10~15)。十六进制数运算规律是逢十六进一,即基数 $R=16=2^4$。通常在表示时用尾部标志 H 或下标 16 以示区别,例如,十六进制数 4AC8 可写成 $(4AC8)_{16}$ 或 4AC8H。

微课视频

1.3.2 浮点数

在实际编程中,处理的数据不一定是纯整数,而且有些数据的数值范围相差很大,对此,引入了浮点数的概念。浮点数即小数点的位置可以浮动的数,例如:

$$12.37 = 1.237 \times 10^1 = 123.7 \times 10^{-1} = 0.1237 \times 10^2$$

显然,这里小数点的位置是变化的,但因为分别乘上了不同的 10 的幂次方,故值不变。

通常,浮点数被表示为

$$V = (-1)^S \times M \times R^E$$

其中,各个变量的含义如下。

S: 符号位,决定一个数字的符号,取值为 0 或 1,0 表示正,1 表示负。

M: 尾数,用小数表示,例如,前面所看到的 1.237×10^1 中 1.237 就是尾数。

R: 基数,在计算机中,基数可取 2、8、10 或 16 等,若表示十进制数 R 就是 10,表示二进制数 R 就是 2。

E: 指数,用整数表示,可正可负,例如,前面看到的 10^1 中 1 即指数。

以基数 $R=2$ 为例,数 V 可写成下列不同的形式。

$$V = 10.011 = 0.10011 \times 2^{10} = 1.0011 \times 2^1 = 1001.1 \times 2^{-10} = 0.0010011 \times 2^{100}$$

1.3.3 进制转换

在实际使用中,常常要进行进制之间的转换,如 1.3.2 节中提到的二进制数 $V=10.011$ 就可转换为十进制数 2.375,那么进制之间具体是如何进行转换的呢?

下面对进制转换中所涉及的名词进行解释。进制转换是人们利用符号来记数的方法,由一组数码符号和两个基本因素"基数"与"位权"构成。数码是指数制中用来表示"量"的符号,例如,十进制中数码由 0~9 组成。基数是指进位记数制中所采用的数码的个数,例如,十进制的基数是 10,二进制的基数是 2,八进制的基数是 8,十六进制的基数是 16。位权是指数码所在数位对应的权重,例如,十进制数 1001 的位权从右往左依次是 $10^0,10^1,10^2,10^3$;二进制数 1001 的位权从右往左依次是 $2^0,2^1,2^2,2^3$,每个数码所表示的数值等于该数码本身乘以位权。

不同进制数之间的相互转换如下。

1. 任意进制转换为十进制

将任意进制的数各位数码与它们的权值相乘,再把乘积相加,就得到了一个十进制数。这种方法为按权值展开相加法。

【例 1-1】 将二进制数 1011.01 转换为十进制数。

$$(1011.01)_2 = 1 \times 2^3 + 0 \times 2^2 + 1 \times 2^1 + 1 \times 2^0 + 0 \times 2^{-1} + 1 \times 2^{-2} = 11.25$$

即二进制数 1011.01 转换为十进制数后为 11.25。

【例 1-2】　将八进制数 437.5 转换为十进制数。

$$(437.5)_8 = 4 \times 8^2 + 3 \times 8^1 + 7 \times 8^0 + 5 \times 8^{-1} = 287.625$$

即八进制数 437.5 转换为十进制数后为 287.625。

【例 1-3】　将十六进制数 2CA3 转换为十进制数。

$$(2CA3)_{16} = 2 \times 16^3 + 12 \times 16^2 + 10 \times 16^1 + 3 \times 16^0 = 11427$$

即十六进制数 2CA3 转换为十进制数后为 11427。

2. 十进制转换为任意进制

一个十进制数转换为任意进制数,常采用基数乘除法。这种转换方法对十进制数的整数部分和小数部分分别进行处理,对于整数部分采用除基取余法,对于小数部分采用乘基取整法,最后将整数部分与小数部分的转换结果拼接起来。

除基取余法(整数部分的转换):整数部分除基取余,最先取得的余数为数的最低位,最后取得的余数为数的最高位(即逆序排列),商为 0 时结束。

乘基取整法(小数部分的转换):小数部分乘基取整,最先取得的整数为数的最高位,最后取得的整数为数的最低位(即顺序排列),小数部分为 0(或满足精度要求)时结束。

【例 1-4】　将十进制数 34.375 转换为二进制数。

整数部分:

```
           除基              取余
        2 | 34            0   最低位
        2 | 17            1
        2 |  8            0
        2 |  4            0
        2 |  2            0
        2    1            1   最高位
             0
```

故整数部分转换为二进制数后是 100010。

小数部分:

```
           乘基              取整
          0.375
        ×    2
          0.750           0   最高位
        ×    2
          1.500           1
          0.500
        ×    2
          1.000           1   最低位
```

故小数部分转换为二进制数后是 0.011。

所以,十进制数 34.375 转换为二进制数后为 100010.011。

【例 1-5】　将十进制数 62.75 转换为八进制数。

整数部分:

```
          除基            取余
      8 | 62           6   最低位
      8 | 7            7   最高位
          0
```

故整数部分转换为八进制数后是76。

小数部分：

```
          乘基            取整
          0.75
        ×   8
          6.00          6   最高位
```

故小数部分转换为八进制数后是0.6。

所以，十进制数62.75转换为八进制数后为76.6。

【例1-6】 将十进制数62.75转换为十六进制数。

整数部分：

```
          除基            取余
      16 | 62          E   最低位
      16 | 3           3   最高位
          0
```

故整数部分转换为十六进制数后是3E。

小数部分：

```
          乘基            取整
          0.75
        ×  16
          12.0          C   最高位
```

故小数部分转换为十六进制数后是0.C。

所以，十进制数62.75转换为十六进制数后为3E.C。

3. 二进制转换为八进制和十六进制

将二进制数转换为八进制或者十六进制数时，需要以小数点为界。其整数部分，从小数点开始向左数，分为3位(转换为八进制时)一组或4位(转换为十六进制时)一组，在数的最左边可根据需要加"0"补齐；对于小数部分，从小数点开始往右数，也分为3位一组或4位一组，在数的最右边也可根据需要加"0"补齐，使总的位数成为3或4的整数倍，然后分别用对应的八进制或十六进制数代替。

【例1-7】 将二进制数1100101101.0111011分别转换为八进制数和十六进制数。

(1) 转换为八进制数。

首先将整数部分最高位和小数部分最低位补0，使其整数部分和小数部分位数分别为3的整数倍，补位后结果如下。

001100101101.011101100

然后将二进制数以3位为一组进行分组，用相应的八进制数替代。

```
    001   100   101   101   011   101   100
     1     4     5     5     3     5     4
```

所以，二进制数 1100101101.0111011 转换为八进制数后为 1455.354。

（2）转换为十六进制。

首先将整数部分最高位和小数部分最低位补 0，使其整数部分和小数部分位数分别为 4 的整数倍，补位后结果如下。

001100101101.01110110

然后将二进制数以 4 位为一组进行分组，用相应的十六进制数替代。

$$\underline{0011} \quad \underline{0010} \quad \underline{1101} \quad \underline{0111} \quad \underline{0110}$$
$$3 \qquad 2 \qquad D \qquad 7 \qquad 6$$

所以，二进制数 1100101101.0111011 转换为十六进制数后为 32D.76。

4. 八进制或十六进制转换为二进制

由八进制或十六进制转换成二进制时，将每一位改为 3 位（由八进制进行转换时）或者 4 位（由十六进制进行转换时）二进制数即可，如有需要可去掉整数最高位或者小数最低位的 0。

【例 1-8】 将八进制数 376.42 转换为二进制数。

$$\underline{3} \qquad \underline{7} \qquad \underline{6} \qquad \underline{4} \qquad \underline{2}$$
$$011 \quad\; 111 \quad\; 110 \quad\; 100 \quad\; 010$$

由于整数最高位的 0 可以省略，所以，八进制数 376.42 转换为二进制数后为 11111110.10001。

【例 1-9】 将十六进制数 4AF.8 转换为二进制数。

$$\underline{4} \qquad \underline{A} \qquad \underline{F} \qquad \underline{8}$$
$$0100 \quad\; 1010 \quad\; 1111 \quad\; 1000$$

由于整数最高位和小数最低位的 0 均可以省略，所以，十六进制数 4AF.8 转换为二进制数后为 10010101111.1。

5. 八进制和十六进制的相互转换

八进制和十六进制之间无法直接进行转换，必须先转换成十进制或者二进制后再进行转换。

1.4 信息和编码

数据是指对客观事件进行记录并可以鉴别的符号，它不仅指狭义上的数字，还可以是具有一定意义的文字、字母、数字符号的组合、图形、图像、视频、音频等，数据经过加工后就成为信息。

编码是信息从一种形式或格式转换为另一种形式的过程。编码用预先规定的方法将文字、数字或其他对象编成数码，或将信息、数据转换成规定的电脉冲信号，在电子计算机、电视、遥控和通信等方面广泛使用。

常见的信息编码方式如下。

1. ASCII 码

ASCII 码是建立英文字符和二进制关系时制定的编码规范。它能表示 128 个字符，其中，包括英文字符、阿拉伯数字、西文字符以及 32 个控制字符。ASCII 码用 1 字节来表示具

微课视频

体的字符,但它只用后 7 位来表示字符($2^7=128$),最前面的一位统一规定为 0。Python 的默认编码格式就是 ASCII。

2. Unicode 符号集

Unicode 符号集包含世界上所有的字符,是一个字符集。其中,有的字符用一字节表示,有的字符用两字节表示。Unicode 有多种存储方式：UTF-8,UTF-16,UTF-32。

3. UTF-8

UTF-8 是使用最广泛的一种 Unicode 的实现方式,它可以使用 1~4 字节表示一个符号,根据不同的符号而变化字节长度。

小结

1. 计算机

计算机是一种能够按照程序运行,自动、高速处理海量数据的现代化智能电子设备。

2. 计算机的基本组成

计算机的基本组成包括控制器、运算器、存储器、输入设备和输出设备。

3. 计算机软件

计算机软件是指计算机系统中的程序及其文档,一般分为系统软件和应用软件两大类。

4. 计算机程序

计算机程序是按照程序设计语言规划组织起来的一组计算机指令。

5. 程序设计语言

程序设计语言,又称为编程语言,是一组用来定义计算机程序的语法规则。

6. 程序设计语言的分类

(1) 面向过程的编程语言。

(2) 面向对象的编程语言。

(3) 函数式编程语言。

(4) 逻辑式编程语言。

7. 静态语言与脚本语言

(1) 采用编译方式执行的语言属于静态语言,如 C、C++、C♯、Java 等。

(2) 采用解释方式执行的语言属于脚本语言,如 JavaScript、PHP、Python 等。

8. 常见的进制种类

(1) 十进制。

(2) 二进制。

(3) 八进制。

(4) 十六进制。

9. 编码

编码是信息从一种形式或格式转换为另一种形式或格式的过程。

习题

一、选择题

1. 以下关于程序设计语言的描述,错误的是（　　）。
   A. Python 语言是一种脚本编程语言
   B. 汇编语言是直接操作计算机硬件的编程语言
   C. 程序设计语言经历了机器语言、汇编语言、脚本语言三个阶段
   D. 编译将源代码翻译成目标语言,解释则直接翻译执行高级程序设计语言

2. 以下选项不属于程序设计语言类别的是（　　）。
   A. 机器语言　　　　　B. 汇编语言　　　　　C. 高级语言　　　　　D. 解释语言

3. 以下选项中说法不正确的是（　　）。
   A. 静态语言采用解释方式执行,脚本语言采用编译方式执行
   B. C 语言是静态语言,Python 语言是脚本语言
   C. 编译是将源代码转换成目标代码的过程
   D. 解释是将源代码逐条转换成目标代码同时逐条运行目标代码的过程

4. 以下程序设计语言中,Java、C♯、C++等属于（　　）的编程语言。
   A. 面向过程　　　　　B. 面向对象　　　　　C. 函数式　　　　　D. 逻辑式

5. 以下程序设计语言中,C 语言属于（　　）的编程语言。
   A. 面向过程　　　　　B. 面向对象　　　　　C. 函数式　　　　　D. 逻辑式

二、填空题

1. 通用计算机系统由_____和_____组成。

2. 计算机发展经历的 4 个阶段为_____、_____、_____、_____。

3. 计算机的基本组成包括_____、_____、_____、_____、_____。

4. 软件一般分为_____、_____两大类。

5. 根据其解决问题的方法进行分类,按照程序如何处理数据的模型或者框架(即范式),程序设计语言通常分为_____、_____、_____、_____几类。

6. 常见的程序设计方法主要包括_____、_____。

7. Python 属于_____语言。

8. Python 的默认编码格式是_____。

9. 编程语言分为低级语言和高级语言两类,其中,机器语言和汇编语言属于_____,Python 属于_____。

10. 将源文件转换成机器语言一般有以下两种转换方法:_____和_____。

11. 高级编程语言根据执行机制不同可以分成静态语言和脚本语言两类。采用编译方式执行的语言属于_____,采用解释方式执行的语言属于_____。

12. 二进制数 11011.01 转换成十进制数为_____,转换成八进制数为_____,转换成十六进制数为_____。

13. 十进制数 768.5 转换成二进制数为_____,转换成八进制数为_____,转换成

十六进制数为_____。

14. 八进制数 372.6 转换成二进制数为_____,转换成十进制数为_____。

15. 十六进制数 6FA 转换成二进制数为_____,转换成十进制数为_____。

三、简答题

1. 简述计算机的基本组成。

2. 简述应用软件和系统软件。

3. 按照程序如何处理数据的模型或者框架(即范式),程序设计语言分为哪几类? 各有什么特点?

4. 简述自顶向下程序设计的基本思想。

5. 介绍常见编码方式。

初识Python

学习目标:

- 了解 Python 的语言特点和版本。
- 熟悉 Anaconda、Spyder 和 Jupyter Notebook 开发环境。

Python 是一种高级程序设计语言,由荷兰 Guido Van Rossum 在 1989 年年底发明出来。它具有可移植性、简单、可扩展性等特点,经过多年的发展,已经成为在许多领域具有广泛应用的编程语言。

在深入学习 Python 语言之前,先了解 Python 的开发环境。本书使用到的开发环境是 Spyder 和 Jupyter Notebook,二者均集成在 Anaconda 中。通过本章的学习,读者可以对 Python 的开发环境有一个初步的认识。

微课视频

2.1 Python 概述

2.1.1 Python 简介

Python 是一种解释型、面向对象、动态数据类型的高级程序设计语言,由荷兰 Guido Van Rossum 于 1989 年年底发明,第一个公开发行版本发布于 1991 年。Python 提供了高效的高级数据结构,还能简单有效地面向对象编程,是快速开发应用的编程语言,随着版本的不断更新和语言新功能的添加,逐渐被用于独立的、大型项目的开发。

Python 解释器易于扩展,可以使用 C 语言或 C++(或者其他可以通过 C 调用的语言)扩展新的功能和数据类型,也可用于可定制化软件中的扩展程序语言。Python 拥有丰富的标准库,提供了适用于各个主要系统平台的源码或机器码。

2.1.2 Python 语言特点

Python 具有以下几个特点。

(1) 简单易学。Python 语法简单、容易维护,适合人类进行阅读。

(2) 可移植性。由于 Python 的开源本质,它已经被移植在许多平台上,如果不使用依赖于系统的特性,那么所有 Python 程序不需要修改就可以在包括 Linux、Windows 等在内的任何支持 Python 的平台上运行。

（3）功能强大。既支持面向过程的函数编程，也支持面向对象的抽象编程。与其他主要的语言如 C++ 和 Java 相比，Python 以一种非常强大又简单的方式实现面向对象编程。

（4）可扩展性和可嵌入性。Python 提供丰富的 API 和工具，可以使用 C、C++ 语言编写部分程序，也可以把 Python 嵌入 C/C++ 程序，从而面向程序用户提供脚本功能。

（5）开源。Python 允许自由复制、阅读和修改此软件的源代码。

（6）丰富的库。Python 提供功能强大的标准库，可以帮助处理各种工作，包括正则表达式、文档生成、单元测试、线程、数据库、网页浏览器、CGI、FTP、电子邮件、GUI、Tk 和其他与系统有关的操作。除了标准库以外，还有许多其他高质量的库，如 wxPython、Twisted 和 Python 图像库等。

2.1.3　Python 语言版本

Python 目前包含两个主要版本，即 Python 2 和 Python 3。

Python 2 于 2000 年 10 月发布，它在基础设计方面存在着一些不足之处，目前主要以维护为主，Python 3 是未来的趋势。

Python 3 于 2008 年 12 月发布，它解决了 Python 早期版本中的遗留问题，并且在性能上也有了一定的提升。Python 3 在设计时，为了不带入过多的累赘，没有考虑向下兼容。

例如，输入时 Python 2 使用 raw_input() 函数，Python 3 使用 input() 函数。

```
input("请输入你的名字: ")         # Python 3 正确,Python 2 错误
raw_input("请输入你的名字: ")     # Python 2 正确,Python 3 错误
```

因此，使用 Python 3 时，一般不能直接调用 Python 2 开发的库，而必须使用相应的 Python 3 版本的库。

2.1.4　Python 语言的集成开发环境

Python 是跨平台的脚本语言，在不同平台提供了众多的集成开发环境，可以提高编程效率，常见的集成开发环境有内置集成开发工具 IDLE、Spyder、PyCharm、Eclipse＋Pydev 插件、Visual Studio＋Python Tools for Visual Studio、PythonWin 等。

本书主要使用的开发环境是 Jupyter Notebook。Jupyter Notebook 支持 Markdown 格式的文档，可以交互式地展示内容，不仅可以输出图片、视频、数学公式，甚至可以呈现一些互动的可视化内容。在使用 Jupyter Notebook 开始编程之前需要先下载 Anaconda，Anaconda 已经自动安装了 Jupyter Notebook、Spyder 及其他工具，还有 Python 中超过 180 个科学包及其依赖项。

2.2　开发环境

2.2.1　Anaconda

微课视频

Anaconda 本质上是 Python 的包管理器和环境管理器，支持 Linux、Mac、Windows，它几乎提供了本书示例中所需的所有东西，具有以下几大优势。

（1）自带一大批常用数据科学包。Anaconda 包含 conda、Python 等 180 多个科学包及

其依赖项,后期使用时不需要安装一个一个数据包。

（2）管理包。Anaconda 是在 conda(一个包管理器和环境管理器)上发展出来的,conda 可以很好地在计算机上安装和管理第三方包,包括安装、卸载和更新包。

（3）管理环境。Anaconda 可以同时支持 Python 2 和 Python 3 等不同版本,不同项目在不同环境下运行。

形象一点说,Anaconda 就相当于一个 Python 的操作系统,自带了不同版本的 Python 和第三方包以及其他相关软件应用,所以安装好 Anaconda,就不需要再单独安装 Python 了,可以直接在这个操作系统里进行添加和删除。

【例 2-1】　下载 Anaconda 安装程序。

（1）打开 Anaconda 官网下载页面。Anaconda 官方下载网址为 https：//www. Anaconda. com/download/,在浏览器中输入网址后,按 Enter 键,如图 2-1 所示。

图 2-1　Anaconda 官网页面

对于国内用户,Anaconda 官网的下载速度可能比较慢,也可以选择到清华镜像网站 https：//mirrors. tuna. tsinghua. edu. cn/Anaconda/archive/下载。

（2）本书基于 Windows 搭建环境,所以选择 For Windows Python 3. 9 • 64-Bit Graphical Installer 版本,其他系统的用户可以根据自己的需要选择不同的版本。

【例 2-2】　安装 Anaconda 应用程序。

（1）运行 Python 安装程序。双击下载的安装文件 Anaconda3-2022. 05-Windows-x86_64. exe,打开安装程序向导。

（2）设定安装选项。根据安装向导安装 Anaconda,如图 2-2 所示,图中方框位置是指将安装路径自动添加至系统环境变量,建议勾选,后续可以不用再手动添加环境变量。

（3）安装程序。所有选项设置完毕后单击 Install 按钮,安装 Anaconda 程序。

（4）打开 Anaconda 程序。Anaconda 首页如图 2-3 所示。

【例 2-3】　测试 Anaconda 是否安装正确。

单击 Anaconda Prompt 打开命令行窗口,输入"python",按 Enter 键后显示 Python 的版本,说明程序已经安装成功。下面计算一下 1＋2 的结果,如图 2-4 所示。

退出 Python(按 Ctrl＋Z 组合键)后,再输入"conda --version",查看是否有 conda 环境,如图 2-5 所示,表明 Anaconda 安装成功。

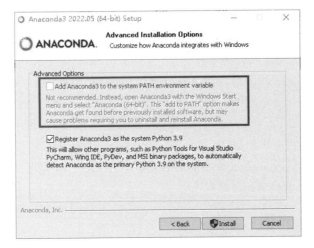

图 2-2　Anaconda 安装向导界面

图 2-3　Anaconda 首页

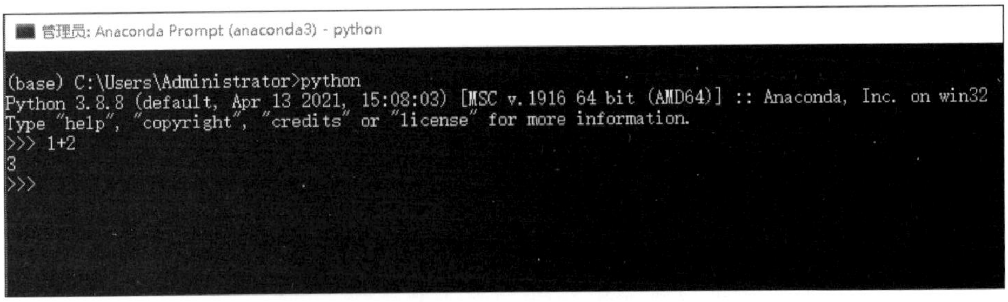

图 2-4　Python 版本

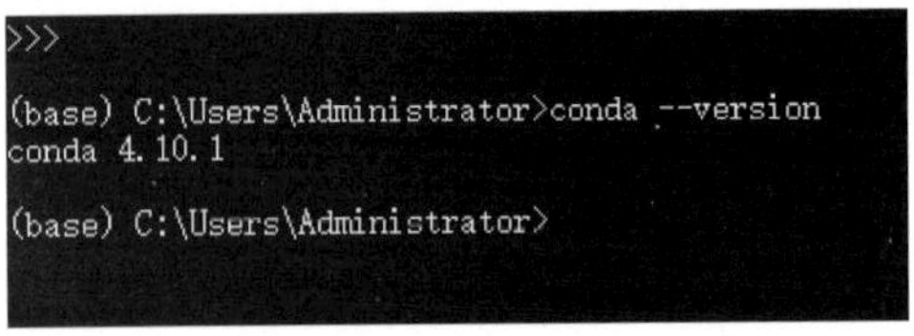

图 2-5　conda 版本

微课视频

2.2.2 Spyder

Spyder 是一个使用 Python 语言、跨平台的交互式开发环境,提供高级的代码编辑、调试等特性,科学家、工程师和数据分析师通常用 Spyder 来分析数据、设计和开发程序。Spyder 集成了编辑器、代码分析器、调试器等组件,可以用来实现数据分析、交互式程序开发的功能。

如图 2-6 所示,Spyder 是 Anaconda 自带的集成开发环境,也就是说,安装了 Anaconda 之后自动就安装了 Spyder。打开 Anaconda,首页可以看到 Spyder 的图标,单击 launch 即可启动 Spyder。Spyder 的界面由许多窗格构成,用户可以根据自己的喜好调整它们的位置和大小。

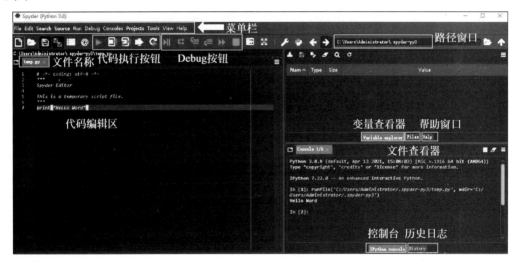

图 2-6　Spyder 界面

下面对 Spyder 的界面布局进行介绍。

- 菜单栏:为 Spyder 各项功能提供功能入口。
- 代码执行按钮:代码编写完成后,单击"执行"按钮进行执行,可根据自身需要选择执行全部代码或者部分代码。
- Debug 按钮:在代码调试过程中,使用 Debug 按钮,可以逐步运行代码区域的代码,在 Variable explorer 中查看变量的 value。
- 路径窗口:显示文件目前所处路径,可以方便地进行文件路径的切换。
- 文件名称:当前文件的名字。
- 代码编辑区:编写 Python 代码的窗口。
- 变量查看器:类似 MATLAB 的工作空间,可以方便地查看变量。
- 文件查看器:可以查看当前文件夹下的所有文件。
- 帮助窗口:可以快速查看帮助文档。
- 控制台:显示代码执行结果,也可以进行逐行交互。
- 历史日志:按时间顺序记录输入任何 Spyder 控制台的每个命令。

其中,菜单栏有很多的菜单选项,下面将对其中一些菜单选项进行具体介绍。

1. File 菜单选项

如图 2-7 所示,在 File 菜单选项中,New file 可用来创建一个新的 Python 源程序文件,除此之外,Open 可用来打开已经存在的文件,Save 可用来保存文件,Close 可用来关闭当前文件,如需关闭所有文件,可选择 Close all。

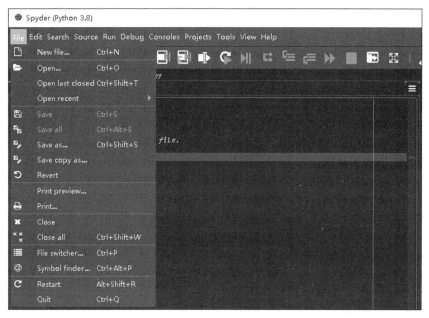

图 2-7   File 菜单

2. Edit 菜单选项

在 Edit 菜单选项中,除剪切(Cut)、复制(Copy)、粘贴(Paste)、全选(Select All)等常见选项外,还有几个需要注意的选项。

(1) Comment(注释)/Uncomment(取消注释)。在编程中常常需要添加一些注释使代码更加清晰易懂,这些注释语句可以起到辅助程序阅读的作用,在运行时不会被执行。选中代码行后单击该选项即可注释掉语句,选中注释语句后单击该选项即可取消注释使其成为正常的代码行,但这种方式在实际编程中并不常用,更常用的方法是直接记住它的快捷键 Ctrl+1。如需对某段代码进行注释,可选中该段代码后使用快捷键 Ctrl+4 或单击 Edit 菜单选项中的 Add block comment(块注释);如需取消某段注释,可选中该段注释后使用快捷键 Ctrl+5 或单击 Edit 菜单选项中的 Remove block comment(取消块注释)。

(2) Indent(缩进)及 Unindent(取消缩进)。在 Python 中用缩进来表示语句块,如需手动添加缩进,可单击 Indent 或使用其快捷键 Tab;如需取消缩进,可单击 Unindent 或使用其快捷键 Shift+Tab,如图 2-8 所示。

3. Search 菜单选项

在 Search 菜单选项中,比较常用到的是 Replace 和 Find 选项。在实际编程中,如果需要替换变量名,手动一个个去替换可能会漏掉某处变量名,导致代码执行时报错,更好的方式是借助 Replace 选项进行统一替换。如图 2-9 和图 2-10 所示,将变量 rad 替换为 radius,单击 Replace text 选项后,在下方出现的文本框中输入需要被替换的变量名 rad,在 Replace

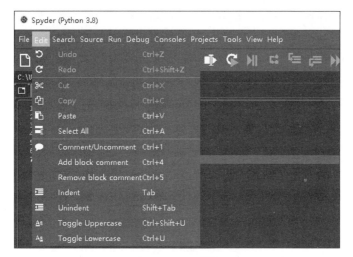

图 2-8 Edit 菜单

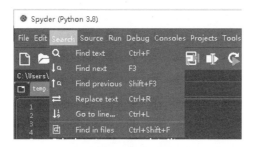

图 2-9 Search 菜单

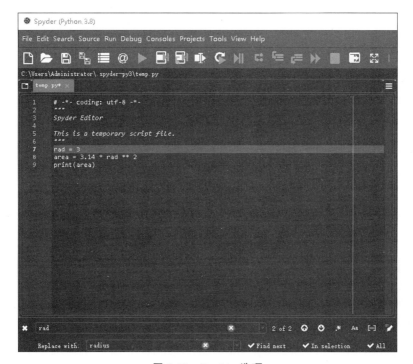

图 2-10 Replace 选项

with 文本框中输入替换后的变量名 radius,然后根据实际需要选择 Find next(一个个替换)、In selection(只替换选中的变量)或者 ALL(替换代码中全部 rad 变量)。如需寻找某个变量,可单击 Find 选项卡,在下方出现的文本框中输入需要查找的变量名,按 Enter 键即可查找代码中该变量名所在的代码行。

4. Run 菜单选项

在 Run 菜单选项中,最常用的就是运行所有程序,当代码编写完毕后,单击 Run 选项,就可以运行编辑窗口中所写的所有代码,如图 2-11 所示。

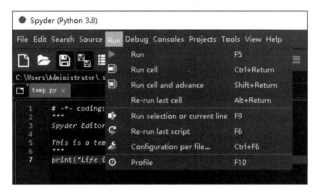

图 2-11　Run 选项

下面简单编写一个程序来测试一下 Spyder 是否可以正常使用,在代码编辑区输入如下代码。

```
print("Life is short, we need Python.")
```

然后单击 Run,或者单击工具栏中的绿色三角形执行代码,控制台输出效果如图 2-12 所示,说明 Spyder 可以正常使用。

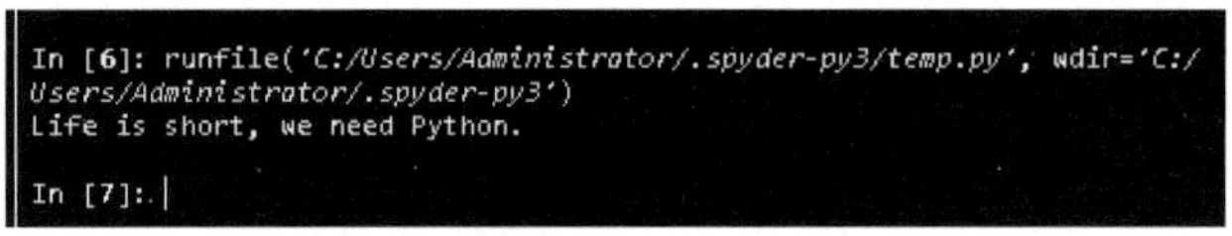

```
In [6]: runfile('C:/Users/Administrator/.spyder-py3/temp.py', wdir='C:/
Users/Administrator/.spyder-py3')
Life is short, we need Python.

In [7]:
```

图 2-12　输出 Life is short,we need Python

为方便阅读,程序常常被划分为不同的代码块,在代码前输入"♯%%"即可将其划分为一个代码块(cell),图 2-13 中程序被分为两个代码块,如只需运行第二个代码块,则可以选中该代码块后单击 Run 菜单栏中的 Run cell,或者单击工具栏中的方框按钮,如图 2-13 所示,此时查看控制台会发现只输出了第二个代码块的结果,而第一个代码块并未被执行。

5. Debug 菜单选项

Debug 菜单选项常常用来进行程序调试,它可以让程序代码一条一条地执行,这样可以观察每个变量的值如何变化,方便程序员找出错误。

如图 2-14 所示,代码编辑区中输入代码,一开始圆的半径等于 3,计算其面积,接着将半径设为 3 的平方,再次计算其面积,单击 Run 选项,其执行结果如控制台所示,分别输出了不同半径下圆的面积。

若该程序代码出现问题,执行结果与预期不同,想要一条一条执行每一条语句查看问

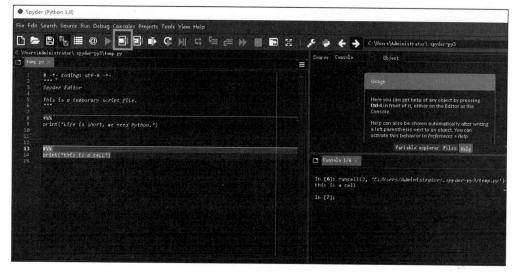

图 2-13　Run cell 执行结果

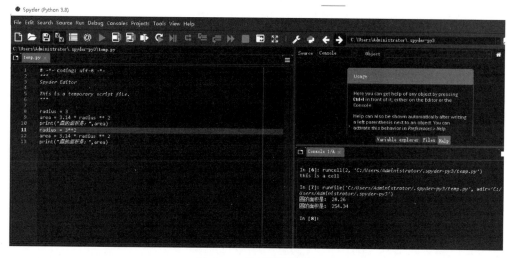

图 2-14　输出圆的面积

题,这时就可以用到 Debug 来实现。首先可以使用 Debug 中的 Set/Clear breakpoint 来设置或清除断点,设置断点后该条语句左边会出现红色小圆圈,表明这是一个断点,然后单击 Debug 来运行程序,程序在运行至这条 breakpoint 所在的语句时会停下来。之后单击 Step 选项卡一步一步运行此程序,这时候就可以观察变量查看器中变量的值是否与预期一致。若一致则继续单击 Step 选项卡或使用其快捷键 Ctrl+F10 继续向下执行,若不一致则说明该条语句出现问题,需要进行修改。如图 2-15 所示,当使用 Step 选项卡执行至计算第一个圆面积时,变量查看器中 radius 变量值为 3,area 变量值为 28.25,与预期一致,说明该部分代码编写正确,可继续向下调试。使用此方法找到错误之后,可单击 Stop 选项卡结束调试过程,然后再次单击 Set/Clear breakpoint 来清除之前设置的断点。

6. Tools 菜单选项

在 Tools 菜单选项中,可通过 Preferences 选项进行一些系统设置。例如,若想改变代

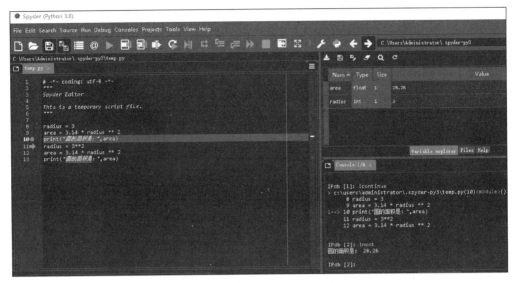

图 2-15   使用 Debug 进行调试

码编辑区和控制台的字体字号，如图 2-16 所示，可单击 Tools→Preferences→Appearance 中方框位置进行更改。

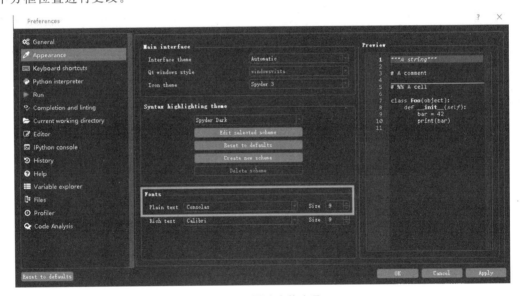

图 2-16   更改字体字号

7. View 菜单选项

如图 2-17 所示，在 View 菜单选项中，可以根据需求来设置要显示的窗口。例如，此时有一个文件查看器窗口，若不需要它，可以去掉这个选项，此时文件查看器窗口就会被关闭。

在熟悉 Spyder 编程界面后，下面通过一个例子来学习如何使用 Spyder 编写 Python 程序。

【例 2-4】 使用 Spyder 计算圆的面积。

1. 创建源程序文件

在开始编程之前，首先要创建一个源程序文件，可以通过菜单栏中 File 菜单下面的 File

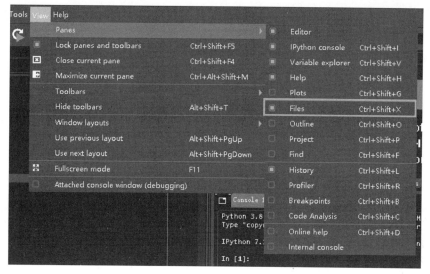

图 2-17 View 菜单选项

选项来创建,也可以通过工具栏中第一个按钮 New file 来进行创建。如图 2-18 所示,创建的源程序文件中不是空白的,它默认有 6 行内容,其中,第一行以 # 号开头且文字是灰色的,说明这是一个注释,这个注释由 Spyder 自动添加,其含义为当前源程序文件的编码方式。第 2～6 行由一对三双引号包裹,称为文档字符串(Document string),这个文档字符串也是 Spyder 环境下创建一个新的源程序文件时自动添加的,其作用是自动生成一些当前源程序文件的信息。例如,在图 2-18 中可以看到当前源程序文件是在何时创建的、开发者是谁。在实际开发中,Document string 这里通常要添加上此源程序文件的作用及相关说明,例如,在当前文件中,可以添加说明表明这是一个用来求圆面积的程序。

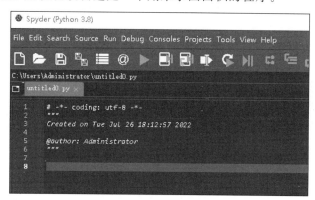

图 2-18 创建源程序文件

2. 编写程序代码

接下来开始编写求圆面积的功能代码,为保证程序可读性,可在 Document string 后留出一些空行。如图 2-19 所示,假设已知圆的半径为 3,将 radius 变量赋值为 3,然后利用圆的面积公式求出 area 的值,最后将半径 radius 和面积 area 的值输出。在编写代码时会发现,输入 print 函数名加括号后,会给出一些提示信息,告诉 print 函数需要一些什么参数,且 print 函数名会自动地变成黄色,这是因为它是内置函数,若在编写时发现它的颜色未发生变化，则需注意可能出现了拼写错误。另外，在编写每条语句时都需要顶格，不允许前面添加空格，因为在 Python 中使用缩进来划分语句块，若随意缩进会导致编译错误。

3. 保存程序代码

在代码编写完成后，需要将程序代码保存起来，若不及时保存，当环境出现问题或计算机断电重启时会导致程序代码丢失，造成麻烦。单击菜单栏中 File 菜单下面的 Save 选项或者工具栏中的 Save file 对程序进行保存，选择自己想要保存的路径，将程序名称命名为"我的第一个程序 求圆面积"，单击"保存"按钮，此时查看原文件名称发生了改变，不再是 untitled0.py，如图 2-20 所示。

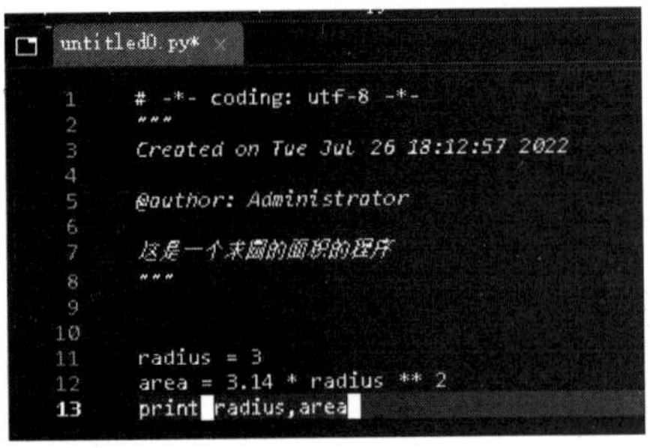

图 2-19　圆面积程序代码

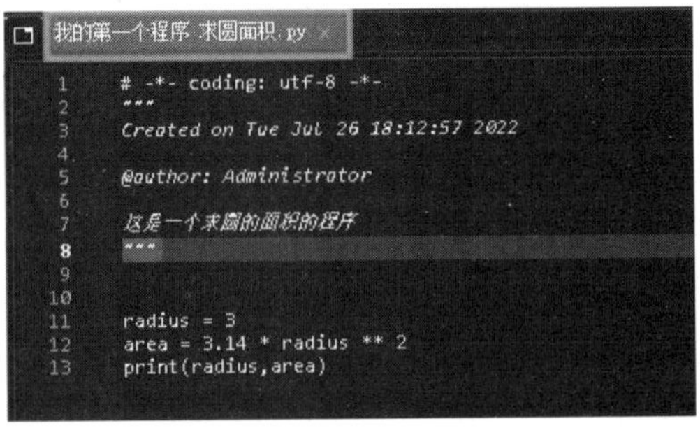

图 2-20　保存程序代码

4. 运行程序代码

保存程序代码后，单击工具栏中绿色三角形的"运行"按钮，运行程序，此时在控制台可以看到运行路径及代码执行结果"3 28.26"。这种输出方式使读者不清楚 3 和 28.26 代表的是什么，所以可以对代码继续进行完善，加入适当的提示信息使结果更加清晰。具体代码修改如下。

```
print("radius = ",radius,"area = ",area)
```

第一次和第二次控制台执行结果对比如图 2-21 所示。

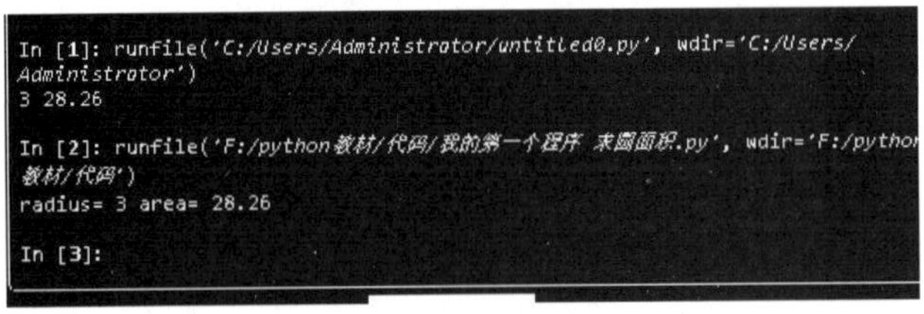

图 2-21　运行程序代码

5. 对程序代码进行改进

在上面的程序中，所使用的数值 3.14 为 π 的近似值，这使得计算结果不够准确，实际上可以通过导入 Python 的标准库模块来解决这个问题。在 math 模块中有一个 π 属性，可以直接用来计算圆的面积，在使用属性时，要记得先导入对应模块。具体代码修改如图 2-22 所示。

除此之外，还可以将给定的 radius＝3 改为让用户输入半径，并控制输出结果保留几位小数，这些内容将在第 3 章学习输入输出时进行介绍。

```
1   # -*- coding: utf-8 -*-
2   """
3   Created on Tue Jul 26 18:12:57 2022
4
5   @author: Administrator
6
7   这是一个求圆的面积的程序
8   """
9
10
11  import math
12  radius = 3
13  area = math.pi * radius ** 2
14  print("radius=",radius,"area=",area)
```

图 2-22 导入 math 模块

【例 2-5】 使用 Spyder 连续三次输出"Hello!",代码如下。

```
print("Hello!" * 3)
```

控制台执行效果如图 2-23 所示。

```
In [9]: runfile('C:/Users/Administrator/.spyder-py3/temp.py', wdir='C:/
Users/Administrator/.spyder-py3')
Hello!Hello!Hello!

In [10]:
```

图 2-23 连续三次输出"Hello!"

【例 2-6】 使用 Spyder 输出 10~20 的数字,数字之间用空格隔开,代码如下。

```
for i in range(10,21):
print(i,end=" ")
```

控制台执行效果如图 2-24 所示。

```
In [12]: runfile('C:/Users/Administrator/.spyder-py3/temp.py', wdir='C:/
Users/Administrator/.spyder-py3')
10 11 12 13 14 15 16 17 18 19 20

In [13]:
```

图 2-24 输出 10~20 的数字

【例 2-7】 假设共有 100 个盲盒,编号为 0~99,使用 Spyder 编写代码随机选择其中一个盲盒,代码如下。

```
import random                                              ♯导入 random 模块
print("所选盲盒编号为：", random.choice(range(100)))        ♯随机选择盲盒编号
```

控制台执行效果如图 2-25 所示。

```
In [13]: runfile('C:/Users/Administrator/.spyder-py3/temp.py', wdir='C:/
Users/Administrator/.spyder-py3')
所选盲盒编号为： 80

In [14]:
```

图 2-25 随机选择编号为 0~99 的一个盲盒

2.2.3 Jupyter Notebook

和 Spyder 一样,Jupyter Notebook 是一个集成开发环境,也就是通常所说的 IDE。但

微课视频

是 Jupyter Notebook 的特殊之处在于，它是 Web 界面的 IDE，在这个环境中，除了可以编辑代码、运行代码、查看输出结果之外，还可以像 Word 一样编排文本内容、编写复杂的数学公式、插入图片，以丰富多彩的形式把解决问题的思路、方案、代码和结果统一地呈现出来，具有很强的灵活性和交互性。因此，Jupyter Notebook 在数据科学和机器学习领域中非常流行，可以说是每个数据科学家都应该掌握的必备的工具。

Jupyter Notebook 起源于一个 Python 交互式开发环境项目——IPython Notebook，该项目非常成功地为 Python 提供了一个强大的 REPL，也就是 Read Eval Print Loop 交互式开发环境和强大的文档功能，后来项目组把 IPython 和 Python 解释器剥离，实现了对多种语言的支持，并且把它命名为 Jupyter。目前，Jupyter 已经成为支持四十多种语言的交互式集成开发环境。实际上，Jupyter 是指整个 Jupyter 交互式开发环境体系，包括 Jupyter Lab、Jupyter Hub 等，接下来要学习和使用的 Jupyter Notebook 只是其中基于 Web 界面的部分。

打开 Anaconda，首页可以看到 Jupyter Notebook 的图标，单击 launch 即可启动 Notebook。启动 Notebook 后，在浏览器中会自动打开 Notebook 页面地址 http://localhost：8888。初次进入 Jupyter Notebook 时会发现默认文件夹是系统中名为用户文件夹下的 My Jupyter 文件夹，若希望打开 Jupyter Notebook 时看到的是自己所设置的保存代码的文件夹，有两种方法可以实现这一目的。一种是通过改变 jupyter_notebook_config.py 配置文件来设置保存代码的文件夹，使其成为 Jupyter Notebook 的默认文件夹；另外一种方式是通过在命令行窗口中设置自己的文件夹路径为当前的默认路径，然后再用命令启动 Jupyter Notebook。

第一种方法的第一步是找到配置文件 jupyter_notebook_config.py，单击 Anaconda Prompt 打开命令行窗口，输入"jupyter notebook --generate-config"命令来自动生成文件，由图 2-26 方框处可知该文件所在位置，通过位置找到该文件并用记事本打开它。通过搜索找到文件中图 2-27 方框处 c.NotebookApp.notebook_dir，在引号中输入保存文件的位置，取消前面的注释符号♯，保存并关闭文件，重新启动 Jupyter Notebook 后会发现此时页面即为自己指定的页面。

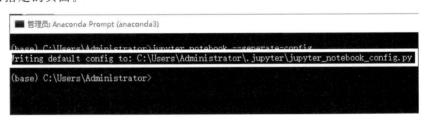

图 2-26　配置文件路径

第二种方法的第一步是打开 Anaconda Prompt 命令行窗口，将当前工作路径切换至保存 Jupyter Notebook 源代码的路径。例如，若希望将源代码保存至 E 盘 jupyter 文件夹下，则首先输入"e："切换至 E 盘，再使用"cd jupyter"进入工作目录，此时输入命令"jupyter notebook"启动 Jupyter Notebook，即可发现当前 Jupyter Notebook 的默认工作目录就是所需目录，具体操作如图 2-28 所示。

Notebook 首页如图 2-29 所示，其中，Files(文件)显示当前"notebook 工作文件夹"中的

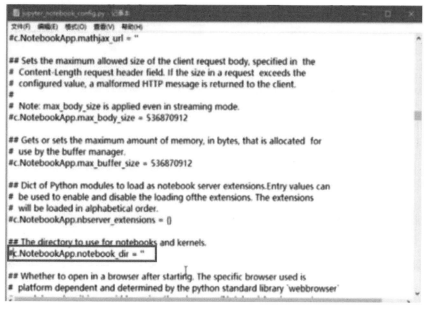

图 2-27 更改默认路径

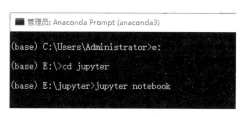

图 2-28 进入工作目录

所有文件和文件夹；Running(运行)选项卡会列出所有正在运行的 notebook 文件，可以在该选项卡中管理这些文件；右面的 Quit 可以结束服务器端的运行，退出 Notebook。

图 2-29 Jupyter Notebook 首页

单击首页右侧 new→选择 Python 3，新建一个 Notebook 文件，下面简单编写一个程序来测试一下 Notebook 是否可以正常使用，编写如下代码。

```
print("Hello world!")
```

执行效果如图 2-30 所示。

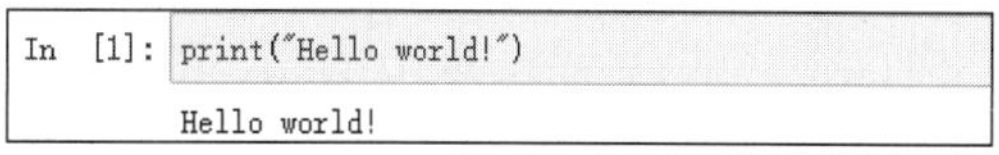

```
In [1]: print("Hello world!")
        Hello world!
```

图 2-30 输出 Hello world!

【例 2-8】 使用 Jupyter Notebook 编写代码计算圆的周长和面积，并在 Markdown 中插入圆的图片。

1. 新建 Notebook 文件并重命名

单击首页右侧 new→选择 Python 3,新建一个 Notebook 文件,如图 2-31 所示,单击图中方框处位置将文件重命名为 Circle。

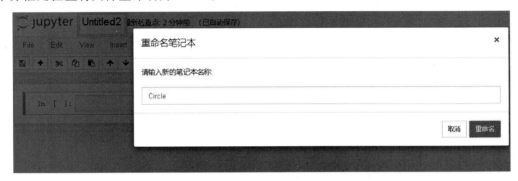

图 2-31　文件重命名

2. 编写程序代码

在 Notebook 中可以添加一个一个的 Cell,这些 Cell 分成两种类型,一种类型被称为 Code 类型,另外一种被称为 Markdown 类型,在 Code 类型下可以编写代码,在 Markdown 类型下可以插入图片、公式及说明性文字。每一种类型的 Cell 中,都有两种键盘输入模式,第一种是编辑模式,第二种是命令模式。如图 2-32 所示,光标在 Cell 中闪烁且单元格左边框是绿色的,被称为编辑模式,在编辑模式下可以在 Cell 中输入代码、注释或文本。若按 Esc 键,会切换为命令模式,如图 2-33 所示,此时单元格左边框是蓝色的,在这种情况下,可以通过快捷键 Shift＋Enter 来运行代码,在命令模式下,按 Enter 键又回到编辑模式。综上,绿色的边框说明 Cell 是编辑模式,蓝色的边框说明当前是命令模式,在命令模式下可以运行代码,在编辑模式下可以编辑代码。

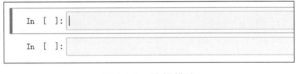

图 2-32　编辑模式

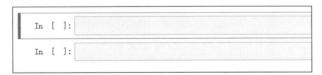

图 2-33　命令模式

在实际编程的过程中,使用快捷键可以大大地提高编程效率,这些快捷键可以通过 Notebook 的菜单栏里面的 Help 菜单来查找,单击 Help 菜单中的 Keyboard Shortcuts,可以看到很多快捷键,如图 2-34 所示。

在编辑模式下输入标题"计算圆的面积",按 Esc 键切换至命令模式,然后按快捷键 1 发现此时文字前出现一个♯,说明此时文字变为一级标题,此时按 Shift＋Enter 组合键运行代码后的效果如图 2-35 所示。

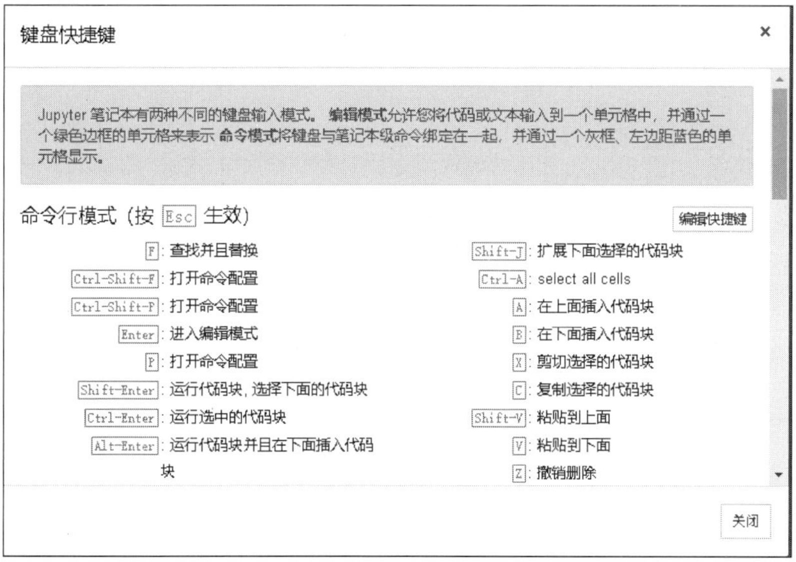

图 2-34 快捷键

计算圆的面积

图 2-35 添加标题

输入如下代码计算圆的面积，注意在引入 math 库后，可以在输入"math."后按 Tab 键，则会自动补全所有的属性，从中选择相应属性即可。

```
import math
r = 3
area = math.pi * r ** 2
print("r = ",r,"area = ",area)
```

Notebook 的功能非常强大，除了可以写代码之外，还可以插入图片、添加公式等。若想插入图片，可添加 Markdown 模块，输入代码：

```
< img src = "./circle.png">                            ♯引号内为图片地址
```

或直接将图片拖曳至 Markdown 模块中，然后按 Shift ＋ Enter 组合键运行代码即可插入图片。

若想插入公式，可添加 Markdown 模块，输入代码：

```
$ $ area = pi * r^2 $ $
```

单击"执行"即可插入公式，具体执行效果如图 2-36 所示，可以看到文字、代码、图和公式均以一种很丰富多彩的方式显示出来。

在 Notebook 中，每个 Cell 之前有一个数字标记，代表运行顺序，这些 Cell 的运行顺序默认情况下是从头到尾运行的，若从中间某个 Cell 来开始运行，则需注意当前用到的这些变量、调用的方法是否在前面已经赋值或导入。具体例子如下。

【例 2-9】 在例 2-8 的基础上计算圆的周长。

首先单击菜单栏中 Kernel 菜单下的 Restart ＆ Clear Output，重启并清空所有输出，此时

计算圆的面积
import math
r = 3
area = math.pi * r **2
print("r = ",r,"area = ", area)
r = 3 area = 28.274333882308138
3
area=pi*r2

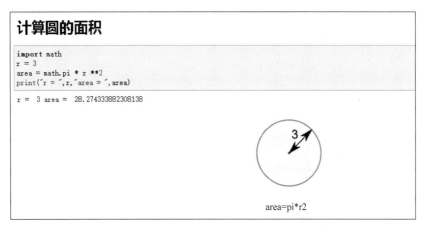

图 2-36　计算圆的面积

刚才例 2-8 中所有运行结果均被清除了。这时在例 2-8 下面新建一个 Cell，输入如下代码。

```
c = 2 * math.pi * r
print(c)
```

运行代码后系统会报错，具体结果如图 2-37 所示。

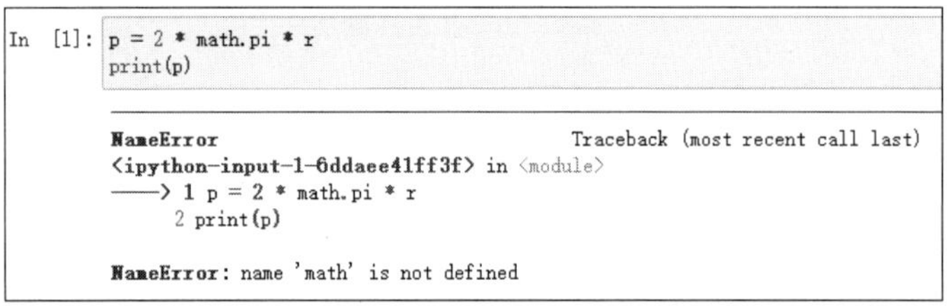

In [1]: p = 2 * math.pi * r
print(p)
NameError Traceback (most recent call last)
<ipython-input-1-6ddaee41ff3f> in <module>
----> 1 p = 2 * math.pi * r
2 print(p)
NameError: name 'math' is not defined

图 2-37　报错

注意在这个 Cell 前有一个数字 1，表示当前这个 Cell 是被重启以后第一次运行的，虽然前面已经导入 math 模块也给变量半径 r 赋值了，但是这部分语句并没有运行，所以才会引起错误。当先执行上面计算面积的 Cell 后，再次执行此 Cell 会发现输出正常，具体执行结果如图 2-38 所示。

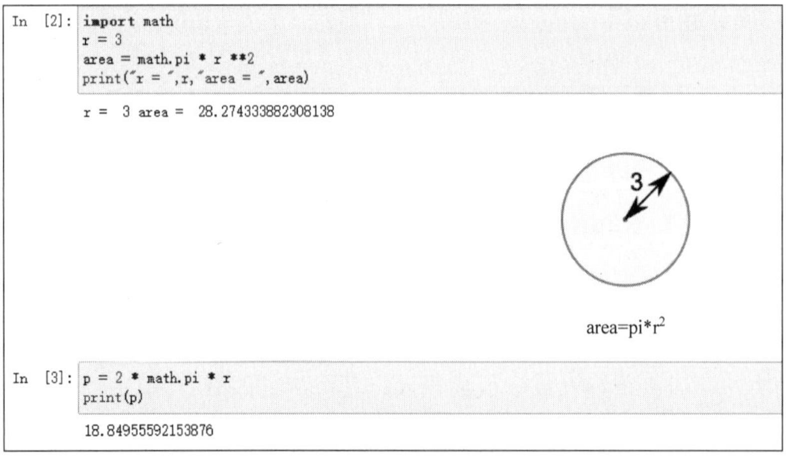

In [2]: import math
r = 3
area = math.pi * r **2
print("r = ",r,"area = ", area)
r = 3 area = 28.274333882308138
3
area=pi*r2
In [3]: p = 2 * math.pi * r
print(p)
18.84955592153876

图 2-38　计算圆的周长

目前已经完成了求圆面积和周长的任务,但代码仍有改进的空间,例如,可以将给定的 radius＝3 改为让用户输入半径,也可以控制面积和周长输出结果保留几位小数,这些内容将在第 3 章学习输入输出时进行介绍。

2.3 实践与练习

【实践】 使用 Spyder 执行一个名为 MaxNumber.py 的脚本,计算三个数中的最大值,感受 Python 的魅力,具体代码如下。

```
a,b,c = 9,5,12                  ♯将三个数分别赋值给 a,b,c
max_number = max(a,b,c)         ♯计算三个数中的最大值
print(max_number)               ♯将最大值输出
```

【练习】 使用 Jupyter Notebook 以图文并茂的方式介绍自己的家乡,插入适当的图片和文字说明。

提示:

(1) 可以利用 Markdown 模式添加家乡 GDP 数据的折线图或柱状图,让读者清晰地了解到近年来 GDP 变化情况。

(2) 可以利用 Markdown 模式展示家乡的风景名胜、历史文化名人、特产等,并用文字做相应的描述介绍,让读者深入了解你的家乡。

小结

1. Python 语言的主要特点

(1) 简单。Python 语法简单、容易维护,适合人类进行阅读。

(2) 可移植性。Python 程序不需要修改就可以在包括 Linux、Windows 等在内的任何支持 Python 的平台上运行。

(3) 功能强大。既支持面向过程的函数编程,也支持面向对象的抽象编程。与其他主要的语言如 C++和 Java 相比,Python 以一种非常强大又简单的方式实现面向对象编程。

(4) 可扩展性和可嵌入性。Python 提供丰富的 API 和工具,可以使用 C、C++语言编写部分程序,也可以把 Python 嵌入 C/C++程序,从而向程序用户提供脚本功能。

(5) 开源。Python 允许自由复制、阅读和修改此软件的源代码。

(6) 丰富的库。Python 提供功能强大的标准库,可以帮助处理各种工作。

2. Python 语言主要版本

(1) Python 2。

(2) Python 3。

3. Anaconda 的主要优点

(1) 自带一批常用数据科学包。Anaconda 包含 conda、Python 等 180 多个科学包及其依赖项,后期使用时不需要安装一个一个数据包。

(2) 管理包。Anaconda 是在 conda(一个包管理器和环境管理器)上发展出来的,conda

可以很好地在计算机上安装和管理第三方包,包括安装、卸载和更新包。

(3)管理环境。Anaconda 可以同时支持 Python 2 和 Python 3 等不同版本,不同项目在不同环境下运行。

习题

一、选择题

1. 关于 Python 语言的特点,以下选项描述正确的是( )。
   - A. Python 语言不支持面向对象
   - B. Python 语言是解释型语言
   - C. Python 语言是编译型语言
   - D. Python 语言是非跨平台语言

2. 以下选项不属于 Python 语言特点的是( )。
   - A. 支持中文
   - B. 平台无关
   - C. 语法简洁
   - D. 执行高效

3. Python 文件的扩展名是( )。
   - A. py
   - B. pdf
   - C. png
   - D. ppt

4. 以下选项中,不是 Python 语言特点的是( )。
   - A. 强制可读：Python 语言通过强制缩进来体现语句间的逻辑关系
   - B. 变量声明：Python 语言具有使用变量需要先定义后使用的特点
   - C. 平台无关：Python 程序可以在任何安装了解释器的操作系统环境中执行
   - D. 黏性扩展：Python 语言能够集成 C、C++ 等语言编写的代码

5. 拟在屏幕上打印输出"Life is short,we need Python. ",以下选项中正确的是( )。
   - A. print(Life is short,we need Python.)
   - B. print("Life is short,we need Python. ")
   - C. printf("Life is short,we need Python. ")
   - D. printf(' Life is short,we need Python. ')

6. 关于 Python 语言的特点,以下选项中描述错误的是( )。
   - A. Python 语言是脚本语言
   - B. Python 语言是非开源语言
   - C. Python 语言是跨平台语言
   - D. Python 语言是多模型语言

7. 对建立良好的程序设计风格,下面描述正确的是( )。
   - A. 符号名的命名只要符合语法
   - B. 充分考虑程序的执行效率
   - C. 程序的注释可有可无
   - D. 程序应简单、清晰、可读性好

8. Python 内置的集成开发工具是( )。
   - A. PythonWin
   - B. Pydev
   - C. IDE
   - D. IDLE

9. 以下程序设计语言中,( )属于脚本语言。
   - A. Python
   - B. Java
   - C. C++
   - D. C#

二、填空题

1. Python 语言是一种解释型、面向_____的计算机程序设计语言。

2. 在 Jupyter Notebook 中使用_____可以交互式地展示内容,输出图片、视频、数学公式等,具有很强的灵活性和交互性。

3. Python 使用＿＿＿＿＿＿＿来体现代码之间的逻辑关系。

4. 在 Spyder 中，代码执行结果显示在＿＿＿＿＿＿＿。

5. Python 是一种解释型、＿＿＿＿＿＿＿的高级程序设计语言。

6. 在 Spyder 中，通过＿＿＿＿＿＿＿来进行程序调试。

7. Jupyter Notebook 每一种类型的 Cell 中，都有两种键盘输入模式，第一种是＿＿＿＿＿＿＿，第二种是＿＿＿＿＿＿＿。

三、简答题

1. 简述 Python 语言的主要特点。

2. 简述 Anaconda 的主要特点。

3. 简述 Python 2 和 Python 3 的主要区别。

4. 简述 Jupyter Notebook 的特点。

5. Python 语言主要包含哪些集成开发环境？

第**3**章

Python语言基础

学习目标:

- 掌握 Python 语言程序的基本结构及 Python 语言基本语法成分。
- 掌握 Python 语言包、模块和函数的概念及使用方法。
- 理解 Python 语言数据类型的概念,掌握整型、浮点型、复数型和布尔型数据的表示形式及基本运算。
- 掌握各种运算符的优先级和表达式的使用方法。
- 了解 Python 对象和引用的概念。
- 掌握格式输入/输出函数的使用,理解输入/输出格式字符串与输入/输出数据间的匹配关系。
- 通过模仿和改写例题,学习简单的程序设计方法。

在掌握复杂的程序设计方法之前,首先应对 Python 语言有基本的认识。本章主要介绍 Python 语言的基本语法成分、数据类型、变量的声明、引用及输入/输出。

3.1 Python 程序构成

3.1.1 引例

【**例 3-1**】 已知圆的半径 r,计算圆的周长和面积(circle. py)。

```
In : import math              # import 语句导入 math 模块
     r = 5.0                  # 赋值语句,将变量 5.0 绑定到对象 r
     c = 2 * math.pi * r      # 计算圆的周长
     s = math.pi * r ** 2     # 计算圆的面积
     print("圆的周长是: ",c)   # 内置函数调用,输出圆的周长
     print("圆的面积是: ",s)   # 内置函数调用,输出圆的面积
```

3.1.2 Python 程序结构组成

从结构角度上,Python 程序可以分解为模块、语句和表达式。其对应关系如下。

(1) Python 程序由模块组成。模块对应于 Python 源文件,扩展名一般为. py。一个 Python

程序由一个或者多个模块组成。例3-1程序是由模块 circle.py 和内置模块 math 组成的。

（2）模块由语句组成。模块是 Python 的源文件。运行 Python 程序时，模块中的语句顺序，将依次被执行语句。在例 3-1 中，import math 是导入模块语句，两个 print 语句是调用函数表达式语句，其余均为赋值语句。

（3）语句是 Python 程序的构造单元，用于创建对象、变量赋值、调用函数、控制语句等。Python 使用交互式环境时，每次只能执行一条语句。

（4）表达式用于创建和处理对象。在例 3-1 中，计算圆周长时，表达式为 2 * math.pi * r；计算圆面积时，表达式为 math.pi * r ** 2，两个表达式的运算结果均为新的 float 对象。

3.1.3　Python 程序功能组成

从功能角度上，无论程序的规模如何，每个程序都有统一的架构模式，即数据输入（input）、数据处理（process）和数据输出（output）。这三部分通常称为 IPO 程序编写方法，其示意图如图 3-1 所示。

图 3-1　程序的输入、处理和输出示意图

（1）数据输入：数据输入是程序的开始。待处理的数据来源多种多样，形成了多种输入方式，包括交互输入、参数输入、随机数据输入、文件输入和网络输入等。

（2）数据处理：数据处理是程序计算输入数据以产生输出结果的过程。计算问题的处理方法统称为"算法"，它是程序最重要的部分。

（3）数据输出：数据输出是程序展示运算结果的方式。程序的输出方式包括控制台输出、图形输出、文件输出、网络输出、操作系统内部变量输出等。

3.2　包、模块与函数

在 Python 中，函数是一段可重用的有名称的代码。函数通过参数获得需要加工处理的数据，在函数体内部对这些数据进行加工处理，然后将处理结果返回。函数也可以存储在单独的文件中供重复调用。模块一般就是日常使用的一些规模较小的代码，对于一个实际的 Python 程序而言，不可能在一个程序中编写代码完成所有的工作，通常需要借助第三方类库。例如在例 3-1 中，在计算圆的周长和面积时，需要使用变量 π，所以在计算之前，需要先导入 math 模块，然后调用 math.pi 属性获取 π 的值。在大型项目中，往往需要创建大量的类似于 math 的模块，若将这些模块的所有内容都定义在同一个 Python 文件中，这个文件将会变得非常庞大，且不利于模块的管理和维护，此时可以使用包（Package）来管理这些模块。本节将主要介绍 Python 中的函数及其用法，对于包和模块进行简要介绍，具体的创建和使用方法将在第 11 章中进行详细介绍。

3.2.1　包概述

为了更好地管理模块源文件，Python 提供了包的概念。从物理上看，包就是一个文件夹,在该文件夹下包含一个__init__.py文件,该文件夹可用于包含多个类似于例 3-1 中 math 模块的模块源文件;从逻辑上看,包的本质依然是模块。

特殊文件__init__.py 可以为空,也可以包含属于包的代码,其作用就是告诉 Python 要将该目录当成包来处理,当导入包或该包中的模块时执行__init__.py。

以 Python 安装的 numpy 模块为例,如图 3-2 所示,在 numpy 包(也是模块)下既包含 matlib.py 等模块源文件,也包含 core 等子包(也是模块)。这进一步说明包的本质依然是模块,因此包又可以包含包。

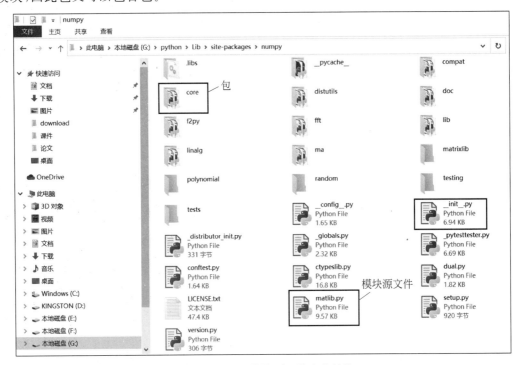

图 3-2　numpy 模块(包)的文件结构

3.2.2　函数的定义和调用

函数是执行特定任务的一段代码,如 input()、print()、range()、len()函数等,这些都是 Python 的内置函数,可以直接使用。例 3-1 中,程序直接调用 print()函数来输出圆的周长和面积的计算结果。除了可以直接使用的内置函数外,Python 还支持自定义函数,即将一段有规律的、可重复使用的代码定义成函数,从而达到一次编写、多次调用的目的。

在使用函数之前必须先定义函数,语法格式如下。

```
def 函数名([形参列表]):
    函数体
```

函数的调用格式如下。

```
函数名([实参列表])
```

定义函数时声明的参数是形式参数,简称形参;调用函数时,需要提供的参数值为实际参数,简称实参。

函数可以使用 return 语句显式地返回一个值,return 语句返回的值可以是有值的变量,也可以是一个表达式。函数可以有返回值,也可以没有返回值,需要根据实际需求而定。

【例3-2】 声明和调用函数示例:输出幸运数字。

```
In : import random
     def getLuckyNum(lim):                              # 创建函数对象 getLuckyNum
         luck = random.choice(range(lim))               # 函数体
         return luck                                    # 使用 return 返回值
     L_num = getLuckyNum(10)                             # 调用函数 getLuckyNum()
     print("your lucky number today is:",L_num)         # 打印结果
Out: your lucky number today is: 1
```

例 3-2 中,在输出幸运数字时需要使用 choice 方法在非空序列中随机选取一个数据,因为 choice 方法不是内置函数,所以在使用之前,需要先导入 random 模块。示例中自定义了一个函数 getLuckyNum(lim)实现随机输出幸运数字的功能,调用此函数并将结果绑定到变量 L_num,使用 print()函数将幸运数字打印输出。

3.2.3　内置函数

Python 解释器自带的函数称为内置函数,这些函数可以直接使用,不需要导入某个模块。例如,调用 Python 内置的输入函数 input()和输出函数 output()可以实现用户交互。除此之外,Python 解释器还提供了很多内置函数,下面列出了 Python 3 中的内置函数。

abs()	all()	any()	ascii()	bin()
bool()	bytearray()	breakpoint()	bytes()	callable()
chr()	classmethod()	compile()	complex()	delattr()
dict()	dir()	divmod()	enumerate()	eval()
exec()	filter()	float()	format()	frozenset()
getattr()	globals()	hasattr()	hash()	help()
hex()	id()	input()	int()	isinstance()
issubclass()	iter()	len()	list()	locals()
map()	max()	memoryview()	min()	next()
object()	oct()	open()	ord()	pow()
print()	property()	range()	repr()	reversed()
round()	set()	setattr()	slice()	sorted()
staticmethod()	str()	sum()	super()	tuple()
type()	vars()	zip()	_import_()	

常用的内置函数可以分为以下几种。

(1)实现数据类型转换的函数:bool()表示将参数转换为布尔类型;int()表示将参数转换为整数类型;float()表示将参数转换为浮点数类型;complex()表示将参数转换为复数类型。

(2)实现进制转换的函数:bin()表示将参数转换为二进制;oct()表示将参数转换为八进制;hex()表示将参数转换为十六进制。

(3)进行数学运算的函数:abs()表示返回参数绝对值;divmode()表示返回参数进行

除法运算后的商和余数；round()表示对参数进行四舍五入；pow(a,b)表示求参数 a 的 b 次幂；sum()表示求参数和；min()表示求参数的最小值；max()表示求参数的最大值。

（4）序列相关的函数：在这部分函数中，参数通常为一个对象，可以是列表、元组对象，也可以为空。list()表示将一个可迭代对象转换成列表；tuple()表示将一个可迭代对象转换成元组；reversed()表示将一个序列翻转并返回翻转序列；slice()表示列表的切片。这些函数将在第 6 章进行详细介绍。

（5）字典和集合的相关函数：在这部分函数中，参数通常为一个对象，可以是列表、元组对象等序列，也可以为空。dict()表示创建一个字典；set()表示创建一个集合；frozenset()表示创建一个冻结的集合，冻结的集合不能进行添加和删除操作。这些函数将在第 7 章进行详细介绍。

（6）字符串相关函数：在这部分函数中，参数可以是数值或者字符串，str()表示将数值转换成字符串；bytes()表示将字符串转换成 bytes 类型；ord()表示输入字符，找出带字符编码的位置；chr()表示输入一个范围在[0,255]内的整数，返回其对应的 ASCII。这些函数将在第 8 章进行详细介绍。

（7）其他内置函数：len()表示返回一个对象中元素的个数；type()表示返回对象的数据类型；sorted()表示对可迭代对象进行排序操作；enumerate()表示获取集合的枚举对象；map()表示根据提供的函数对指定序列做映射；help()函数用于查看函数或模块的详细说明。更多内置函数的详解可以参考官方文档 https://docs.python.org/zh-cn/3/library/functions.html。

【例 3-3】 内置函数使用示例。

```
In : s = "Hello World!"          #s 是绑定到字符串的变量
     print(type(s))              #返回对象 s 所属的数据类型
     print(len(s))               #返回字符串 s 的长度
     s1 = [80,100,1000]          #s1 是绑定到列表的变量
     print(max(s1))              #返回列表 s1 的最大值
     print(min(s1))              #返回列表 s1 的最小值
     print(abs(-45))             #返回-45 的绝对值
Out: <class 'str'>
     12
     1000
     80
     45
```

3.2.4 模块函数

模块也叫库，每个模块中都内置了大量的功能函数、类和变量，可以根据需要进行调用。Python 中的模块分为标准模块和第三方模块，标准模块是 Python 内置的，第三方模块则需要安装之后才能使用。

无论是标准模块还是第三方模块都需要导入。可以通过 import 语句导入模块(module)，然后使用模块名.函数名([参数])的形式调用模块中的函数。

【例 3-4】 模块的导入示例 1，通过导入 math 模块，调用该模块中的 sqrt 函数，实现求 9 的平方根的功能。

```
In : import math
     print(math.sqrt(9))
Out: 3.0
```

用户也可以通过"from…import…"形式直接导入包中的常量、函数和类,或者通过"from…import ＊"导入包中的所有函数和属性,然后采用函数名([参数])的形式直接调用模块中的函数。

【例 3-5】　模块的导入示例 2。

```
In : from math import sqrt
     print(sqrt(9))
Out: 3.0
```

3.2.5　函数 API

函数 API(Application Programming Interface,应用程序编程接口)是一些预先封装好的函数调用方法,目的是让应用程序与开发人员能快速方便地调用函数,实现特定功能,而不用去理解函数内部的工作机制。

例如,如果要实现打开一个文件的功能,对于开发人员来说非常简单,只需要调用 Python 中的 open()函数即可得到一个要打开的文件对象,然后对这个文件对象进行读写操作。但是,实际上要实现这一功能的代码是极其复杂的:打开文件首先要扫描硬盘,找到文件的位置,然后从文件中读取部分数据,并将数据放进 I/O 缓冲区和内存;这些数据都是 0、1 序列,需要对照 ASCII 表或 Unicode 表翻译成相应字符,然后在显示器上显示出来。由于有了函数 API,这些细节对开发人员来说是完全透明的。如果让每个需要实现打开文件功能的开发人员来实现这个复杂的过程,那将非常困难。所以,Python 预先把这些复杂的操作写在一个函数里面,编译成一个组件(一般是动态链接库),随 Python 一起发布,并配上说明文档,开发人员只需要简单地调用这些函数就可以完成复杂的工作,让编程变得更加简单。这些封装好的函数,可以通过 API 实现调用。

Python 语言提供了大量的内置函数、标准库函数和第三方模块函数。这些函数的调用方法由 API 确定。常用函数的 API 如表 3-1 所示。

表 3-1　常用函数的 API

模　　块	函数调用方法	功 能 描 述
内置函数	print(x)	输出 x
	abs(x)	x 的绝对值
	type(o)	o 的类型
	len(a)	a 的长度
Python 标准库 math 模块中的函数	math. sin(x)	x 的正弦(参数以弧度为单位)
	math. cos(x)	x 的余弦(参数以弧度为单位)
	math. exp(x)	x 的指数函数(即 e^x)
	math. log(x,b)	x 的以 b 为底的对数(即 $\log_b x$)。底数 b 省略为 e,即自然对数(即 $\log_e x$)
	math. sqrt(x)	x 的平方根

续表

模 块	函数调用方法	功能描述
Python 标准库 random 模块中的函数	random. random()	返回[0,1)数据区间的浮点数
	random. randrange(x,y)	返回[x,y)数据区间的随机整数,其中,x和 y 均为整数

3.3 标识符及其命名规则

微课视频

3.3.1 标识符

标识符可以用来命名变量、函数、类、模块和其他对象。标识符的第一个字符必须是字母或下画线,其后的字符可以是字母、下画线或者数字。一些特殊的名称,例如 if、for 等,作为 Python 语言的保留关键字,不能作为标识符。

例如,a_int、a_float、str1、_strname、func1 是正确的变量名;99var、It's OK、for(关键字)是错误的变量名。

> **注意:**
> (1) Python 标识符区分大小写。例如,ABC 和 abc 视为不同的名称,ABC 常用作符号常量,abc 常用作变量。
> (2) 以双下画线开始和结束的名称通常具有特殊的含义。例如,__init__ 为类的构造函数,一般应避免使用。
> (3) 避免使用 Python 预定义标识符名作为自定义标识符名。例如,NotImplemented、Ellipsis、int、float、list、str、tuple 等。

微课视频

3.3.2 关键字

关键字即预定义保留标识符。关键字不能在程序中用作标识符,否则会产生编译错误。Python 3 中的关键字如下。

False	class	from	or
None	continue	global	pass
True	def	if	raise
and	del	import	return
as	elif	in	try
assert	else	is	while
async	except	lambda	with
await	finally	nonlocal	yield
break	for	not	

使用 Python 的帮助系统可以查看这些关键字。主要的操作流程如下。

(1) 运行 Python 内置集成开发环境 IDLE。

(2) 输入以下命令进入帮助系统。

```
In: help()
```

（3）输入下列命令查看 Python 关键字列表。

```
help > keywords
```

（4）输入下列命令可以查看关键字 if 的帮助信息。

```
help > if
```

（5）输入下列命令退出帮助系统。

```
help > quit
```

3.3.3　Python 预定义标识符

Python 语言包含许多预定义内置类、异常、函数等，如 float、ArithmeticError、print 等。用户应避免使用 Python 预定义标识符名作为自定义标识符名。

使用 Python 的内置函数 dir(__builtins__)，可以查看所有内置的异常名、函数名等。

3.3.4　Python 语言命名规则

Python 语言一般遵循的命名规则如表 3-2 所示。

表 3-2　Python 语言命名规则

类　　型	命　名　规　则	举　　　例
模块/包名	全小写字母，简单有意义，如果需要可以使用下画线	math、sys
函数名	全小写字母，可以使用下画线增加可读性	foo()、my_func()
变量名	全小写字母，可以使用下画线增加可读性	age、my_var
类名	一般采用 PascalCase 命名规则，即多个单词组成名称，每个单词除第一个字母大写外，其余的字母均小写	MyClass
常量名	全大写字母，可以使用下画线增加可读性	LEFT、TAX_RATE

在编程语言中，小写单词加下画线的命名方式称为 snake_case，如 my_name；多个单词组成且各单词首字母大写的命名方式称为 PascalCase，如 MyName；多个单词组成且除第一个单词外的单词首字母大写的命名方式称为 camelCase，如 myName。

3.4　常用数据类型

对于开发人员而言，写代码时首先需要明确一些数据类型，然后在代码中对这些数据类型进行运算和操作。任何编程语言（汇编语言除外，汇编语言只规定数据的字长）都会有自己的数据类型，数据类型背后隐藏的是编译器或者解释器对数据处理方式的定义。例如，可以根据不同的数据类型做出不同的操作：如果是整数的加法运算，那么 print(4+6)输出的结果为 10；如果是字符串的加法运算，那么 print("4"+"6")输出的结果为 46。不同的数据类型在内存中占用的空间也是不一样的。所以，在 Python 编程过程中开发人员必须明确处理对象的数据类型，但是不需要预先定义变量的数据类型。

在 Python 语言中，一切皆为对象。每个对象都有一个数据类型。Python 数据类型是一个值的集合以及定义在该集合上的一组运算操作。Python 的数据类型可以分为内置数据类型、模块中定义的数据类型和用户自定义的数据类型三大类。其中，内置数据类型主要有以下 4 种。

(1) 数值数据类型：int、bool、float、complex。

(2) 序列数据类型：不可变数据类型(str、tuple、bytes)和可变数据类型(list、bytearray)。

(3) 集合数据类型：set、frozenset。

(4) 字典数据类型：dict，如{1："one"，2："two"}。

本节主要介绍 Python 提供的 4 种数值数据类型：整数类型、浮点类型、复数类型和布尔类型。序列数据类型将在第 6 章进行介绍，集合数据类型和字典数据类型将在第 7 章进行详细介绍。

3.4.1　整数类型

整数类型(int)是表示整数的数据类型。Python 语言中的整数包括正整数、0 和负整数。有些编程语言会提供多种整数类型，每种类型的长度不同，能容纳的整数的大小也不同。而在 Python 语言中，只有一种类型的整数，即 int 型。

一连串的数字(前面可以带负号"－")即整型字面量，通常解释为十进制数制，也可以用前缀表示其他进制的整数。整型字面量如表 3-3 所示。

表 3-3　整型字面量

数　　制	前　缀	数　　码	示　　例
十进制(以 10 为基)	无	0～9	0、5、10、99、999、－35(负数)、＋35(正数)
十六进制(以 16 为基)	0x(或 0X)	0～9 和 A～F(或 a～f)	0x0、0X5、0x8、0X9、0x5e4
八进制(以 8 为基)	0o(或 0O)	0～7	0o0、0O5、0o7、0O4、0o1357
二进制(以 2 为基)	0b(或 0B)	0～1	0b0、0b1、0B11、0B111、0b10101

【例 3-6】　整型字面量示例。

```
In : a = 99
     print(type(a))
     print(1_000_000_000_000)
     print(0B_1111_1111_1111)
     print(0O_1010_1010_1010)
     print(0x_FF_FF_FF)
Out: < class 'int'>
     1000000000000
     4095
     8726282760
     16777215
```

说明：Python 3.8 支持使用下画线作为整数或浮点数的千分位标记，以增强大数值的可读性。二进制、八进制、十六进制可以使用下画线区分 4 位标记。

Python 语言中，常用的整数运算包括算术运算、位运算、内置函数和 math 模块中的数学运算函数等，常用的 int 型对象的运算表达式如表 3-4 所示。

表 3-4　常用的整数运算表达式

表　达　式	结　果	说　明
456	456	整数字面量
＋456	456	正号
－456	－456	负号
6＋4	10	加法
6－4	2	减法
6 * 4	24	乘法
6//4	1	整除
6/4	1.5	除法
6％4	2	求余
6 ** 4	1296	乘幂
6//0	运行时错误	整除,除数不能为 0
6 * 4－5	19	* 的优先级比－的优先级高
5＋6//4	6	//的优先级比＋的优先级高
6－5－4	－3	左结合运算
3 ** 2 ** 3	6561	右结合运算
pow(2,10)	1024	乘幂

3.4.2　浮点类型

微课视频

Python 中的浮点类型(float)表示带有小数的实数。带小数点的数值分为整数部分和小数部分,组合起来就是浮点数。Python 中的浮点类型字面量可以使用 64 位双精度值表示,也可以使用字母 e 或 E 以科学记数法表示。其中,e 或 E 后面的数字代表 10 的幂。常见的浮点型字面量表示如表 3-5 所示。

表 3-5　浮点型字面量(常量)

举　例	说　明
0.12、3.45、－2.3、7.0	带小数点的浮点数字面量
1.、.2	小数点前后的 0 可以省略
3.45e－10、5E21、3.0e＋240	科学记数法(e 或 E 表示底数 10) 如：$3.45e-10 = 3.45 \times 10^{-10}$

【例 3-7】 浮点型字面量示例。

```
In : a = 7.5563
     print(a)
     print(type(a))
     b = 5.12e4
     print(b)
     print(type(b))
Out: 7.5563
     <class 'float'>
     51200.0
     <class 'float'>
```

Python 语言中,常用的浮点数运算包括算术运算、位运算、math 模块中的数学运算函数等,常用的 float 数据类型对象的运算表达式如表 3-6 所示。

表 3-6 常用的浮点数运算表达式

表 达 式	结 果	说 明
2.45	2.45	浮点数字面量
5.1E−13	5.1E−13	浮点数字面量
2.45＋2.0	4.45	加法
2.45−2.0	0.4500000000000002	减法
2.45 * 2.0	4.9	乘法
2.45/2.0	1.225	除法
4.0/3.0	1.3333333333333333	除法
2.45 ** 2.0	6.002500000000001	乘幂
2.45/0.0	运行时错误	除法,除数不能为 0
30.0 ** 1000.0	运行时错误	乘幂,结果太大无法表示
math.sqrt(3.0)	1.7320508075688772	平方根
math.sqrt(−3.0)	运行时错误	负数的平方根

微课视频

3.4.3 复数类型

复数(complex)是 Python 的内置数据类型,不依赖于标准库或者第三方库。复数由实部(real part)和虚部(imaginary part)构成。在 Python 中,复数的虚部以 j 或 J 作为后缀,表示为 a＋bj 或 a＋bJ。complex()函数用于创建一个复数或者将一个数或字符串转换为复数类型,其基本形式为

```
complex(real[,imag])              ＃创建 complex 对象(虚部可选)
```

【例 3-8】 复数字面量和 complex 对象示例。

```
In : a = 3 + 2j
     print(type(a))
     b = complex(1,2)
     print(b)
     print(type(b))
Out: < class 'complex'>
     (1 + 2j)
     < class 'complex'>
```

complex 对象包含的属性和方法如表 3-7 所示。

表 3-7 complex 包含的属性和方法

属性/方法	说 明	示 例	
real	复数的实部	(3＋2j).real	＃结果：3.0
imag	复数的虚部	(3＋2j).imag	＃结果：2.0
conjugate()	共轭复数	(3＋2j).conjugate()	＃结果：(3−2j)

在程序中对复数进行一些复杂的算术运算(如求平方根)时,需要导入 Python 中的 cmath 模块,该模块中包含各种支持复数运算的函数。常用的 complex 数据类型对象的运算表达式如表 3-8 所示。

表 3-8 常用的复数运算表达式

表 达 式	结 果	说 明
3+2j	(3+2j)	复数字面量
(3+2j)+(5+1j)	(8+3j)	加法
(3+2j)−(5+4j)	(−2−2j)	减法
(3+2j) * (5+1j)	(13+13j)	乘法
(1+2j)/(3+4j)	(0.44+0.08j)	除法
(3+2j) ** 2.0	(5+12j)	乘幂
(3+2j)/0.0	运行时错误	除法,除数不能为 0
cmath. sqrt(9+4j)	(3.0699232728030927+ 0.6514820802585842j)	平方根(调用数学模块函数)
cmath. sqrt(−1)	1j	复数的平方根

【例 3-9】 复数运算示例。

```
In : a = 3 + 2j
    b = complex(1,2)
    print(a + b)          # 计算两个复数的和
    import cmath          # 导入 cmath 模块
    c = cmath. sqrt(−1)   # sqrt()是 cmath 模块下的函数,用于计算平方根
    print(c)
Out: 4 + 4j
    1j
```

3.4.4 布尔类型

Python 提供了 bool 类型来表示真(对)或假(错),例如,常见的 5>3 比较结果是正确的,在程序世界里称之为真(对),Python 用 True 来表示;再如,4>20 比较结果是错误的,在程序世界里称之为假(错),Python 用 False 来表示。

【例 3-10】 布尔值字面量示例。

```
In : print(True, False)
    print(type(True), type(False))
Out: True False
    <class 'bool'> <class 'bool'>
```

Python 的两个 bool 值分别为 True 和 False,但实际上 True 也可以被当成整数 1 使用,False 也可以当成整数 0 使用。也就是说,True 和 False 两个值可以参加算术运算。

【例 3-11】 布尔运算示例。

```
In : print(bool(0))
    print(bool(1))
    print(bool("abc"))
    print(bool(""))
    print(bool(" "))
Out: False
    True
    True
    False
    True
```

微课视频

3.5　运算符和表达式

3.5.1　运算符概述

运算符是一种特殊的符号，用来进行数据的算术运算、将数据绑定到变量及进行数据比较。Python 语言使用运算符将一个或多个运算对象连接成表达式，用来实现特定功能。

如果一个表达式中包含多个运算符，则计算顺序取决于运算符的组合顺序和优先级。除此之外，圆括号"()"也可以强制改变运算顺序。

【例 3-12】 表达式中运算符优先级示例。

```
In : a = 14 - 12 * 4
     print(a)              #( * 的优先级比 - 高)
     b = (14 + 12) * 4
     print(b)              #(括号的优先级比 * 高)
Out: - 34
     104
```

微课视频

3.5.2　运算符及其优先级

运算符可以按照运算对象和运算规则的不同，分为算术运算符、关系运算符、逻辑运算符、位运算符、测试运算符和 Lambda 运算符。运算符和运算对象构成表达式。在表达式中，不同的运算顺序可以得出不同结果，因此当表达式中含多种运算符时，必须按一定顺序进行结合，才能保证运算的合理性和结果的正确性、唯一性。表达式中运算符的运算顺序取决于表达式中各种运算符的优先级和结合性。优先级高的运算符先结合，优先级低的运算符后结合。表 3-9 从低到高优先级列出了 Python 中的常用运算符。

表 3-9　Python 运算符及其优先级

分　　类	运　算　符	描　　　　述
Lambda 运算符	lambda	Lambda 表达式
逻辑运算符	or	布尔"或"
	and	布尔"与"
	not	布尔"非"
测试运算符	in, not in	in 运算符
	is, not is	is 运算符
关系运算符	<, <= , >, >= , != , ==	比较运算符
位运算符	|	按位或
	^	按位异或
	&	按位与
	<<, >>	移位
算术运算符	+, -	加法与减法
	*, /, %, //	乘法、除法、求余、整数除法
	+或-	正负号
	**	乘幂

这些运算符中优先级最低的是 Lambda 表达式,又称匿名函数,常用来表示内部仅包含一行表达式的函数。如果一个函数的函数体仅有一行表达式,则该函数就可以用 Lambda 表达式来代替。其基本的语法格式如下。

```
name = lambda [list] : 表达式
```

list 作为可选参数,等同于定义函数时所指定的参数列表。例如,设计一个求两个数之和的函数,使用普通函数的方式,定义如下。

```
In : def add(x, y):
         return x + y
     print(add(3,4))
Out: 7
```

但由于上面程序中,add()函数内部仅有一行表达式,因此该函数可以直接用 Lambda 表达式表示。

```
In : add = lambda x, y: x + y
     print(add(3,4))
Out: 7
```

从上面的例子中可以看出,Lambda 表达式其实就是简单函数(函数体仅是单行的表达式)的简写版本。Lambda 表达式将在 9.1.3 节中进行详细阐述。

计算机中所有数据都以二进制的形式存储在设备中,即 0、1 两种状态。计算机对二进制数据进行的运算称为位运算。常见的位运算有以下几种。

(1) 按位与运算符(&):参加运算的两个整数,按二进制位进行“与”运算。两个二进制位同时为 1 时,按位与的结果才为 1,否则结果为 0。运算规则如下。

```
0&0 = 0      0&1 = 0      1&0 = 0      1&1 = 1
```

(2) 按位或运算符(|):参加运算的两个整数,按二进制位进行“或”运算。两个二进制位有一个为 1 时,结果就为 1,否则结果为 0。运算规则如下。

```
0|0 = 0      0|1 = 1      1|0 = 1      1|1 = 1
```

(3) 按位异或运算符(^):参加运算的两个整数,按二进制位进行“异或”运算。两个二进制位不同时,运算结果为 1,相同时运算结果为 0。运算规则如下。

```
0^0 = 0     0^1 = 1     1^0 = 1     1^1 = 0
```

表 3-9 中的 in 运算符、is 运算符以及关系运算符的运算规则将在 4.2.2 节进行阐述,逻辑运算符的运算规则将在 4.2.3 节进行阐述,索引访问和切片操作运算符的使用规则将在第 8 章字符串部分介绍。

除此之外,Python 还支持基本的算术运算符,这些算术运算符用于执行基本的数学运算,如加、减、乘、除和求余等。表 3-10 列出了 7 种常用的算术运算符。

表 3-10　常用的算术运算符

Python 操作	算术运算符	代数表达式	Python 表达式
加法	$+$	$x+7$	x+7
减法	$-$	$x-5$	x−5
乘法	$*$	$b\times m$ 或 bm	b * m
乘幂	$**$	x^y	x ** y
除法	$/$	x/y 或 $\dfrac{x}{y}$ 或 $x\div y$	x/y
整除	$//$	$\lfloor x/y\rfloor$ 或 $\left\lfloor\dfrac{x}{y}\right\rfloor$ 或 $\lfloor x\div y\rfloor$	x//y
求余	$\%$	$x \bmod y$	x%y

在算术表达式中,Python 通常按照以下优先级规则确定表达式的执行顺序。

(1) 括号拥有最高优先级,并可以强制表达式按照用户需要的顺序进行求值。在带有嵌套括号的表达式中,例如表达式(a/(b−c)),最里面的括号中的表达式(即 b−c)首先求值。

(2) 乘方拥有次高优先级。如果表达式包含多个乘方运算,Python 将按照从右到左的顺序依次计算。例如,表达式 2 ** 3 ** 4 等同于 2 ** (3 ** 4)。

(3) 乘法、除法和求余运算具有相同的优先级。表达式中同时存在乘、除和求余运算时,需按照从左到右的顺序依次求值。例如,表达式 2/15 * 3 等同于(2/15) * 3。

(4) 加法和减法优先级最低。表达式中包含多个加减运算时,Python 将按照从左到右的顺序依次计算。例如,表达式 3+2−1 等同于(3+2)−1。

3.5.3　运算符的结合性

Python 中的运算符通常是左结合,即具有相同优先级的运算符按照从左向右的顺序计算。特殊地,乘幂运算符按照从右向左顺序结合。例如,2+3+4 被计算成(2+3)+4,而含有乘幂运算符的表达式 a ** b ** c 被处理为 a ** (b ** c)。

乘法和加法是两个可结合的运算符,也就是说,这两个运算符左右两边的运算对象可以互换位置而不会影响计算结果。例如,a+b 等价于 b+a;a×b 等价于 b×a。

合理使用圆括号对表达式进行分组,可以增强代码的可读性。例如,y=a * x ** 2+b * x+c 中包含多个不同优先级的算术运算符,为了增强可读性,可以用圆括号来标记优先级,记为 y=(a * (x ** 2))+(b * x)+c。

将一个复杂表达式分解为一系列更短、更简单的表达式语句可以提高代码的可读性。

3.5.4　表达式的组成

Python 表达式是运算符和运算对象进行有意义排列的组合。运算结果的类型由运算符和运算对象共同决定。运算符是一些特殊符号,如加号(+)、减号(−)、乘号(*)、除号(/)等,它们用来告诉程序对运算对象执行何种运算。运算对象可以是值、变量、标识符等。即使只有一个单独的值或变量,也可以被看作一个表达式。

表达式在 Python 程序中非常常见,它们可以进行计算。当一个表达式中包含多个运算符时,运算符的优先级控制着每个运算符的计算顺序。换句话说,优先级决定了哪个运算

微课视频

符先被计算,哪个运算符后被计算,以确保表达式的计算顺序是正确的。

【例3-13】 表达式示例。

```
In : import math            ♯导入 math 模块
     a = 2                  ♯将 int 对象 2 绑定到变量 a
     b = 10                 ♯将 int 对象 10 绑定到变量 b
     print(a * b)
     print(math.pi)
     c = math.cos(2 * math.pi)
     print(c)
Out: 20
     3.141592653589793
     1.0
```

3.5.5 混合类型表达式和类型转换

由于不同的数据类型之间能进行的运算是不同的,所以当表达式包含不同类型的运算对象时,需要进行数据类型转换。

Python 中的数据类型转换有两种:一种是隐式转换(自动类型转换),即 Python 在计算中会自动地将不同类型的数据转换为同类型数据来进行计算。例如,若表达式中包含复数类型的对象,则其他对象将自动转换为复数类型,运算结果的对象类型也为复数;若表达式包含浮点类型对象,则其他对象将自动转换为浮点类型,运算结果也为浮点类型。

【例3-14】 隐式类型转换示例。

```
In : a = 1
     b = 2.8
     c = a + b              ♯c = 3.8
     print(type(c))
     x = 3 + 5j
     y = 2
     z = x + y              ♯z = 5 + 5j
     print(type(z))
     print(256 + True)      ♯True 转换为 1
     print(256 + False)     ♯False 转换为 0
Out: < class 'float'>
     < class 'complex'>
     257
     256
```

另一种是显式转换(强制类型转换),即需要用户基于不同的开发需求,明确地将一种数据类型转换为另一种数据类型。例如,使用 int()、float()、bool()、str() 等预定义函数分别把对象转换为整数、浮点数、布尔值和字符串。

【例3-15】 显式类型转换示例。

```
In : print(int(2.8))
     print(float(100))
     print(bool("abc"))
     print(float("123abc"))
     x = 9999 ** 9999
```

```
    print(float(x))
Out: 2
    100.0
    True
    ValueError: could not convert string to float: '123abc'
    OverflowError: int too large to convert to float
```

3.6　对象和引用

在以往章节的许多例子中,已经接触过对象和引用的概念。例 3-14 中的 a = 1 便是一个简单的引用例子。在这条语句中,整数 1 是对象,变量 a 是一个引用,通过赋值语句将整数 1 绑定到变量 a,整数 1 和变量 a 的关系就好像"风筝"和"线",变量正是通过线的牵引来接触风筝(即对象)。本节将对变量、对象和引用关系进行详细介绍。

3.6.1　Python 对象概述

在 Python 3 中,一切皆为对象,数据也是对象。对象本质上是一个具有特定值并支持特定类型操作的内存块。每个对象都具有标识(identity)、类型(type)和值(value)。

(1) 标识 ID: 就像每个人都有一个身份证号码一样,每个对象都有一个唯一的身份标识,任何对象的标识都可以使用内置函数 id()来得到,可以简单地认为标识对应于该对象的内存地址。

(2) 类型: 类型决定了对象可以保存什么类型的值,有哪些属性和方法,可以进行哪些操作,遵循什么样的规则。可以使用内置函数 type()查看对象的类型。

(3) 值: 表示对象的数据值,可以使用内置函数 print()查看对象的值。

【例 3-16】　使用内置函数 type()、id()和 print()查看对象。

```
In : a = 25
    print(a)
    print(id(a))
    print(type(a))
Out: 25
    94269499139616
    < class 'int'>
```

在 Python 3 中,函数和类也是对象,也具有相应的类型、标识 ID 和值。

【例 3-17】　查看 Python 内置函数对象。

```
In : print(type(abs))
    print(id(abs))
    print(abs( - 4))
Out: < class 'builtin_function_or_method'>
    2261394974344
    4
```

3.6.2　变量和对象的引用

变量是对对象的引用。与其他编程语言不同,Python 不需要声明变量就可以直接赋值。首次对变量进行赋值时,就是将变量绑定到某个对象上,也可以通过对变量重新赋值,让变量引用不同的对象,从而改变变量的类型。Python变量的命名规则如下。

(1) 变量名只能包含字母、数字字符和下画线(A~z、0~9和_)。

(2) 变量名必须以字母或下画线字符开头,不能以数字开头。

(3) 变量名区分大小写(age、Age和AGE是三个不同的变量)。

(4) 变量名不能和Python中的关键字冲突。

Python对象是位于计算机内存中的一个内存数据块。为了引用对象,必须通过赋值语句将对象绑定给变量,语法格式如下。

```
变量名 = 字面量或者表达式
```

等号左边只能是变量名,不能是对象或者表达式,而等号右边是一个对象,通过赋值语句将该对象绑定到变量后,就可以通过变量来访问这个对象。等号右边可以是简单的字面量,也可以是复杂的表达式。Python变量被访问之前必须已经绑定到对象,否则会报错。

【例3-18】　使用赋值语句将对象绑定到变量。

```
a = 100        # 创建值为100的int型字面量对象,并绑定到变量a
b = 2.0        # 创建值为2.0的float型字面量对象,并绑定到变量b
c = "John"     # 创建值为"John"的字符串对象,并绑定到变量c
d = a + b      # 表达式a+b创建值为102.0的float型字面量对象,并绑定到变量d
```

除此之外,Python还支持以下赋值语句。

(1) 链式赋值。例如,"变量1=变量2=表达式"等价于"变量1=表达式;变量1=变量2"。

(2) 复合赋值语句。例如,"a+=b"等价于"a=a+b"。

(3) 序列解包赋值。例如,"变量1,变量2=对象1,对象2"等价于"变量1=对象1;变量2=对象2"。

【例3-19】　赋值语句示例。

```
x = y = 33        # 变量x和y均指向int对象33
m = 18            # 变量m指向int对象18
m /= 3            # 先计算表达式m/3的值,然后创建一个值为6.0的float对象,并绑定到变量m
name,age = 'John',18  # 变量name指向字符串"John",变量age指向int对象18
```

3.6.3　常量

除了变量之外,程序中还经常使用常量,以提高代码的可维护性。例如,在项目开发时,需要指定用户的性别,此时可以定义一个常量SEX,赋值为"男",在需要指定用户性别的地方直接访问该常量即可,从而避免了由于用户的不规范赋值导致程序出错的情况。这种用大写标识符表示的常量,称为符号常量。

在编写程序的时候,通常常量一旦设定就不应该再被重新赋值,哪怕在Python中并没有语法规则禁止对常量重新赋值。为了与变量进行区分,常量有一种约定俗成的命名方式,通常用大写字母并用下画线分隔单词的方式命名常量(如MAX_VALUE,OUT_TIME等)。

当然,字面量也是一种常量,通常称为字面常量。

【例 3-20】 常量定义示例。

```
PI = 3.1415926        # 浮点类型常量 PI
MAX_CLIENT = 100      # 整数类型常量 MAX_CLIENT
NCEPU = '华北电力大学'  # 字符串常量 NCEPU
```

3.6.4　对象内存示意图

当 Python 程序运行时，将在内存中创建各种对象(位于堆内存中)。赋值语句将对象绑定到变量(位于栈内存中)，进行绑定后，通过变量就可以引用和访问对象。

多个变量可以引用同一个对象。如果一个对象不再被任何有效作用域中的变量引用，则会通过自动垃圾回收机制收回该对象占用的内存。

【例 3-21】 变量运算及相应的对象内存图示例。

```
a = 10
a = a - 1
```

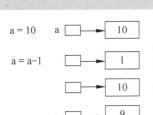

图 3-3　变量运算相应的对象内存示意图

第一条语句，创建了一个值为 10 的 int 对象，并绑定到变量 a。第二条语句，先计算表达式 a−1 的值，然后创建一个值为 9 的 int 对象，并绑定到变量 a。各语句执行后，其对应的内存示意图如图 3-3 所示。

执行完第二条语句后，内存中存在三个 int 对象，分别为 10、1 和 9，变量 a 引用对象 9，其他两个对象未被引用，将被回收器自动回收，并释放内存。

【例 3-22】 交换两个变量及相应的对象内存示意图。

```
data1 = 100              # data1 指向值为 100 的 int 对象
data2 = 200              # data2 指向值为 200 的 int 对象
temp = data1             # 变量 temp 和 data1 一样，指向值为 100 的 int 对象
data1 = data2            # 变量 data1 和 data2 一样，指向值为 200 的 int 对象
data2 = temp             # 变量 data2 和 temp 一样，指向值为 100 的 int 对象
data1,data2 = data2, data1  # 也可以通过序列解包语句实现交换两个变量引用的对象
```

各语句执行后，其对应的内存示意图如图 3-4 所示。

3.6.5　不可变对象和可变对象

Python 3 对象可以分为不可变对象(immutable)和可变对象(mutable)。

不可变对象一旦创建，其值不能被修改。如果对原对象进行修改，就需要申请一片新的内存空间来存储新的值。因为原来的内存空间是不可修改的，故需要创建新的内存空间存储新对象。实际上，对不可变对象的修改就等同于创建了一个新对象。可变对象的值可以被修改，即原对象可以在原内存空间上进行修改，不需要创建新的内存空间。

Python 对象的可变性取决于数据类型，常用的数据类型的可变性分类如下。

不可变对象：整型(int)、浮点型(float)、复数(complex)、布尔(bool)、字符串(str)、元组(tuple)。

可变对象：列表(list)、字典(dict)、集合(set)。

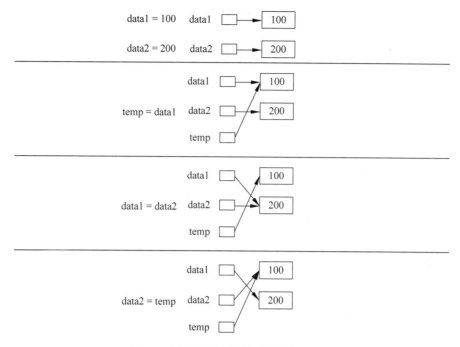

图 3-4　两个变量交换的对象内存示意图

【例 3-23】　不可变对象示例。

```
In : print(id(1))          #输出 int 对象 1 的内存地址
     a = 1                 #变量 a 指向值为 1 的 int 对象
     print(id(a))          #输出 a 的内存地址(id)
     b = 1                 #变量 b 指向值为 1 的 int 对象
     print(id(b))          #输出 b 的内存地址(id)
     a = a + 1             #a 指向表达式的结果 2
     print(id(a))          #输出 a 的内存地址(id)
Out: 1833444075824
     1833444075824
     1833444075824
     1716666067280
```

由此可以看出，变量只是对对象的引用，多个变量可以同时指向同一个对象。当给变量重新赋值时，不会改变原始对象的值，而是创建一个新对象，并将变量指向新对象。

【例 3-24】　可变对象示例。

```
In : c = d = [4,5,6]       #变量 c 和 d 指向值为[4,5,6]的 list 对象
     print(id(c))          #输出 c 的内存地址(id)
     print(id(d))          #输出 d 的内存地址(id)
     c.append(1)           #变量 c 添加一个元素 1
     print(c)
     print(id(c))
     print(c is d)
     print(c == d)
Out: 1716674412864
     1716674412864
     [4,5,6,1]
```

```
1716674412864
True
True
```

3.7 输入和输出

在前面几个章节的许多程序中，其实已经接触了 Python 的输出功能，即调用 print() 函数来输出程序处理的结果。在程序的执行过程中有时候也需要接收数据，这时就要用到 Python 的输入功能，即 input() 函数。输入和输出是程序最基本的两种功能，本节将介绍 Python 的输入和输出函数。

3.7.1 输入函数和输出函数

Python 程序通常包括输入和输出，以实现程序与外部世界的交互。在程序的执行过程中，程序获取数据的过程称为输入操作，在 Python 中使用 input() 函数来实现该功能。input() 函数从控制台获得用户的一行输入，无论用户输入什么内容，input() 函数都以字符串类型返回该结果。其对应格式如下。

```
input([prompt])
```

与输入的功能相似，将程序中的数据输出到屏幕或者打印机上的工作称为输出。在 Python 中，调用 print() 函数来完成输出功能。print() 函数格式如下。

```
print(value, …, sep = ' ', end = '\n', file = sys.stdout, flush = False)
```

print() 函数将多个以分隔符(默认值为空格，可以通过参数 sep 设置)分隔的值(value，以逗号分隔)，写入指定文件流中(file，默认为控制台 sys.stdout)。参数 end 可以指定换行符，flush 可以指定是否强制写入流。

【例 3-25】 输入和输出函数示例。

```
In : name = input("请输入姓名: ")                    #输入姓名
     age = input("请输入年龄: ")                      #输入年龄
     num = input("请输入您的幸运数字: ")              #输入幸运数字
     print("您好",name,"您今年",age,"岁","您的幸运数字是:",num)   #默认以空格分隔输出
     print("您好",name,"您今年",age,"岁","您的幸运数字是",num,sep = ",")
                                                     #通过 sep 参数设置以逗号分隔输出

Out: 请输入姓名: Lily
     请输入年龄: 18
     请输入您的幸运数字: 4
     您好 Lily 您今年 18 岁 您的幸运数字是: 4
     您好,Lily,您今年,18,岁,您的幸运数字是,4
```

3.7.2 交互式输入

微课视频

交互式输入是指程序暂停运行等待用户输入，程序将根据用户的输入决定输出结果，从而实现程序与用户之间的交流、对话功能。编写支持交互的程序必须考虑各种可能的用户

输入,因而会增加编写程序的复杂度。

【例3-26】　从控制台读入正整数并计算累加和,直到用户输入负数为止。

```
In : s = 0                              #变量 s 用来存放累加和,初始值为 0
     while True:                         #构造循环结构,不断重复读入正整数
         x = int(input("请输入正整数: "))  #变量 x 存放用户输入的字符串,用 int 强制转换成整型
         if x > 0:
             s += x                       #如果用户输入是正整数,则进行累加
         else:
             break                        #如果读到非正整数,跳出循环,结束累加
     print("累计和为: ",s)
Out: 请输入正整数: 3
     请输入正整数: 5
     请输入正整数: 7
     请输入正整数: - 1
     累计和为: 15
```

3.7.3　内置 eval()函数

微课视频

eval()是 Python 的一个内置函数,功能十分强大。这个函数的作用是计算并返回传入该函数的字符串表达式的结果,即将字符串当成有效的表达式来求值并返回计算结果。语法形式如下。

```
eval (expression[, globals[, locals]])
```

其中,参数 expression 是动态表达式的字符串;globals 是全局变量,该参数是一个字典对象;locals 是局部变量,该参数可以是任何映射对象。

eval()函数常见的用法有以下几种。

(1) 计算字符串中有效的表达式,并返回结果。

【例3-27】　eval()函数使用示例 1。

```
In : x = 3
     print(eval('5 * x'))      #对表达式 5 * x 求值
     print(eval('pow(4,2)'))   #对表达式 pow(4,2)求值
     print(eval('3 + 5'))      #对表达式 3 + 5 求值
Out: 15
     16
     8
```

(2) 将字符串转换成相应的对象(如 list、tuple、dict 和 string 之间的转换),即将Python 内存中的数据转换成其该有的数据类型,而不是 JSON 字符串。

【例3-28】　eval()函数使用示例 2。

```
In : a = "[[1,2], [3,4]]"
     print(eval(a))
     b = "{1:'xx',2:'yy'}"
     print(eval(b))
     c = "(1,2,3,4)"
     print(eval(c))
Out: [[1,2],[3,4]]
```

```
{1:'xx',2:'yy'}
(1,2,3,4)
```

（3）将利用反引号转换的字符串重新反转回对象。

【例 3-29】　eval()函数使用示例 3。

```
In : list1 = [1,2,3]
     print(list1)
     print(type('list1'))
     print(eval('list1'))
     print(type(eval('list1')))
Out: [1,2,3]
     <class 'str'>
     [1,2,3]
     <class 'list'>
```

微课视频

3.7.4　单引号、双引号和三引号字符串

【例 3-30】　print()使用示例。

```
In : print('life is short')
Out: life is short
```

参数'life is short'是一个包含在单引号(' ')中的字符序列。Python 中的单引号(' ')、双引号(" ")、三引号(""" """或者''' ''')都可以用来包含字符串。其中,三引号包含的字符串可由多行组成,一般可表示大段的叙述性字符串。双引号和三引号中可以包含单引号,三引号可以包含双引号。

Python 代码中,通常使用三个双引号进行如下操作。

（1）创建多行字符串。

（2）创建包含单引号或双引号的字符串。

（3）创建文档字符串(DocStrings),这是记录某些程序组件用途的方式。

微课视频

3.7.5　转义字符和转义序列

在 Python 中,转义字符就是那些以反斜线(\)开头的字符。反斜线和紧跟其后的字符构成转义序列。例如,\n 表示换行符转义序列,它告诉 print 将输出光标移动到下一行。如果字符串本身包含反斜线,则需要使用"\\"表示,此时"\\"就是转义字符。Python 支持的转义字符请参考 8.2 节中的表 8-1。

【例 3-31】　多行打印输出示例。

```
In : print('life\nis\nshort')
Out: life
     is
     short
```

Python 中的续行符是反斜线(\),它可以将一行代码分成多行来写,便于代码的编写和阅读。使用方式是在行尾加上反斜线(\),注意反斜线后面不能加空格,必须直接换行。

【**例 3-32**】 续行符使用示例。

```
In : a = 'this is a long string, \
     so we separate it in two lines'
     print(a)
Out: this is a long string, so we separate it in two lines
```

3.7.6 format()函数

微课视频

相对基本格式化输出采用'%'的方法,从 Python 2.6 开始,新增了格式化字符串的函数,包括内置函数 format()和 string 类的方法 str.format()。

format()内置函数的基本形式有以下两种。

(1) format(value):等同于 str(value),将参数 value 强制类型转换为字符串。

(2) format(value,format_spec):等同于 type(value).__format__(format_spec)。

格式化说明符(format_spec)的基本格式如下。

```
[[fill]align][sign][♯][0][width][,][.precision][type]
```

其中,各参数定义如下。

(1) fill 为填充字符,可以是除了{}之外的任何字符。

(2) align 为对齐方式,包括"<"(左对齐),">"(右对齐),"="(符号和数字之间的填充,例如'+0001230'),"^"(居中对齐)等。

(3) sign 为符号字符,包括"+"(正数)、"−"(负数)、" "(正数带空格,负数带−)。

(4) '♯'使用另一种转换方式。

(5) '0'表示数值类型格式化结果,左边用 0 填充。

(6) width 为最小宽度。

(7) precision 为精度。

(8) type 为格式化字符,Python 中常用的格式化类型字符如表 3-11 所示。

表 3-11 常用的格式化类型字符

格式化字符	说 明
b	转换为二进制形式的整数
c	字符,整数转换为对应的 Unicode
d	转换为十进制形式的整数
o	转换为八进制形式的整数
x 或 X	转换为十六进制形式的整数
e 或 E	转换为科学记数法表示的浮点数
f 或 F	转换为十进制形式的浮点数
g	转换为浮点数字,根据值的大小采用 e 或 f
G	转换为浮点数字,根据值的大小采用 E 或 F
n	转换为数值,使用本地千分位分隔符
s	使用 str()函数将变量或表达式转换为字符串
%	百分号标记,即字符'%'
_	十进制千分位分隔符或二进制 4 位分隔符

【例 3-33】 format()函数使用示例。

```
In : format(20,"0.3f")
     format(20,"o")
     format(20," % ")
     format(100000,"_")
Out: 20.000
     24
     2000.000000 %
     100_000
```

字符串类型格式化也采用 format()方法,基本形式如下。

(1) <模板字符串>. format(格式字符串,值 1,值 2,…): 类方法。

(2) 格式字符串. format(值 1,值 2,…): 对象方法。

(3) 格式字符串. format_map(mapping)。

其中,格式字符串由固定文本和格式说明符混合而成。格式说明符对应语法如下。

```
{[索引和键]: format_spec}
```

【例 3-34】 字符串类型格式化使用示例。

```
In : '{:o}'.format(20)
     '{:f}'.format(20)
     '{:n}'.format(20)
     '{2},{1},{0}'.format('a','b','c')
Out: 24
     20.000000
     20
     'c,b,a'
```

3.8 实践与练习

【实践 1】 编写一个程序,读取特定数量的数字,并计算输入值的平均值。提示:

(1) 统计输入数字的个数 n。

(2) 每输入一个数字,计算累加和 sum。

(3) 根据 sum / n 计算平均值。

方法一:

```
In : n = eval(input("输入数字的个数: "))
     sum = 0
     for i in range(n):
         x = eval(input("输入数字: "))
         sum += x
     average = sum / n
     print("平均值为: ",average)
```

方法二：

```
In : import numpy as np                  #导入 numpy 模块
     n = eval(input("输入数字的个数："))
     list = []
     for i in range(n):
         x = eval(input("输入数字："))
         list.append(x)                   #创建列表 list 存储输入的数据
     average = np.mean(list)              #调用 mean()函数计算平均值
     print("平均值为：",average)
```

程序运行结果如下。

```
Out: 输入数字的个数：4
     输入数字：2
     输入数字：3
     输入数字：4
     输入数字：5
     平均值为：3.5
```

【实践 2】 编写程序,输入三角形的三条边长,计算三角形的周长和面积。提示：

1. 已知三边长度,任意两边之和大于第三边即可构成三角形。

2. 假设三条边分别为 a、b、c,则三角形的面积为 $s=\sqrt{h\times(h-a)\times(h-b)\times(h-c)}$,其中,h 为三角形周长的一半。

```
In:   import math
      while True:
          a = float(input('a = '))
          b = float(input('b = '))
          c = float(input('c = '))
          if a > 0 and b > 0 and c > 0:
              break
          else:
              print("三角形边长应该大于 0")
      if (a + b > c) or (a + c > b) or (c + b > a):
          print("该三角形周长为：{:.2f}".format(a + b + c))
          h = (a + b + c) / 2    #半周长
          area = math.sqrt(h * (h - a) * (h - b) * (h - c))
          print('面积为：{:.2f}'.format(area))
      else:
          print("不能构成三角形")
```

程序运行结果如下。

```
Out: a = 3
     b = 4
     c = 5
     该三角形周长为：12.00
     面积为：6.00
```

【练习】 中国共产党从成立之日起,就坚持把为中国人民谋幸福、为中华民族谋复兴作为初心使命,团结带领中国人民为创造自己的美好生活进行了长期艰苦奋斗。经过全党全国各族人民共同努力,在迎来中国共产党成立一百周年的重要时刻,我国脱贫攻坚战取得了全面胜利,现行标准下 9899 万农村贫困人口全部脱贫,832 个贫困县全部摘帽,12.8 万个贫困村全部出列,区域性整体贫困得到解决,完成了消除绝对贫困的艰巨任务,创造了又一个彪炳史册的人间奇迹! 这是中国人民的伟大光荣,是中国共产党的伟大光荣,是中华民族的伟大光荣!

要求：找出以上文本中的常用数据类型并进行打印输出。

小结

1. Python 语言程序的构成

(1) 从结构角度上,Python 程序可以分解为模块、语句和表达式。

(2) 从功能角度上,无论程序的规模如何,每个程序都有统一的架构模式,即数据输入(input)、数据处理(process)和数据输出(output)。

2. Python 语言的数据类型

Python 数据类型是一个值的集合以及定义在该集合上的一组运算操作,包括内置数据类型、模块中定义的数据类型和用户自定义的数据类型。其中,内置数据类型主要有以下 4 种。

(1) 数值数据类型：int、bool、float、complex。

(2) 序列数据类型：不可变数据类型(str、tuple、bytes)和可变数据类型(list、bytearray)。

(3) 集合数据类型：set、frozenset。

(4) 字典数据类型：dict,如{1: "one",2: "two"}。

3. Python 运算符

运算符是一种特殊的符号,用来进行数据的算术运算、将数据绑定到变量及进行数据比较等操作。如果一个表达式中包含多个运算符,则计算顺序取决于运算符的组合顺序和优先级。除此之外,圆括号"()"也可以强制改变运算顺序。

4. Python 表达式

Python 表达式是运算符和运算对象进行有意义排列所得的组合。运算结果对象的类型由运算符和运算对象共同决定。在算术表达式运算中,Python 通常按照以下操作符优先级规则确定表达式的执行顺序。

(1) 括号拥有最高优先级,并可以强制表达式按照用户需要的顺序进行求值。

(2) 乘方拥有次高优先级。如果表达式包含多个乘方运算,Python 将按照从右到左的顺序依次计算。

(3) 乘法、除法和求余运算具有相同的优先级。表达式中同时存在乘、除和求余运算时,需按照从左到右的顺序依次求值。

(4) 加法和减法优先级最低。表达式中包含多个加减运算时,Python 将按照从左到右的顺序依次计算。

5. Python 语言对象

在 Python 3 中,一切皆为对象。每个对象由标识(identity)、类型(type)和值(value)标识。

（1）标识：每个对象都有一个唯一的身份标识，任何对象的标识都可以通过调用内置函数 id()获得，可以简单地认为标识对应于该对象的内存地址。

（2）类型：决定了对象可以保存什么类型的值，有哪些属性和方法，可以进行哪些操作，遵循什么样的规则。可以通过调用内置函数 type()查看对象的类型。

（3）值：表示对象的数据类型的值，可以通过调用内置函数 print()查看对象的值。

6. Python 语言的格式输入和输出函数

（1）在程序的执行过程中，向程序输入数据的过程称为输入操作，在 Python 中通过调用 input()函数来实现该功能。语法格式如下。

```
input([prompt])
```

（2）将程序中的数据输出到屏幕或者打印机上的工作称为输出。在 Python 中，通过调用 print()函数来完成输出功能。语法格式如下。

```
print(value, …, sep = ' ', end = '\n', file = sys.stdout, flush = False )
```

习题

一、选择题

1. 在 Python 中，合法的标识符是（   ）。
   A. —   B. 4C   C. it's   D. str
2. 下列数据类型中，Python 不支持的是（   ）。
   A. int   B. float   C. char   D. list
3. 关于 Python 中的复数，下列说法错误的是（   ）。
   A. 复数的实部和虚部都是浮点数
   B. Python 表示复数的语法是 real ＋ image j
   C. 虚部必须后缀 j，且必须是小写
   D. 方法 conjugate 返回复数的共轭复数
4. 在 Python 编程中，以下注释代码的格式不正确的是（   ）。
   A. """Python 文档注释"""   B. // Python 注释代码
   C. ♯ Python 注释代码   D. ♯ Python 注释代码 1 ♯ 注释代码 2
5. Python 源程序的扩展名为（   ）。
   A. exe   B. Python   C. py   D. com
6. 以下选项中，不是合法的 Python 变量名的是（   ）。
   A. Abc   B. abc   C. a－bc   D. a_bc
7. 在 Python 表达式中，可以使用()控制运算的优先顺序。
   A. 圆括号()   B. 方括号[]   C. 花括号{}   D. 尖括号<>
8. 在 Python 中，下列赋值语句正确的是（   ）。
   A. 2x＝y   B. x＋y＝2   C. x＝2y－1   D. x＝y＝10

9. 在 Python 中,已知 a = 100,b = False,则表达式 a ** b == 1 的计算结果是(　　)。

    A. False   B. True   C. 0   D. 1

10. 在 Python 中,当输入"3"的时候,语句序列"r = input( ); print(3.0 * r)"的运行结果是(　　)。

    A. 333   B. 8   C. TypeError   D. 27

二、填空题

1. Python 语句分为＿＿＿＿＿语句和＿＿＿＿＿语句。

2. Python 中在一行书写两条语句时,语句之间可以使用＿＿＿＿＿作为分隔符。

3. Python 使用＿＿＿＿＿符号标示注释。

4. Python 大部分对象为不可变对象,例如＿＿＿＿＿等;＿＿＿＿＿等则为可变对象。

5. Python 的 4 种内置的数值类型为＿＿＿＿＿。

6. Python 提供了两个对象身份比较运算符＿＿＿＿＿和＿＿＿＿＿来测试两个变量是否指向同一个对象;通过内置函数＿＿＿＿＿来测试对象的类型;通过＿＿＿＿＿运算符来判断两个变量指向的对象的值是否相同。

7. Python 的标准随机数生成器模块是＿＿＿＿＿。

三、简答题

1. Python 变量的命名遵循哪些规则?

2. 从键盘输入一个人的身高和体重,以英文逗号隔开(例如 1.6, 50),在屏幕上显示输出这个人的身体质量指数(BMI)(例如,BMI 是 19.5),BMI 的计算公式是 BMI＝体重(kg)/身高^2(m^2)。参照代码模板完善代码,实现下述功能。

```
h,w = eval(input())    #请输入身高(m)和体重(kg),逗号隔开
print("BMI 是 {:.1f}"._____)
```

3. 请完善代码,实现功能:从键盘输入一个汉字,在屏幕上显示输出该汉字的 Unicode 编码。

```
#请输入一个汉字
s = input("")
print("\"{}\"汉字的 Unicode 编码: {}"._____)
```

4. 阅读下面的 Python 程序,并写出运行结果。

```
print("数量{0},单价{1}".format(100, 285.6))
print(str.format("数量{0},单价{1:3.2f}", 100, 285.6))
print("数量%4d,单价%3.3f" % (100, 285.6))
```

5. 写出下列 Python 语句的程序运行结果。

```
x = True; y = False; z = True;
if not x or y: print(1)
elif not x or not y and z: print(2)
elif not x or y or not y and x: print(3)
else: print(4)
```

第  章

选择结构

学习目标：

- 掌握三种基本的流程控制结构。
- 掌握关系运算、测试运算和逻辑运算的规律和规则。
- 掌握条件表达式。
- 掌握 if 语句的语法规则、执行过程和使用方法，理解 if 语句的嵌套。
- 掌握选择结构程序设计方法及技巧。

在前面已经学习了简单的 Python 语言程序设计，这些简单的程序是从上至下逐句按照先后顺序执行的，这种结构称为顺序结构。由顺序结构构成的程序将按照各语句出现位置的先后次序执行。实际上，在进行程序设计时，有时候需要根据不同的条件来选择执行相应的语句，实现这一目的的控制结构称为选择结构。

4.1 流程图与三种结构

对于初学者而言，编写类似例 3-26 的程序并不是一件轻而易举的事情，因为该程序需要先判断读入数据是否为正整数，若为正整数才能计算累加和，否则就要结束计算。在这种情况下，如何安排实现各功能的指令并不是那么容易。如果逻辑复杂，程序较长，即使是比较熟练的编程人员，直接正确编写程序也会有一定的困难。因此，本节介绍一种方便程序设计的工具——流程图，并在此基础上介绍 Python 常用的三种程序结构。

4.1.1 算法和数据结构

程序实际上是由算法和数据结构组成的，也就是：

程序＝算法＋数据结构

算法是一组完成任务的指令，即为解决某项工作或某个问题，所需要的有限数量的机械性或重复性指令与计算步骤。不同的算法可能用不同的时间、空间或效率来完成同样的任务。一个算法的优劣可以用空间复杂度与时间复杂度来衡量。

数据结构是相互之间存在一种或多种特定关系的数据元素的集合，即带"结构"的数据元素的集合。"结构"就是指数据元素之间存在的关系，分为逻辑结构和存储结构。

微课视频

描述算法的方法包括自然语言描述、伪代码和流程图等。对于较复杂的算法，为了描述其细节，往往采用伪代码进行描述。伪代码是一种类似于程序设计语言的文本，其目的是为读者提供在代码中实现算法所需的结构和细节，而不需要将算法局限于特定的程序设计语言。

【例 4-1】 求解任意输入三个数中的最大值的自然语言描述。

（1）定义 4 个变量分别为 x、y、z 以及 max。

（2）输入大小不同的三个数，并分别赋值给 x、y、z。

（3）判断 x 是否大于 y，如果大于，则将 x 的值赋给 max；否则将 y 的值赋给 max。

（4）判断 max 是否大于 z，如果大于，则执行步骤(5)，否则直接输出 z 的值。

（5）将 max 的值输出。

【例 4-2】 求解任意输入三个数中的最大值的伪代码描述。

```
x <- Input
y <- Input
z <- Input
```

```
if x > y
    max = x
else
    max = y
endif
if max > z
    output max
else
    output z
endif
```

【例 4-3】 求解任意输入三个数中的最大值的 Python 代码实现。

```
In : x = input("请输入一个数:")
     y = input("请输入一个数:")
     z = input("请输入一个数:")
     if x > y:
         max = x
     else:
         max = y
     if max > z:
         print("最大值为:",max)
     else:
         print("最大值为:",z)
Out: 请输入一个数: 2.4
     请输入一个数: 3.7
     请输入一个数:4.5
     最大值为:4.5
```

4.1.2　程序流程图

　　程序流程图又称程序框图，是用统一规定的图形符号描述程序运行步骤的表示方式。程序流程图具体描述了程序的逻辑性与处理顺序，用图的形式画出程序流向，是算法的一种图形化表示方法,具有直观、清晰、易于理解的特点。

流程图使用不同的符号(框)来表示代码的特定部分,其基本元素如表 4-1 所示。

表 4-1 流程图基本元素

图 形 符 号	名 称	描 述
▭	开始框/结束框	表示程序的开始和结束
▱	输入框/输出框	表示程序的输入和输出
▭	处理框	表示要执行的流程和处理
◇	判断框	表示条件判断,根据条件决定下一步的走向
↓	箭头	用于连接不同部分的代码

【例 4-4】 计算 $1+2+3+\cdots+100$ 的自然语言描述。

(1) 定义两个变量分别为 i 和 sum,其中,i=1,sum=0。

(2) 判断是否 i<=100,如果是,则执行步骤(3);否则,将 sum 的值输出。

(3) 令 sum=sum+i。

(4) 令 i=i+1,继续执行步骤(2)。

【例 4-5】 如图 4-1 所示,使用流程图描述例 4-4 中的程序。

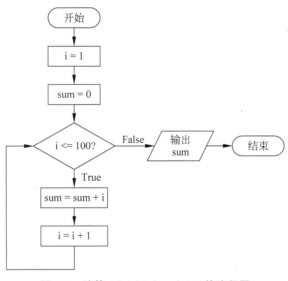

图 4-1 计算 $1+2+3+\cdots+100$ 的流程图

【例 4-6】 编写程序,计算 $1+2+3+\cdots+100$ 的结果。

```
i = 1
sum = 0
while i <= 100:
    sum = sum + i
    i = i + 1
print(sum)
```

4.1.3　程序设计的三种基本结构

Python 同样提供了现代编程语言都支持的三种基本流程控制结构：顺序结构、分支结构和循环结构。

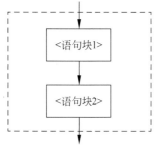

图 4-2　顺序结构示意图

在任何编程语言中最常见的程序结构就是顺序结构。顺序结构是按照各语句出现位置的先后次序执行。如果 Python 程序的多行代码之间没有任何流程控制，则程序总是从上到下依次执行，排在前面的代码先执行，排在后面的代码后执行。如图 4-2 所示，先执行语句块 1，再执行语句块 2。两个语句块之间是顺序执行顺序。

【例 4-7】　顺序结构示例：输入正方形的边长 a，计算正方形的周长和面积。

```
In : a = eval(input("请输入正方形的边长: "))
     c = a * 4
     s = a * a
     print("该正方形的周长是: {:.2f}".format(c))
     print("该正方形的面积是: {:.2f}".format(s))
Out: 请输入正方形的边长: 3.5
     该正方形的周长是: 14.00
     该正方形的面积是: 12.25
```

Python 中的分支结构用于实现根据条件来选择性地执行某段代码的功能；循环结构则用于实现根据条件重复执行某段代码的功能。Python 采用 if 语句构造分支结构，采用 while、for 语句构造循环结构，也提供了 break 和 continue 语句来控制程序的循环结构。在 4.3 节中将详细介绍分支结构，第 5 章中将介绍循环结构。

4.2　运算符及优先级

在 3.4.2 节中已经重点介绍了 Lambda 运算符和算术运算符的运算规则及其优先级。本节将介绍关系运算符、测试运算符和逻辑运算符的运算规则及优先级。

4.2.1　条件表达式

在本教材中，我们把描述条件的表达式称为条件表达式。在分支结构中，该表达式的结果（True 或 False）决定了哪些语句块会被执行，哪些会被跳过，执行过程如图 4-3 所示。

其中，条件语句可以是关系表达式、逻辑表达式、算术表达式等，也可以是最简单的一个常量或变量。语句块可以是单个语句，也可以是多个语句构成的语句块。多个语句的缩进必须一致才能构成语句块。条件语句的最终结果为 bool 值 True（真）或 False（假）。

Python 对表达式求值的方法如下。如果条件语句的结果为数值类型"0"、空字符串" "、空元组()、空列表[]、空字典{}，则 bool 值为 False；否则，bool 值为 True。

4.2.2　关系运算符和测试运算符

关系运算符用于比较两个对象（这两个对象既可以是变量，也可以是常量，还可以是表

微课视频

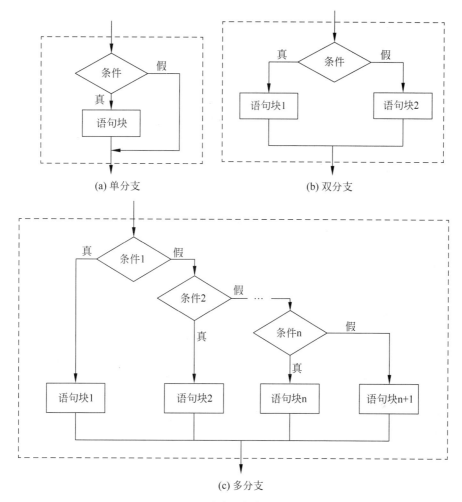

(a) 单分支　　　　　　　　　　　　(b) 双分支

(c) 多分支

图 4-3　分支结构执行过程

达式)之间的大小,关系运算的结果是 bool 值(True 代表真,False 代表假)。关系表达式的一般形式为[表达式 关系运算符 表达式],例如,a+b>c−d,x>3/2,1<=x<=4 都是合法的关系表达式。Python 支持链式比较,即可以连写多个比较运算符的关系表达式。

原则上,关系运算符应该是两个相同类型对象之间的比较。不同类型的对象也允许进行比较,但可能会导致错误。

【例 4-8】关系运算符使用示例。

```
In : print(10 > 20)
     print(11 < 12 < 13)
     print(1 > False)
     print(345 < "abc")
Out: False
     True
     True
     TypeError: '<' not supported between instances of 'int' and 'str'
```

Python 支持的关系运算符如表 4-2 所示。

表 4-2　Python 中的关系运算符

运算符	描　　述	实　　例
==	等于,比较对象是否相等	(10==20)返回 False
!=	不等于,比较两个对象是否不相等	(10!=20)返回 True
<>	不等于,比较两个对象是否不相等(Python 3 已废弃)	(10<>20)返回 True,此运算符类似于!=
>	大于	(10>20)返回 False
<	小于	(10<20)返回 True
>=	大于或等于	(10>=20)返回 False
<=	小于或等于	(10<=20)返回 True

测试运算符用于测试两个对象的关系。Python 主要包含两种测试运算符：同一性测试运算符(is 和 is not)和成员测试运算符(in 和 not in)。其具体使用规则如表 4-3 所示。

表 4-3　Python 中的测试运算符

运算符	描　　述	实　　例
is	判断两个标识符是不是引用同一个对象	x is y,等价于 id(x)==id(y),如果引用的是同一个对象,则返回 True,否则返回 False
is not	判断两个标识符是不是引用自不同对象	x is not y,等价于 id(x)!=id(y),如果引用的不是同一个对象,则返回 True,否则返回 False
in	如果在指定序列中找到值,则返回 True,否则返回 False	x in y,如果 x 在 y 序列中,则返回 True,否则返回 False
not in	如果在指定序列中没有找到值,则返回 True,否则返回 False	x not in y,如果 x 不在 y 序列中,则返回 True,否则返回 False

【例 4-9】　测试运算符使用示例。

```
In : a = 1
     b = 6
     list = [1, 2, 3, 4, 5]
     print(a is b)
     print(a in list)
     print(b not in list)
Out: False
     True
     True
```

4.2.3　逻辑运算符

逻辑运算符又称为布尔运算符,用于对 bool 类型的变量、常量和表达式进行运算。多个 bool 值的逻辑运算结果仍为 bool 类型值。

逻辑运算符除逻辑非(not)是一元运算符,其余均为二元运算符,用于对运算对象进行逻辑运算,结果为 True 或 False。表 4-4 按优先级从高到低的顺序依次列出 Python 中的逻辑运算符。逻辑表达式的求值规则如下。

(1) 非运算 not：参与运算量为真时,结果为假；参与运算量为假时,结果为真。

(2) 与运算 and：参与运算的两个量都为真时,结果才为真,否则为假。

（3）或运算 or：参与运算的两个量只要有一个为真,结果就为真;两个量都为假时,结果为假。

表 4-4 Python 中的逻辑运算符

运算符	逻辑表达式	说　明	实　例	结　果
not	not x	逻辑非,如果 x 为 True,则返回 False; 如果 x 为 False,则返回 True	not True not False	False True
and	x and y	逻辑与,x 和 y 均为 True 时,结果才为 True,否则为 False	True and False True and True False and True False and False	False True False False
or	x or y	逻辑或,x 和 y 中有一个为 True 时,结果即为 True,否则为 False	True or True True or False False or True False or False	True True True False

Python 中的任意表达式都可以被看作布尔逻辑值,故均可以参与逻辑运算,但是如果进行逻辑运算的对象不是布尔类型时,结果的类型不一定是布尔类型。例如:

```
In : print(not 1)
     print(not 'abc')
     print(10 and 60)
Out: False
     False
     60
```

4.2.4　Python 中的短路逻辑

逻辑表达式从左至右运算,若 or 运算符左侧运算对象的逻辑值为 True,则不考虑 or 运算符后面的值,整个逻辑表达式的值为 True。若 or 运算符左侧运算对象的逻辑值为 False,则整个逻辑表达式的值为 or 运算符右侧运算对象的结果。例如:

```
In : print(1 or 2)
     print(False or True)
Out: 1
     True
```

若 and 运算符左侧运算对象的逻辑值为 False,则不考虑 and 运算符后面的值,整个逻辑表达式的值为 False。若 and 运算符左侧逻辑值为 True,则整个逻辑表达式的值为 and 运算符右侧运算对象的结果。例如:

```
In : print(1 and 2)
     print(True and 0)
     print(0 and 2 or True)
Out: 2
     0
     True
```

4.3 分支结构

分支结构又称为选择结构,是根据条件表达式的结果,选择不同向前执行路径的一种运行方式,具体的分支结构可以细分为单分支、双分支和多分支。

4.3.1 单分支结构

if 语句单分支结构的语法形式如下。

```
if(条件表达式):
    语句/语句块
```

其中:

(1) 条件表达式:可以是关系表达式、逻辑表达式和算术表达式等。

(2) 语句/语句块:可以是单个语句,也可以是语句块。语句块由多个缩进对齐一致的语句构成。

if 分支语句的执行过程非常简单。如果 if 条件表达式结果为"真",程序就会执行 if 条件后面的语句(块);否则,跳过这些语句(块),不做任何操作,转到 if 语句的结束点。单分支结构对应流程如图 4-3(a)所示。

【例 4-10】 单分支结构示例 1:输出两个整数的大小关系。

```
In : number1 = eval(input("Enter first number: "))
     number2 = eval(input("Enter second number: "))
     if (number1 == number2):
         print(number1,'is equal to',number2)
     if (number1 > number2):
         print(number1,'is bigger than',number2)
     if (number1 < number2):
         print(number1,'is less than',number2)
Out: Enter first number: 12
     Enter second number: 21
     12 is less than 21
```

【例 4-11】 单分支结构示例 2:输入三个整数,输出三个数中的最小值。

```
In : n1 = int(input("Please enter the first integer: "))
     n2 = int(input("Please enter the second integer: "))
     n3 = int(input("Please enter the third integer: "))
     min = n1
     if n2 < min:
         min = n2
     if n3 < min:
         min = n3
     print('最小值为: ',min)
Out: Please enter the first integer: 5
     Please enter the second integer: 7
     Please enter the third integer: 10
     最小值为: 5
```

4.3.2 双分支结构

if 语句双分支结构的语法形式如下。

```
if(条件表达式):
    语句/语句块 1
else:
    语句/语句块 2
```

在双分支结构中,当条件表达式的值为真(True)时,执行 if 后面的语句(块)1,否则执行语句(块)2。双分支结构对应的流程如图 4-3(b)所示。

Python 还提供了由三元条件运算符构成的表达式(又称条件表达式)来实现双分支结构,语法形式如下。

```
条件为真时的值 if(条件表达式)else 条件为假时的值
```

【例 4-12】 编写程序,输入考试成绩,判断是否及格(及格线为 60 分)。

(1)利用单分支结构实现。

```
In : grade = int(input("请输入成绩: "))
    if grade >= 60:
        result = '及格'
    if grade < 60:
        result = '不及格'
    print(result)
```

(2)利用双分支结构实现。

```
In : grade = int(input("请输入成绩: "))
    if grade >= 60:
        result = '及格'
    else:
        result = '不及格'
    print(result)
```

(3)利用条件运算语句实现。

```
In : grade = int(input("请输入成绩: "))
    result = '及格' if grade >= 60 else '不及格'
    print(result)
```

4.3.3 多分支结构

if 语句多分支结构的语法形式如下。

```
if(条件表达式 1):
    语句/语句块 1
elif(条件表达式 2):
    语句/语句块 2
… //可以有零条或多条 elif 语句
```

```
elif(条件表达式 n):
    语句/语句块 n
else:
    语句/语句块 n+1
```

该语句的作用是根据不同条件表达式的值确定执行哪个语句块。多分支结构中可以有无限个 elif 分支,但只执行一个 elif,一旦一个 elif 分支执行结束,后面的所有分支既不会判断也不会执行。其对应的流程如图 4-3(c)所示。

【例 4-13】 多分支结构示例 1：将成绩 score 从百分制转换为等级制。评定条件如下。

$$成绩等级 = \begin{cases} A & 90 \leqslant score \leqslant 100 \\ B & 80 \leqslant score < 90 \\ C & 70 \leqslant score < 80 \\ D & 60 \leqslant score < 70 \\ E & 0 \leqslant score < 60 \end{cases}$$

```
In : socre = eval(input('请输入你的成绩:'))
    if socre > 100:
        print('成绩必须小于 100 分,请重新输入')
    elif socre >= 90:
        print('等级为 A')
    elif socre >= 80:
        print('等级为 B')
    elif socre >= 70:
        print('等级为 C')
    elif socre >= 60:
        print('等级为 D')
    elif socre >= 0:
        print('等级为 E')
    else:
        print('成绩必须大于 0 分,请重新输入')
Out: 请输入你的成绩: 73
    等级为 C
```

【例 4-14】 多分支结构示例 2：计算分段函数 $y = \begin{cases} 1, & x > 0 \\ 0, & x = 0 \\ -1, & x < 0 \end{cases}$。

```
In : x = eval(input("请输入 x 的值:"))
    if (x > 0): y = 1
    elif (x == 0): y = 0
    else: y = -1
    print(y)
Out: 请输入 x 的值: -3.7
    -1
```

注意：
if 语句的语法规则如下。

（1）在三种形式的 if 语句中，条件判断表达式通常是逻辑表达式或关系表达式，但也可以是其他表达式，如算术表达式、赋值表达式等，甚至也可以是一个变量。只要其值非 0 即为"真"，值为 0 则为"假"。

（2）else 子句（可选）是 if 语句的一部分，必须与 if 配对使用，不能单独使用。

4.3.4 if 语句嵌套

在 if-else 语句的缩进块中可以包含其他 if-else 语句，称为嵌套 if-else 语句。在嵌套的选择结构中，根据对齐的位置来进行 else 与 if 的配对。一般形式如下。

```
if 表达式 1：
    if 表达式 2：
    语句/语句块 1      ⎫
    else：             ⎬内嵌
    语句/语句块 2      ⎭
else：
    if 表达式 3：
    语句/语句块 3      ⎫
    else：             ⎬内嵌
    语句/语句块 4      ⎭
```

if 嵌套语句的执行过程为：如果表达式 1 为 True，继续判断表达式 2，如果表达式 2 也为 True，则执行语句（块）1，否则执行语句（块）2；如果表达式 1 为 False，继续判断表达式 3，如果表达式 3 为 True，则执行语句（块）3，否则执行语句（块）4。

【例 4-15】 使用 if 嵌套结构实现例 4-14 中的分段函数。

方法一：

```
In : x = eval(input("请输入 x 的值："))
    if (x >= 0):
        if (x > 0): y = 1
        else: y = 0
    else: y = -1
    print(y)
```

方法二：

```
In : x = eval(input("请输入 x 的值："))
    y = 1
    if (x != 0):
        if (x < 0): y = -1
    else: y = 0
    print(y)
```

方法三：

```
In : x = eval(input("请输入 x 的值："))
    if (x != 0):
        y = 1 if (x > 0) else -1
    else: y = 0
    print(y)
```

4.3.5　选择结构示例

【例 4-16】　输入三个数,要求输出其中的最大值。流程图如图 4-4 所示。

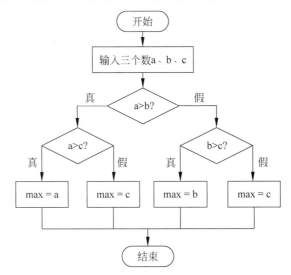

图 4-4　求三个数中最大值的判断流程

```
In : a = eval(input("请输入 number1: "))
     b = eval(input("请输入 number2: "))
     c = eval(input("请输入 number3: "))
     if a > b:
         if a > c:
             max = a
         else:
             max = c
     else:
         if b > c:
             max = b
         else:
             max = c
     print("max = {}".format(max))
Out: 请输入 number1: 3.7
     请输入 number2: 4.2
     请输入 number3: -8.7
     max = 4.2
```

【例 4-17】　编程实现根据年份和月份判断该月份的天数。

对月份进行判断:若月份为 1、3、5、7、8、10、12,输出"此月有 31 天";若月份为 4、6、9、11,输出"此月有 30 天";若月份为 2,则需要对年份进行判断,年份为闰年时输出"此月有 29 天",年份为平年时输出"此月有 28 天"。

```
In : year = int(input("请输入年份: "))
     month = int(input("请输入月份:"))
     if month in [1,3,5,7,8,10,12]:
         print (" 此月有 31 天")
```

```
    elif month in[4,6,9,11] :
        print ("此月有 30 天")
    elif month ==  2:
        if year % 400  == 0 or(year % 4 == 0 and year % 100 != 0) :
            print ("此月有 29 天")
        else:
            print ("此月有 28 天")
Out: 请输入年份: 2022
     请输入月份: 2
     此月有 28 天
```

4.4 实践与练习

【实践】 已知点的坐标(x,y),判断其所在的象限。提示:在平面直角坐标系中要判断一个点所在的象限,通常需要判断该点的横、纵坐标的正负。横、纵坐标同为正数在第一象限;横坐标正数、纵坐标负数在第四象限;横、纵坐标同为负数在第三象限;横坐标负数、纵坐标正数在第二象限;还要注意位于坐标轴上的点的判断。

```
In : x = int(input("请输入 x 的坐标: "))
     y = int(input("请输入 y 的坐标: "))
     if(x == 0 and y == 0): print("位于坐标原点")
     elif (x == 0): print("位于 y 轴")
     elif(y == 0): print("位于 x 轴")
     elif(x > 0 and y > 0): print("位于第一象限")
     elif(x > 0 and y < 0): print("位于第四象限")
     elif(x < 0 and y > 0): print("位于第二象限")
     else: print("位于第三象限")
Out: 请输入 x 的坐标: -1
     请输入 y 的坐标: 4
     位于第二象限
```

【练习】 党的十八大以来,各地区各部门持续加大就业优先政策实施力度,促进居民收入增长的各项措施接续发力。根据经济社会发展成就系列报告显示,十年来,我国居民收入增长较快,收入结构不断改善,城乡和地区居民收入差距不断缩小,居民消费水平持续提高,生活质量稳步提升。

据此,编写一个计算个人所得税的程序,要求输入收入金额后,能够输出应缴的个人所得税。个人所得税征收办法如表 4-5 所示,个人所得税的起征点为 5000 元。

表 4-5 个人所得税征收规则

级　　数	全月应纳税所得额	税　　率
1	不超过 3000 元的	3%
2	超过 3000 元至 12000 元的部分	10%
3	超过 12000 元至 25000 元的部分	20%
4	超过 25000 元至 35000 元的部分	25%
5	超过 35000 元至 55000 元的部分	30%
6	超过 55000 元至 80000 元的部分	35%
7	超过 80000 元的部分	45%

小结

1. 关系运算符和关系表达式

(1) 关系运算符和关系表达式。

- >,<,>=,<=,==,!=。
- 结合方向：从左至右。
- 运算结果：逻辑值(0 为假,1 为真)。

(2) 关系运算的优先级。

- 关系运算符中,>、<、>=、<=的优先级高于==和!=。
- 和其他运算符比较(由高到低)：算术运算符→关系运算符→赋值运算符。

2. 逻辑运算符和逻辑表达式

(1) 逻辑运算符和逻辑表达式。

- and,or,not。
- 结合方向：and 和 or 从左至右,not 从右至左。
- 运算结果：逻辑值(0 为假,1 为真)。

(2) 逻辑运算符的优先级。

逻辑运算符中,not 的优先级最高,其次是 and,or 的优先级最低。

3. if 语句

(1) 单分支 if 语句。

```
if(条件表达式):
    语句/语句块
```

(2) 双分支 if 语句。

```
if(条件表达式):
    语句/语句块 1
else:
    语句/语句块 2
```

(3) 多分支 if 语句。

```
if(条件表达式 1):
    语句/语句块 1
elif(条件表达式 2):
    语句/语句块 2
… //可以有零条或多条 elif 语句
elif(条件表达式 n):
    语句/语句块 n
else:
    语句/语句块 n+1
```

(4) if 语句的语法规则。

- 在 if 语句中,条件判断表达式必须用括号括起来,在语句之后必须加冒号。

- 在三种形式的 if 语句中,条件判断表达式通常是逻辑表达式或关系表达式,但也可以是其他表达式,如算术表达式、赋值表达式等,甚至也可以是一个变量。
- 使用缩进来划分语句块,缩进相同的语句在一起组成一个语句块。

习题

一、选择题

1. 以下关于程序控制结构描述错误的是( )。

    A. 单分支结构是用 if 保留字判断满足一个条件,就执行相应的处理语句

    B. 双分支结构是用 if-else 根据条件的真假,执行两种处理语句

    C. 多分支结构是用 if-elif-else 处理多种可能的情况

    D. 在 Python 的程序流程图中可以用处理框表示计算的输出结果

2. 以下选项,不属于程序流程图基本元素的是( )。

    A. 循环框   B. 连接点   C. 判断框   D. 起始框

3. 关于结构化程序设计所要求的基本结构,以下选项中描述错误的是( )。

    A. 循环结构   B. 选择(分支)结构

    C. goto 跳转   D. 顺序结构

4. 关于结构化程序设计方法原则的描述,以下选项中错误的是( )。

    A. 自顶向下   B. 逐步求精   C. 多态继承   D. 模块化

5. 下列说法错误的是( )。

    A. 除字典类型外,所有标准对象均可以用于布尔测试

    B. 空字符串的布尔值是 False

    C. 空列表对象的布尔值是 False

    D. 值为 0 的任何数字对象的布尔值是 False

6. 下列表达式的值为 True 的是( )。

    A. 3>2>2   B. 1 and 2 != 1

    C. not(11 and 0 != 2)   D. 10 < 20 and 10 < 5

7. 已知 x=2,y=2.0,则 x==y 的运算结果是( ),x is y 的运算结果是( )。

    A. True,False   B. True,True   C. False,False   D. False,True

二、填空题

1. Python 中用_____表示空类型。

2. Python 中的三种基本流程控制结构为_____、_____和_____。

3. 关系运算符用于比较两个值之间的大小,其运算的结果为_____类型。

4. Python 主要包含两种测试运算符:同一性测试运算符_____和_____;成员测试运算符_____和_____。

三、编程题

1. 编写代码,实现英制单位英寸与公制单位厘米之间的互换。

2. 编写代码,将成绩由百分制转换为等级制。

要求：如果输入的成绩在 90 分以上(含 90 分)输出 A；80～90 分(不含 90 分)输出 B；70～80 分(不含 80 分)输出 C；60～70 分(不含 70 分)输出 D；60 分以下输出 E。

3. 输入两个正整数 n 和 m，编写代码找出它们的最大公因数。

4. 输入两个整数，编写代码计算它们的最小公倍数。

5. 输入两个浮点数，编写代码比较两个浮点数的大小。

6. 输入两个数 a 和 b，编写代码实现变量 a 存储两者中较大的值。

7. 编写代码，找出任意三个数中的最大值并打印输出。

8. 编写代码，计算下列分段函数。

$$y = \begin{cases} \sin x + 2\sqrt{x + e^4} - (x+1)^3, & x \geqslant 0 \\ \ln(-5x) - \dfrac{|x^2 - 8x|}{7x} + e, & x < 0 \end{cases}$$

9. 编写代码，判断用户输入的年份是否为闰年。

10. Python 中的 time 模块提供了一个 time() 函数，用于返回"纪元"中的当前格林威治标准时间，"纪元"是一个用作参考点的任意时间。UNIX 系统中经常参考的时间是 1970 年 1 月 1 日 0 点。编写一个脚本，读取当前时间并将其转换为一天中的时、分、秒，以及纪元到现在的天数。

第 5 章

循环结构

学习目标：

- 掌握 while 语句的语法规则、执行过程和使用方法。
- 掌握 for 语句的语法规则、执行过程和使用方法。
- 理解循环结构的嵌套。
- 掌握循环的中途退出的表示方法。
- 掌握循环结构程序设计方法及典型算法。

在前面的章节中，学习了 Python 语言程序设计的顺序结构和选择结构。然而在进行程序设计时，经常需要实现当某一条件成立时，重复一些操作的功能，实现这一功能就需要用到循环结构。

在 Python 语言中，一般用 while 语句和 for 语句实现循环结构。

5.1 while 循环和哨兵循环

当某段代码需要重复执行时，可以用循环结构实现。例如，要实现每隔 1s 在屏幕上打印一次"hello world"并持续打印一个小时，如果直接把 print('hello world')这句代码重复书写 3600 遍，将会大大增加代码量。相比之下，一个简单的循环结构便可以实现这个功能。本节主要介绍 while 循环和哨兵循环。

5.1.1 while 循环

Python 中，while 循环和 if 条件分支语句类似，即在条件（表达式）为真的情况下，会执行相应的语句块。不同之处在于，只要条件为真，while 就会一直重复执行该语句块，一直到条件为假时才结束这一重复过程。while 循环的语法形式为

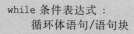

```
while 条件表达式：
    循环体语句/语句块
```

while 语句执行的具体流程为：首先判断条件表达式（该条件表达式又称为循环条件）的值，值为真（True）时，则执行语句块（这部分语句块又称为循环体）。当执行完一次循环

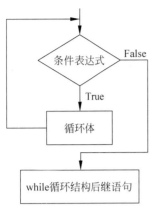

图 5-1　while 循环的执行流程

体后,再重新判断循环条件是否为真,若仍为真,则继续重复执行循环体。如此循环,直到循环条件为假(False)时,才结束循环,去执行该循环结构后面的语句。

while 循环结构的执行流程如图 5-1 所示。

【例 5-1】　利用 while 循环找出第一个大于 50 的 3 的乘方。

```
In : product = 3
     while product <= 50:
         product *= 3
     print(product)
Out: 81
```

在 while 语句中,为了避免死循环(也就是无限次重复执行循环体)的情况出现,在循环体中一定要存在改变循环条件的语句,或者有 break 语句。如在例 5-1 中,将 while 循环中的 product *= 3 代码注释掉,再次运行程序会发现,程序没有任何输出结果,这是因为循环永远不会结束(因为变量 product 的值一直为 3,没有发生改变,则循环条件 product <= 50 一直为 True),除非强制结束该程序的运行。

位于 while 循环体中的语句必须使用相同的缩进格式(通常缩进 4 个空格),以构成一个语句块,否则 Python 解释器会报 SyntaxError 错误(语法错误)。

除此之外,while 循环还常用来遍历列表、元组和字符串,因为它们都支持通过下标索引获取指定位置的元素。

【例 5-2】　while 循环遍历字符串变量。

```
In : my_char = "Hello World!"
     i = 0;
     while i < len(my_char):
         print(my_char[i], end = "")
         i = i + 1
Out: Hello World!
```

【例 5-3】　while 循环计算 n 的阶乘。

```
In : i = 1
     fac = 1
     n = eval(input("please input a integer:"))
     while (i <= n):
         fac *= i
         i = i + 1
     print("n = %d, fac = %d" % (n, fac))
Out: please input a integer: 5
     n = 5, fac = 120
```

在例 5-2 和例 5-3 中,循环体的执行次数是由变量 i 进行控制,在循环体中不可或缺的语句是改变变量 i 值的语句(例如,在这两个例子中的 i=i+1 语句),像这种用来控制循环执行次数的变量 i,称为循环变量。

> **注意：**
>
> while 语句的使用规则如下。
>
> （1）while 语句中的表达式一般是关系表达式或逻辑表达式,只要表达式的值为真(非0)即可继续循环。
>
> （2）注意在循环体中改变循环变量的值,以避免死循环。

5.1.2 哨兵循环

当循环的次数在编程时无法确定,而需要用户触发时,应该采用哨兵循环。在哨兵循环中,哨兵是一个特殊值,它被用来确定何时停止循环,即在循环过程中遇到设定的特殊数据(哨兵值),循环语句才会终止。但是,在采用哨兵循环结构编程时,也同样需要注意,在循环体中要更新哨兵。

【例 5-4】 哨兵循环使用示例：要求输入若干学生成绩并计算平均值。

方法一（需要用户预先输入学生人数）：

微课视频

```
In : stu_amount = int(input('请输入学生人数: '))
     sum = 0; i = 0
     while (i < stu_amount):
         i = i + 1
         print('请输入第',i,'名同学的成绩',end = '')
         grade = int(input(''))
         sum += grade
     if stu_amount <= 0:
         print('未输入成绩')
     else:
         aver = sum / stu_amount
     print(f'平均成绩为: {aver :.2f}')
```

程序的运行结果如下。

```
Out: 请输入学生人数: 5
     请输入第 1 名同学的成绩: 97
     请输入第 2 名同学的成绩: 82
     请输入第 3 名同学的成绩: 88
     请输入第 4 名同学的成绩: 75
     请输入第 5 名同学的成绩: 70
     平均成绩为: 82.40
```

方法二（设定哨兵为成绩中不可能出现的数值-1,来控制循环结束）：

```
In : sum = 0; counter = 0
     grade = int(input('请输入学生成绩(-1结束输入): '))
     while grade != -1:
         sum += grade
         counter += 1
         grade = int(input('请输入学生成绩(-1结束输入): '))
     if counter == 0:
         print('未输入成绩')
     else:
         aver = sum / counter
     print(f'平均成绩为: {aver :.2f}')
```

程序的运行结果如下。

```
Out: 请输入学生成绩(-1结束输入): 97
     请输入学生成绩(-1结束输入): 82
     请输入学生成绩(-1结束输入): 88
     请输入学生成绩(-1结束输入): 75
     请输入学生成绩(-1结束输入): 70
     请输入学生成绩(-1结束输入): -1
     平均成绩为: 82.40
```

5.2　for 语句和循环嵌套

Python 中的循环控制语句主要有两种,分别是 while 和 for,前面章节已经详细介绍了用 while 语句构造的循环结构,本节将介绍用 for 语句构造循环结构,以及循环嵌套结构。在下文中,将用 while 语句构造的循环结构称为 while 循环,用 for 语句构造的循环结构称为 for 循环。

微课视频

5.2.1　for 循环表达式及流程图

for 语句多用于遍历字符串、列表、元组、字典、集合等可迭代对象中的元素。for 语句的语法格式如下。

```
for 迭代变量 in 字符串|列表|元组|字典|集合(可迭代对象):
    循环体语句/语句块
```

for 语句将会自动从字符串、列表等可迭代对象中依次取出序列元素(实际上能自动依次读取的原因是可迭代对象中包含__iter__()方法,因此迭代变量将会依次取得序列中的元素,所以,在循环前不需要对迭代变量赋初值,在循环体中也不需要用语句改变迭代变量的值;循环体由具有相同缩进格式的多行语句构成(和 while 一样)。

for 循环结构的执行流程如图 5-2 所示。

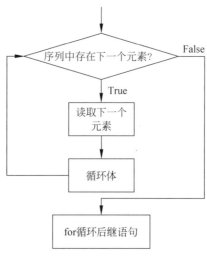

图 5-2　for 循环的执行流程

【例 5-5】 利用 for 循环判断用户输入的字符串中的字符,如果字符串中包含小写字母,则将其变成大写字母,输出字符串,要求字符之间由一个空格分隔。

```
In : for char in 'Python3.0':
        if 97 <= ord(char) <= 122:
            char = chr(ord(char) − 32)
            print(char, end = ' ')
        else:
            print(char, end = ' ')
Out: P Y T H O N 3 . 0
```

在 Python 中,for 循环也可以转换为 while 循环。其具体的转换过程如图 5-3 所示。

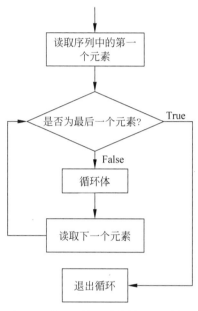

图 5-3 和 for 循环对应的 while 循环

5.2.2 for 循环结构综合举例

【例 5-6】 利用 for 循环统计用户输入的字符串中的字母、数字和其他字符的数量。

微课视频

```
In : letter = 0; num = 0; other = 0
     s = input('请输入字符串:\n')
     for char in s:
         if char >= 'a' and char <= 'z' or char >= 'A' and char <= 'Z':
             letter += 1
         elif '9' >= char >= '0':
             num += 1
         else:
             other += 1
     print(f'字符串中共有{letter:2d}个字母,{num:2d}个数字,{other:2d}个其他/字符')
Out: 请输入字符串: ABc123++
     字符串中共有 3 个字母,3 个数字,2 个其他字符
```

【例 5-7】 利用 for 循环计算 Fibonacci 数列的前 20 项(1、1、2、3、5、8、…),要求每行显

示 4 项。Fibonacci 数列的数学公式如下。

$$\begin{cases} F_1 = 1, & n = 1 \\ F_2 = 1, & n = 2 \\ F_n = F_{n-1} + F_{n-2}, & n \geqslant 3 \end{cases}$$

```
In : f1 = 1; f2 = 1
     for i in range(1, 11):
         print(str.format("{0:6}{1:6}", f1, f2), end = ",")
         if i % 2 == 0: print()
         f1 += f2; f2 += f1
```

程序的运行结果如下。

```
Out:      1     1,     2     3,
          5     8,    13    21,
         34    55,    89   144,
        233   377,   610   987,
       1597  2584,  4181  6765,
```

5.2.3　循环嵌套

Python 不仅支持 if 语句相互嵌套,同样也支持 while 和 for 语句相互嵌套。在一个循环体内又包含另一个完整的循环结构,则称为循环的嵌套。在多层循环结构中,for 循环结构和 while 循环结构可以相互嵌套。多重循环的总循环次数等于每一重循环次数的乘积。

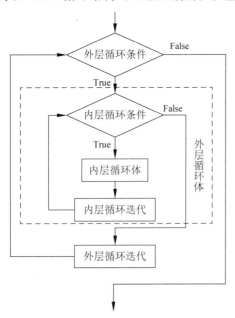

图 5-4　循环嵌套的执行流程图

当多个循环结构相互嵌套时,位于外层的循环结构称为外层循环或外循环,位于内层的循环结构称为内层循环或内循环。根据上面的分析,假设外层循环的循环次数为 n 次,内层循环的循环次数是 m 次,则内层循环的循环体实际上需要执行 n×m 次。循环嵌套的执行流程如图 5-4 所示。

当遇到循环嵌套时,Python 解释器的执行流程如下。

(1) 当外层循环条件为 True 时,则执行外层循环结构中的循环体。

(2) 外层循环体中包含语句和内层循环。当内层循环的循环条件为 True 时,则执行内层循环中的循环体,直到内层循环条件为 False,跳出内层循环。

(3) 如果此时外层循环的条件仍为 True,则返回第(2)步,重新开始一次新的外层循环,继续执行外层循环体,直到外层循环的循环条件为 False。

(4) 当外层循环的循环条件为 False 时,整个循环嵌套执行完毕。

【例5-8】　while-for 嵌套结构示例。

```
In : i = 0
     while i < 3:
         for j in range(0,2):
             print("i = ",i,"j = ",j)
         i = i + 1
Out: i = 0   j = 0
     i = 0   j = 1
     i = 1   j = 0
     i = 1   j = 1
     i = 2   j = 0
     i = 2   j = 1
```

例5-8 程序中运用了循环嵌套结构,其中,外层循环使用的是 while 语句,内层循环是 for 语句。当进入循环嵌套时,循环变量 i 初始值为 0,这时即进入外层循环。当进入外层循环后,内层循环把 i 当成一个普通变量,值为 0,开始执行内层循环,直到 j=1 不满足循环条件,跳出 for 循环体,继续执行 while 外层循环的循环体;执行 i = i+1 语句,如果 i<3 依旧成立,则重复执行上述步骤。直到 i<3 不成立,此循环嵌套结构才执行完毕。

此程序中外层循环将循环 3 次(从 i=0 到 i=2),而每次执行外层循环时,内层循环都从 j=0 循环执行到 j=1。因此,该内层循环体执行了 3×2=6 次。

5.3　可迭代对象

Python 中可迭代对象(iterable)并不是指某种具体的数据类型,而是指存储了元素的一个容器对象,且容器中的元素可以通过 __iter__()方法或__getitem__()方法访问。__iter__()方法的作用是让对象可以用 for … in 的形式循环遍历,__getitem__()方法是让对象可以通过"实例名[index]"的方式访问实例中的元素。

迭代是访问集合元素的一种方式。迭代器是一个可以记住遍历位置的对象。迭代器对象从集合的第一个元素开始访问,直到所有元素被访问完结束。生成器和迭代器的功能非常相似,它提供__next__()方法,这意味着程序可以调用内置的 next()函数来获取生成器的下一个值,也可以使用 for 循环来遍历生成器。

生成器与迭代器的区别在于:迭代器通常是先定义一个迭代器类,然后通过创建实例来创建迭代器;而生成器则是先定义一个包含 yield 语句的函数,然后通过调用该函数来创建生成器。

常见的可迭代对象包括。

(1) 集合数据类型,如 list、tuple、dict、set、str 等。

(2) 生成器(generator),包括生成器和带 yield 的生成器函数(generator function)。

【例5-9】　可迭代对象示例。

```
In : sum = 0
     for n in [2, -3,0,17,9]:
         sum += n
     print(sum)
Out: 25
```

5.4　内置函数 range

Python 中,内置函数 range() 经常被应用于生成可迭代对象。在程序开发时,它的身影无处不在,通常用来控制循环,控制数值范围等。

微课视频

5.4.1　range 函数使用规则

Python 中的内置函数 range()可以创建一个整数列表,一般用在 for 循环中。其函数语法格式如下。

```
range(start, stop[, step])
```

其中,各参数说明如下。

(1) start: 计数从 start 开始。默认是从 0 开始。例如,range(5)等价于 range(0,5)。

(2) stop: 计数到 stop 结束,但不包括 stop。例如,range(0,5)是[0,1,2,3,4],不包含 5。

(3) step: 步长,默认为 1。例如,range(0,5)等价于 range(0,5,1)。

在 Python 2 中 range 的类型为函数,是一个生成器;Python 3 中 range 的类型为类,是一个迭代器,此时 range()返回的是一个可迭代对象(类型是对象),而不是列表类型。

【例 5-10】 创建一个从 0 到 9 的数字序列,并进行打印输出。

```
In : for counter in range(10):
        print(counter, end = '')
Out: 0123456789
```

range()函数的参数可以是一个、两个或者三个。不同的参数有不同的定义和用法。

(1) 一个参数:产生从 0 到参数值的连续整数序列,但不包括参数的值。索引 0 作为默认参数存在。例如,range(5)等价于 range(0,5),实际产生 0~4 的整数序列。

(2) 两个参数:产生从第一个参数值到第二个参数值的整数序列,不包括第二个参数值。例如,range(4,6)可以产生数字序列[4,5]。

(3) 三个参数:从第一个参数值开始索引,按照指定步长递增,直至第二个参数值,且不包括第二个参数值。例如,range(4,8,2)可以产生数字序列[4,6]。

【例 5-11】 range()函数使用示例:利用 for 循环计算 1~100 中的所有偶数和以及奇数和。

```
In : odd_sum = even_sum = 0
    for i in range(1,100,2):
        odd_sum += i
    for i in range(0,101,2):
        even_sum += i
    print('偶数和为: %.2f, 奇数和为: %.2f' % (even_sum,odd_sum))
Out: 偶数和为: 2550.00, 奇数和为: 2500.00
```

5.4.2　off-by-one 错误

大小差一(off-by-one)错误主要指程序从缓冲区读入数据时发生溢出,并且只是溢出缓冲区一个字节。这种错误的产生通常与边界验证不严和字符串操作有关。例如：

```
In : list = ['a','b','c','d']
     for i in range(5):
         print(list[i])
```

上述代码定义了长度为 4 的列表 list,利用 for 循环遍历列表中的所有元素,并进行打印输出。循环下标从 0 开始到 4,出现了 list[4]这样不存在的列表元素。这就是典型的“大小差一错误”。

5.5 break 语句、continue 语句和 else 子句

在前面的几个章节中,学习了 Python 中的两大循环控制语句。无论是 for 循环还是 while 循环,只有在循环条件变为 False 时,循环才会终止。如果想要控制循环的执行,例如,在例 5-2 中循环遍历“Hello World”字符串时,只打印输出“Hello”字符串;在例 5-10 中创建 0～9 的数字序列时,只打印奇数。这些流程的控制均可以借助本节介绍的 break、continue 和 else 语句来实现。

5.5.1 break 语句

微课视频

break 语句用在 while 和 for 循环中,用来终止循环语句,即可以在循环条件未变为 False 或者 for 语句的迭代对象还没被完全迭代时跳出循环结构,停止执行循环体。

【例 5-12】 break 语句使用示例。

```
In : for number in range(1, 10):
         if number % 3 == 0:
             break
         print(number, end = ' ')
Out: 1 2
```

分析程序可以看出,当循环至 number＝3 时,条件表达式 number%3＝＝0 为 True,执行 break 语句,直接终止当前的循环,跳出循环体。break 语句一般会结合 if 语句进行搭配使用,表示在某种条件成立时跳出循环体。

另外,在循环嵌套结构中,break 语句只会终止所在循环体的执行,跳出当前的循环结构,而不能跳出所有的循环体。为了用 break 语句跳出循环嵌套的外层循环,可先定义 bool 类型的变量来标志是否需要跳出外层循环,然后在内、外层循环中分别使用两条 break 语句来实现。

【例 5-13】 循环嵌套中的 break 使用示例。

```
In : flag = False
     for i in range(7):              #外层循环
         for j in range(5):          #内层循环
             if j == 3:
                 flag = True
                 break
```

```
        print(j,end = "")
    print("\nj = ",j,"时跳出内层循环")
    if flag == True:
        print("j = ",j,"时跳出外层循环")
        break
```

上面程序中，提前定义了一个 bool 类型的变量 flag，并为其赋初值 False。在内层循环中判断 j 是否等于 3，当 j 等于 3 时，程序将 flag 设为 True，并跳出内层循环；接下来程序继续执行外层循环的剩余语句，由于 flag 为 True，因此执行外层的 break 语句来跳出外层循环。程序的运行结果如下。

```
Out: 012
    j = 3 时跳出内层循环
    j = 3 时跳出外层循环
```

微课视频

> **注意：**
> break 语句的使用规则如下。
> (1) break 语句只能用于循环结构中。
> (2) break 语句在循环体中，一般与 if 语句配合使用。
> (3) 在多层循环中，一个 break 语句只向外跳一层。如果需要跳转到最外层，则需要使用多个 break。

5.5.2   continue 语句

continue 语句和 break 语句类似，也是用在 while 和 for 循环中。区别是 continue 只是忽略当次循环中 continue 后面剩下的语句，直接开始是否进行下一次循环的判断，并不会跳出循环体，终止循环；而 break 则是完全终止循环。和 break 一样，在循环嵌套结构中，continue 语句只作用于当前层的循环结构。

【例 5-14】   continue 使用示例。

```
In : for letter in 'Python':
        if letter == 'h':
            continue
        print ('当前字母 :', letter)
Out: 当前字母 : P
    当前字母 : y
    当前字母 : t
    当前字母 : o
    当前字母 : n
```

从上面的运行结果可以看出，当 letter 等于 h 时，程序没有输出"当前字母：h"字符串，因为程序执行到 continue 时，忽略了当次循环中 continue 语句后面的代码。由此可以看出，如果把一条 continue 语句放在当次循环的最后一行，那么这条 continue 语句是没有任何意义的。因为它仅忽略了一片空白，没有忽略任何程序语句。

【例 5-15】   输出 200~400 中 5 的倍数，要求每行显示 8 个数。

```
In : i = 0
     for item in range(200, 401):
         if item % 5 != 0:
             continue
         print(item, end = " ")
         i = i + 1
         if(i % 8 == 0):print()
```

程序的运行结果如下。

```
Out: 200 205 210 215 220 225 230 235
     240 245 250 255 260 265 270 275
     280 285 290 295 300 305 310 315
     320 325 330 335 340 345 350 355
     360 365 370 375 380 385 390 395
     400
```

5.5.3　else 子句

微课视频

Python 中,无论是 while 循环还是 for 循环,后面都可以紧跟着一个 else 代码块,它的作用是当 while 循环条件为 False,或者 for 语句迭代对象没有下一个元素时,程序会跳出循环,执行 else 代码块。需要注意的是,当用 break 语句结束循环,跳出循环体时,else 子句也会被跳过,不会被执行。也就是说,else 子句只有在 while 循环条件不成立或者 for 循环迭代对象迭代完成后,才会被执行。语法格式如下。

```
for 变量 in 可迭代对象:
    循环体语句(块)1
else:
    语句(块)2
```

或者:

```
while 条件表达式 :
    循环体语句(块)1
else:
    语句(块)2
```

【例 5-16】　使用 for 循环的 else 子句。

```
In : for n in range(2, 6):
         for x in range(2, n):
             if n % x == 0:
                 print(n, '等于', x, '*', n//x)
                 break
         else:
             print(n, '是质数')
Out: 2 是质数
     3 是质数
     4 等于 2 * 2
     5 是质数
```

例 5-16 中,在外层循环中 n 分别取值为 2,3,4,5,在内层循环中 x 分别取值为 2~n,在内层循环体内判断 n 是否能被 x 整除。当 n=2 时,内层循环迭代对象为空,这个时候执行 else 子句,打印"2 是质数";当 n=3 时,进入内层 for 循环体,但是不符合 n % x == 0(3%2==0)的条件,不执行 break 语句,接着便会执行 else 子句,打印"3 是质数";当 n=4 时,进入内层 for 循环体,此时满足 n % x == 0(4%2==0)条件,打印"4 等于 2 * 2",之后执行 break 语句,此时已经跳出内层循环,不执行 else 子句;当 n=5 时,进入内层 for 循环体,每次循环都不符合 n % x == 0 的条件,在内层 for 循环迭代结束后,执行 else 子句,打印"5 是质数"。至此整个程序执行完毕。

5.5.4 标志变量

flag 是 Python 程序中常用的一个标志变量(布尔类型变量)。flag 在程序中作为一个标识,用于控制执行流程和进行逻辑判断,通常使用布尔类型变量中的 False 和 True 来表示。

【**例 5-17**】 请画出判断一个整数 m 是否为质数的流程图(图 5-5)。

判断变量 m 是否为质数时,首先读入数据并赋值给变量 m,初始化循环变量 i=2,接着进入一个循环结构,i 从 2 循环到 m−1,循环条件是判断是否 i<m,若为 False,说明所有的 i 都已经过测试,此时退出循环;若为 True,则测试 i 是否能被 m 整除;如果整除的结果 r==0,说明可以被整除,则执行 break 语句,退出循环;否则令循环变量加1,继续循环。从流程图(图 5-5)中可以看出,退出该循环结构的出口有两条:①号出口代表不满足循环条件的出口,表示变量 i 从 2 循环到 m−1 均不能被 m 整除,所以,从这个出口退出循环意味着 m 是质数,此时 i>=m;②号出口代表通过 break 语句退出循环的出口,表示存在能被 m 整除

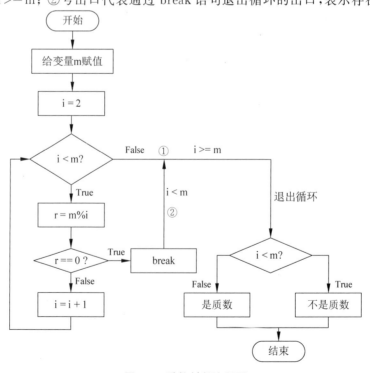

图 5-5 质数判断流程图

的变量 i，所以从此出口退出循环意味着 m 不是质数，此时 i＜m。在循环结构后通过一个双分支结构来判断退出循环结构的出口类型，从而得出 m 是否是质数的结论。

通过判断循环结构出口类型来判断 m 是否为质数的方法并不直观，所以在编程过程中，通常会引入标志变量 flag 来实现判断功能，通常取值为布尔类型变量中的 True 和 False。在本例中，使用 True 代表是质数，False 代表不是质数。在使用前，需要初始化标志变量，假设 m 是质数，则 flag 初始化为 True。如果在循环过程中存在一个 i 能被 m 整除时，在执行 break 语句之前，需要将 flag 设置为 False 表明 m 不是质数。使用标志变量判断质数的完整流程如图 5-6 所示。

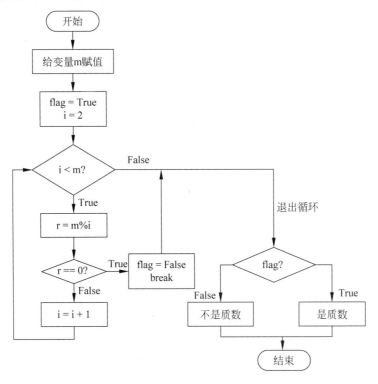

图 5-6　带标志变量的质数判断流程图

首先读入数据并赋值给变量 m，初始化标志变量 flag＝True，循环变量 i＝2，接着进入循环结构，变量 i 从 2 循环到 m－1，在循环体中测试 i 是否能被 m 整除，并在执行 break 语句之前，设置 flag 的值为 False。在退出循环结构后添加一个双分支结构，根据 flag 不同的取值，判断 m 是否为质数。

5.6　初识数据科学

探索数据是数据科学项目的第一步。在数据科学中，经常会使用统计学来描述和总结数据。描述性统计分析是关于数据的描述和汇总，它主要使用以下两种方法。

（1）定量方法以数值方式描述和汇总数据。

（2）可视化方法通过图表、曲线图、直方图和其他图形来说明数据。具体的实现方法将在第 11 章中介绍。

本节主要介绍 Python 中常用的几种描述性统计信息的内置函数,它们的含义如下。

(1) min():集合中的最小值。

(2) max():集合中的最大值。

(3) range():最小值到最大值的范围。

(4) count():集合中值的数量。

(5) sum():集合中所有值的总和。

【例 5-18】 用户随机输入某一课程中 5 名学生的成绩绩点,编写代码,计算 5 名学生绩点总和,并输出绩点的最大值和最小值。

```
In :
    score = []
    for i in range(5):
        s = float(input(请输入学生绩点:'))
        score.append(s)
    total = sum(score)
    maxScore = max(score)
    minScore = min(score)
    print('学生绩点总和:',total)
    print('绩点最大值:',maxScore,'绩点最小值:',minScore)
Out: 请输入学生绩点:2.5
    请输入学生绩点:3.8
    请输入学生绩点:3.5
    请输入学生绩点:3.4
    请输入学生绩点:2.9
    学生绩点总和:16.1
    绩点最大值:3.8 绩点最小值:2.5
```

5.7   实践与练习

【实践 1】 求 1!+2!+…+n!,其中,n(1≤n≤10)值由用户输入。

```
In : n = int(input('请输入一个 1 到 10 之间的正整数'))
    fac = 1
    sum = 0
    i = 1
    while n >= i:
        fac = fac * i
        sum = sum + fac
        i = i + 1
    print(sum)
```

【实践 2】 编写程序,判断一个数是否为质数。

方法一:

```
In : num = int(input('输入一个任意的大于 1 的整数:'))
    for i in range(2,num):
        r = num % i
        if (r == 0):
            print(num,'不是质数')
```

```
            break
        else:
            print(num,'是质数')
```

方法二：

```
In : num = int(input('输入一个任意的大于 1 的整数:'))
     i = 2
     flag = True
     while i < num:
         if num % i == 0:
             flag = False
                 break
         i += 1
     if flag:
         print(num,'是质数')
     else:
         print(num,'不是质数')
```

【练习】　设计知识竞赛方案。如果用户连续三次回答错误,那么比赛应该停止并提示“答题失败”。如果比赛正常结束,则输出答题时间和答题准确率。要求竞赛至少包含 20 个与知识相关的话题。

设计思路：本题采用循环结构实现用户不断答题的功能,首先需要确定题目是否作答完毕,若所有题目作答完毕,则比赛结束,输出答题时间和准确率；否则,继续作答,同时需要判断答案对错。此时,需要设置一个变量 flag 来判断“是否连续三次回答错误”：每答错一次,flag=flag+1,当 flag==3 时,结束比赛,提示“答题失败”；若中间穿插一次答对的情况,则 flag 重新置 0,用户可以继续作答,直至答题结束。具体的比赛设计流程如图 5-7 所示。

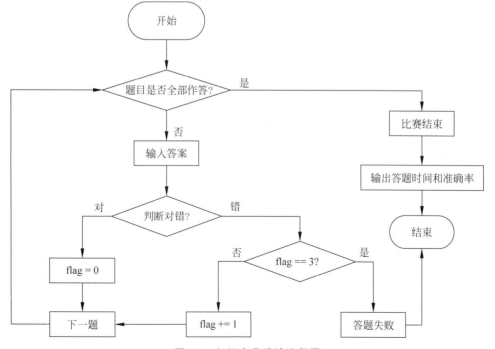

图 5-7　知识竞赛设计流程图

小结

1. 循环语句的基本形式

Python 语言提供了两种循环语句：while 语句和 for 语句。两者的基本形式如下。

（1）while 语句。

```
while(条件表达式):
    循环体语句/语句块
```

（2）for 语句。

```
for 迭代变量 in 字符串|列表|元组|字典|集合(可迭代对象):
    循环体语句/语句块
```

2. 循环语句的使用规则

（1）while 语句和 for 语句属于"当型"循环，即"先判断,后执行"。

（2）建立循环常见以下几种情况。

① 循环次数未知的,即循环次数及控制条件要在循环过程中才能确定,此种情况适合用 while 语句来编程。

② 循环次数已知的,即在循环之前就能确定循环控制变量的初值、步长及循环次数,此种情况适合用 for 语句来编程。

③ 两种循环语句可以相互嵌套组成多重循环。循环之间可以并列但不能交叉。

④ 在循环程序中应避免出现死循环,即应保证循环变量的值在运行过程中可以得到修改,并使循环条件逐步变为假,从而结束循环。

⑤ 在循环体中出现的 break 语句和 continue 语句能改变循环的执行流程。它们的区别在于：break 语句将终止整个循环的执行,跳出循环结构；而 continue 语句只能结束本次循环,继续执行新一轮的循环。

（3）for、while 语句可以附带一个 else 子句,如果 for、while 语句没有被 break 语句中止,则会执行 else 子句,否则不执行。语法格式如下。

```
for 变量 in 可迭代对象:
    循环体语句(块)1
else:
    语句(块)2
```

或者：

```
while 条件表达式 :
    循环体语句(块)1
else:
    语句(块)2
```

习题

一、选择题

1. 以下关于循环结构的描述,错误的是(　　)。

    A. 遍历循环使用 for <循环变量> in <循环结构>语句,其中,循环结构不能是文件

    B. 使用 range()函数可以指定 for 循环的次数

    C. for i in range(5)表示循环 5 次,i 的值是从 0 到 4

    D. 用循环结构遍历字符串时,循环的次数是字符串的长度

2. 下面代码的输出结果是(　　)。

```
for n in range(400,500):
    i = n // 100
    j = n // 10 % 10
    k = n % 10
    if n == i ** 3 + j ** 3 + k ** 3:
        print(n)
```

    A. 407   B. 408   C. 153   D. 159

3. 以下程序的输出结果是(　　)。

```
for i in "Summer":
if i == "m":
  break
  print(i)
```

    A. M   B. mm   C. mmer   D. 无输出

4. 以下程序的输出结果是(　　)。

```
for i in "the number changes":
 if i == 'n':
   break
 else:
   print( i, end = "")
```

    A. the umber chages   B. thenumberchanges

    C. theumberchages   D. the

5. 以下关于分支和循环结构的描述,错误的是(　　)。

    A. Python 在分支和循环语句里使用类似 x<=y<=z 的表达式是合法的

    B. 分支结构中的代码块是用冒号来标记的

    C. while 循环如果设计不小心会出现死循环

    D. 双分支结构的<表达式 1 > if <条件> else <表达式 2>形式,适合用来控制程序分支

6. for 或者 while 与 else 搭配使用时,关于执行 else 语句块描述正确的是(　　)。

    A. 仅循环非正常结束后执行(以 break 结束)

B. 循环正常结束后执行

C. 总会执行

D. 永不执行

二、填空题

1. 在 Python 无穷循环 "while True："的循环体中,可以使用_____语句退出循环。

2. Python 语句"for i in range(10)：print(i, end=' ')"的输出结果是_____。

3. 循环语句 for i in range(−3, 21, 4)的循环次数为_____。

4. 要使语句 for i in range(_____, −4, −2)循环执行 15 次,则循环变量 i 的初值应当为_____。

5. 执行下列 Python 语句后的输出结果是_____,循环执行了_____次。

```
i = -1;
while (i < 0):  i *= i
print(i)
```

6. 在循环结构中,可以使用_____语句结束当前循环。

7. 迭代器是一个对象,表示可迭代的数据集合,包括方法_____和_____,可实现迭代功能。

三、编程题

1. 写出下列 Python 语句的运行结果。

```
x = 2; y = 2.0
if(x == y): print("Equal")
else: print("Not Equal")
```

2. 阅读下面的 Python 程序,该程序的功能是什么?

```
import math
n = 0
for m in range(101, 201, 2):
  k = int(math.sqrt(m))
  for i in range(2, k + 2):
    if m % i == 0: break
  if i == k + 1:
    if n % 10 == 0: print()
    print('%d' % m, end = ' ')
    n += 1
```

3. 编写程序,计算 $1+2+3+\cdots+100$ 之和。

4. 编写程序,打印九九乘法表。要求以下三角的方式输出九九乘法表。

5. 输入任意实数 x,根据以下近似公式计算 e^x 的近似值,直到最后一项的绝对值小于 10^{-6} 为止。

$$e^x = 1 + \frac{x}{1!} + \frac{x^2}{2!} + \cdots + \frac{x^n}{n!}$$

6. 编写程序,输出第一个大于 100 的 3 的幂次方。

7. 编写程序,分别计算 1～100 中所有奇数的和及偶数的和。

8. 计算一个正实数 a 的平方根可以使用牛顿迭代法实现:首先假设 t＝a,开始循环。如果 t＝a/t,则 t 等于 a 的平方根,循环结束并返回结果;否则,将 t 和 a/t 的平均值赋值给 t,继续循环。编写程序,使用牛顿迭代法求解平方根。

9. 用户任意输入 5 个整数,编写程序,输出 5 个数中的最大值。

10. 编写程序,随机生成 100 个[1,100]内的整数,并输出其中的最大值。

11. 编写程序,判断所输入的任意一个正整数是否为质数。

12. 编写程序,输出 200～300 之间的质数,要求每行输出 5 个质数。

第6章

列表与元组

学习目标：

- 了解序列的定义和操作。
- 掌握列表和元组的创建。
- 掌握访问列表和元组的元素。
- 掌握列表和元组中的常见操作。
- 熟悉打包和解包的操作。

当谈到 Python 编程的常用数据结构时，列表和元组是两个不可或缺的概念。它们是 Python 中最常用的序列类型，用于存储和组织一系列的数据项。在本章中，将深入探讨列表和元组的特性、用法和常见操作，并学习如何创建、访问和操作列表和元组，以及如何使用它们进行数据处理。通过掌握列表和元组的基本概念和高级技巧，能够更加灵活地处理和管理数据，从而提高 Python 编程的效率和质量。

6.1 序列

6.1.1 序列类型定义

微课视频

序列是 Python 基础的数据结构，它是一组有序元素的集合。数据结构是由数据元素组成的集合，这些元素可以是数字、字符，甚至是其他的数据结构。在数据结构中，这些元素被按照一定的方式组织起来。常见的数据结构包括线性表、队列、栈、树和图等。

Python 中最基本的数据结构是序列。在序列中，每一个元素都被分配一个数字作为编号，即位置或索引。第一个元素的索引值为 0，第二个元素的索引值为 1，以此类推。Python 中有三种基本的序列数据类型，分别是 list、tuple 和 range。根据序列内存中存储的值是否可变，可将序列划分为可变序列和不可变序列，可变序列包括列表、集合和字典，不可变序列包括元组和字符串。

6.1.2 序列支持的操作

微课视频

关于序列的操作，请查阅网址 https://docs. Python. org/3/library/stdtypes. html # typesseq。下面列举出了一些常见的序列操作，具体内容详见后续的列表和元组介绍。

如表 6-1 所示,列出了按照升序排序的序列操作。s 和 t 是相同类型的序列,n、i、j 和 k 是整数,x 是满足 s 施加的任何类型和值限制的任意对象。in 和 not in 操作与比较操作具有相同的优先级,+(连接)和 *(重复)相应的数字操作具有相同的优先级。

表 6-1 序列操作

操 作	结 果
x in s	如果序列 s 中的一项等于 x,则为 True,否则为 False
x not in s	如果序列 s 中的一项等于 x,则为 False,否则为 True
s + t	连接序列 s 和序列 t
s * n or n * s	相当于将字符串 s 自身连续重复 n 次
s[i]	序列 s 的第 i 项,起始索引为 0
s[i:j]	从 i 到 j 的序列 s 切片
s[i:j:k]	从 i 到 j 的序列 s 切片,步长为 k
len(s)	序列 s 的长度
min(s)	序列 s 的最小项
max(s)	序列 s 的最大项
s.index(x[,i[,j]])	序列 s 中 x 第一次出现时的索引(在索引 i 及其之后,索引 j 之前)
s.count(x)	序列 s 中 x 出现的总次数

6.2 列表

本节将学习列表的相关知识。首先学习如何创建列表、访问列表,以及如何使用列表推导式和列表切片,之后将深入研究列表的方法和操作,如列表删除、列表操作、列表排序以及列表搜索。

6.2.1 创建列表

1. 使用方括号创建列表

在方括号中用逗号分隔多个值来创建列表,如下的列表 c,两边是方括号,中间的值用逗号分隔开,这样就创建了包含三个元素的列表。

例:c=[2, 1, −3]

微课视频

2. 列表存储不同类型数据

列表中存储的元素类型既可以是相同的,也可以是不同的。如下例所示,列表中第一个元素是字符串类型,第二个元素是整型,最后第三个元素是浮点型。

例:person=["张三", 178, 71.7]

3. 列表存储另一个列表

列表中元素可以是其他列表,且其他列表也可以具有不同的长度。如下例所示,列表中第一个元素是整数,第二个元素是一个长度为 2 的列表,第三个元素是一个长度为 4 的列表。

```
list = [5, [2, 0], [1, 3, 1, 4]]
```

如果一个列表的所有元素都是列表,那么它就是一个二维列表。例如,下面这个列表就是一个二维列表,其中,包含了3个长度为2的子列表:

```
list = [[1, 2], [3, 4], [5, 6]]
```

4. list()方法创建列表

除了使用方括号外,也可以通过使用 list()方法来创建 list 对象。当不传入任何参数时,将创建一个空列表。而如果传入一个可迭代对象(iterable),则会创建一个由可迭代对象中所有元素构成的列表。可迭代对象包括字符串、列表、元组、字典、range 对象和生成器等。list()方法的基本用法如下。

(1) list():创建一个空列表。

(2) list(iterable):创建一个由可迭代对象中所有元素构成的列表。

如下例所示,list()方法传入空参数可以创建一个空列表;传入可迭代对象字符串"adc"作为参数,则创建了由字符"a"、"b"和"c"构成的列表;传入一个可迭代对象 range(3)作为参数,则创建了一个包含 0、1、2 三个元素的列表。需要注意的是,list()方法要么不传入参数,要么传入一个可迭代变量,不能传入多个参数。

```
In : list1 = list(); list2 = list("abc"); list3 = list(range(3))
     print(list1, list2, list3)
Out: []  ["a", "b", "c"]  [0, 1, 2]
In : list4 = list(2, 1, - 3)
Out: TypeError: list expected at most 1 argument, got 3
```

微课视频

6.2.2 列表推导式

列表推导式,又称为列表解析式,在 Python 中是一种用于快速构建列表的简洁方式。通过使用简练的代码,可以创建相对复杂的列表。

1. 使用列表推导式来创建列表

如果想要创建一个[0，1，2，3，4]的列表,一种方法是使用 for 循环,并通过每次迭代将元素添加到一个空列表中。如第一个代码段所示,首先初始化一个空列表,然后使用 for循环,每次循环用加法赋值运算符(＋＝)向列表里面添加一个元素。另一种更简洁的方法是使用列表推导式。如第二个代码段所示,赋值运算符的右边是一个列表推导式,通过列表推导式可以创建一个相同的列表,而且代码更加简洁。

```
In : list9 = []
     for item in range(5):
         list9 += [item]
     list9
Out: [0, 1, 2, 3, 4]
```

```
In : list9 = [item for item in range(5)]
     list9
Out: [0, 1, 2, 3, 4]
```

2. 列表推导式语法

列表推导式的基本形式如下。

```
[表达式 for 变量 in 可迭代对象]        #没有条件限制
[表达式 for 变量 in 可迭代对象 [if 条件表达式]]  #有条件限制
```

它的语法形式是将一个表达式放在方括号内,后面可以跟随一个或多个 for 语句,for 语句允许使用前面表达式中的变量,并可以进行嵌套。列表推导式有两种形式:一种是没有条件限制的形式,它用于迭代序列的所有元素,并根据表达式计算生成一个新的列表,这种形式适用于需要对序列中的每个元素进行相同操作的情况;另一种是有条件限制的形式,它允许根据条件来筛选序列中的元素,并根据表达式计算生成一个新的列表,这种形式适用于需要根据特定条件进行筛选的情况。如果在列表推导式中使用 if 条件,每次迭代都会判断 if 语句的条件是否成立,只有当条件为真时,才会将表达式的值加入列表中。

3. 列表推导式的应用

列表推导式通常用于从一个可迭代对象中生成一个列表,其中,最常见的可迭代对象是 range。列表推导式会生成一个和可迭代对象长度相同的列表,如以下代码段所示。

```
#列表推导式基本应用
In : a_list = [i ** 2 for i in range(10)]      #获取平方数
     print(a_list)
Out: [0, 1, 4, 9, 16, 25, 36, 49, 64, 81]
In : b_list = [[i, i ** 2] for i in range(5)]   #获取自然数和它的平方数
     print(b_list)
Out: [[0, 0], [1, 1], [2, 4], [3, 9], [4, 16]]
```

在列表推导式中使用 if 语句表示只选择满足条件的元素,满足条件的元素的数量通常比原始元素的数量要少。如下例所示,c_list 中加了一个 if 语句,只有 i 对 2 取余等于零,也就是 i 是偶数的时候,才能取得这个表达式的值,最终只会获得 0~10 之间的偶数。可以看到,最后输出的 c_list 列表中的元素是 0、2、4、6、8。

```
In : c_list  = [i for i in range(10) if i % 2 == 0]      #获取偶数
     print(c_list)
Out: [0, 2, 4, 6, 8]
```

当列表推导式包含多个 for 语句时,各个 for 语句以嵌套的方式运行,前面的 for 语句位于外层循环,后面的 for 语句处于内层循环。来看一下 d_list,表达式部分是一个列表[x,y, x*y]。x 可以取 1、2 两个值,同样地,y 也可以取 1、2 两个值。后面带有 if 条件,x 大于或等于 y,当 x 等于 1 的时候,y 只能取 1,当 x 等于 2 的时候,y 才可以取 1 和 2。所以列表中前面两个元素是 1、1,2、1 和 2、2,列表中第三个元素是 x 乘以 y。可以看到最后输出的 d_list 包含三个列表元素,分别是列表[1,1,1]、[2,1,2]和[2,2,4]。

```
In : d_list = [[x, y, x * y] for x in range(1, 3) for y in range(1, 3) if x >= y]
     print(d_list)
Out: [[1, 1, 1], [2, 1, 2], [2, 2, 4]]
```

在列表推导式中的 for 循环中,除了可以使用 range 以外,还可以使用任意的可迭代的

序列。在如下代码段中,files 是一个文件名构成的列表,用列表推导式处理这个列表,来生成一个对应的绝对路径构成的新列表。列表推导式中用 for 语句遍历整个列表,表达式部分使用字符串的"+"来连接路径和文件名,获取每个文件名对应的绝对路径。

```
In : files = ["Python.exe", "test.py", "vscode.exe", "idle.pyw", "list.docx"]
     pathes = ["D:/pyhon/" + file for file in files]
     pathes
Out: ["D:/pyhon/Python.exe", "D:/pyhon/test.py", "D:/pyhon/vscode.exe", "D:/pyhon/idle.
     pyw", "D:/pyhon/list.docx"]
```

4. 生成器表达式

生成器表达式和列表推导式很类似,但它会创建一个可迭代的生成器对象,该对象根据需要生成值,这称为惰性求值。当每次只需要获取一个元素的时候,可以考虑使用生成器表达式。列表推导式执行时一次性创建包含所有值的列表。对于较大的序列,创建列表需要消耗大量的内存和时间。如果不需要整个列表,生成器表达式可以大大减少程序消耗的内存,从而提高性能。生成器表达式的语法和列表推导式一样,只不过生成器表达式是被一对圆括号()括起来的,而不是方括号[]。如下代码段中,生成器表达式仅返回列表 numbers 中的奇数的平方值。

```
In : numbers = [0, 1, 2, 3, 4, 5, 6, 7, 8, 9]
     generator = (x ** 2 for x in numbers if x % 2 != 0)
     for square in generator:
         print(square, end = " ")
Out: 1 9 25 49 81
```

微课视频

6.2.3　访问列表

列表是一个有序序列,可以通过索引访问列表中的元素,其格式为: <列表名>[<索引>]。其中,索引值既可取正数也可取负数。当索引值为正数时,列表 s 的索引值的取值范围为 $[0, len(s))$,$len(s)$ 表示列表 s 的长度。例如,对于列表 c=[2, 1, -3],第一个元素 2 为 c[0],第二个元素为 c[1],第三个元素就是 c[2]。

```
In : c = [2, 1, -3]
     print(c[0], c[1], c[2], sep = ", ")
Out: 2, 1, -3
```

当索引值为负数时,列表 s 的索引值的取值范围为 $[-len(s), -1]$。对于列表 c=[2, 1, -3],元素 -3 的索引值为 -1,元素 1 索引值为 -2,元素 2 的索引值为 -3,如下例所示。

```
In : c = [2, 1, -3]
     print(c[-1], c[-2], c[-3], sep = ", ")
Out: -3, 1, 2
```

索引值必须是整数或者整数表达式,如果使用一个非整数作为索引,就会引发 TypeError。

```
In : c = [1, 3, -3]; a = 0; b = 1
     print(c[a + b])
```

```
Out: 3
In : print(c[1.0])
Out: TypeError: list indices must be integers or slices, not float
```

若索引值超出取值范围,则会导致 IndexError。对于一个长度为 3 的列表,它的合法索引应该在 $-3 \sim 2$ 之间,如果使用 c[10]这样的超出索引范围的操作,Python 解释器会抛出 IndexError。

```
In : c = [2, 1, -3]
     print(c[10])
Out: IndexError: list index out of range
```

使用索引可以修改列表中的元素。如以下代码段所示,首先定义了一个列表 c=[2,1,-3],然后使用索引修改了 c 的前两个元素为 0。接着输出 len(c)和 sum(c),其中,len(c)是 c 的长度,这里长度为 3;sum(c)是 c 的所有元素的和,即两个 0 加-3,等于-3。

```
In : c = [2, 1, -3]
     ♯修改列表 c 的元素
     c[0] = c[1] = 0
     print(c)
Out: [0, 0, -3]
In : print(len(c), sum(c))
Out: 3 -3
```

6.2.4　列表切片

通过切片序列可以创建出一个同种类型的包含原始元素子集的新序列。切片操作既支持可变序列,也支持不可变序列,即对列表、元组和字符串的操作方式都一样。

1. 切片基本语法

切片的基本语法格式为:s[i:j]或者 s[i:j:k]。其中,s 是一个序列,i 是起始索引,j 是结束索引,k 是步长,若没有设置 k,则默认 k 为 1。i、j 和 k 都是整数或整数表达式。需要注意的是,切片包括起始索引处的元素,但不包括结束索引处的元素。同时,切片不会改变原对象,而是创建一个新的对象。在代码行①中,构建了一个由原始列表 numbers 索引 2 到索引 6 的元素组成的切片,其中,2 是起始索引,6 是结束索引,新列表中不包含结束索引 6 处的元素。原始列表并没有被修改,切片操作只是返回了一个新的列表。

```
In : numbers = [1000, 1001, 1010, 1011, 1100, 1101, 1110, 1111]
     numbers[2:6]                                                    ♯①
Out: [1010, 1011, 1100, 1101]
In : numbers
Out: [1000, 1001, 1010, 1011, 1100, 1101, 1110, 1111]
```

2. 只有结束索引的切片

切片的起始索引是可以省略的,当省略时默认起始索引为 0。在代码行①中,省略了起始索引,因此取得的是从索引 0 到索引 6 的元素组成的切片,相当于切片 numbers[0:6]。

```
In : numbers = [1000, 1001, 1010, 1011, 1100, 1101, 1110, 1111]
     numbers[:6]                                                           #①
Out: [1000, 1001, 1010, 1011, 1100, 1101]
```

3. 只有起始索引的切片

当切片中只有起始索引时,默认结束索引为序列的长度,步长为1。如代码行①所示,省略了结束索引,结束索引相当于列表长度 len(numbers),即为8,切片 numbers[6:]等同于 numbers[6:len(numbers)],包含索引6和索引7两个元素。

```
In : numbers = [1000, 1001, 1010, 1011, 1100, 1101, 1110, 1111]
     numbers[6:]                                                           #①
Out: [1110, 1111]
```

4. 没有索引的切片

起始索引和结束索引可以同时省略,当同时省略时,将遍历整个列表。需要注意的是,当起始索引、结束索引和步长全部省略时,切片得到的列表与原始列表元素完全相同,但它们不是同一个列表,它们的 ID 不同,这是因为切片会创建一个新的列表。

```
In : numbers = [1000, 1001, 1010, 1011, 1100, 1101, 1110, 1111]
     numbers[:]
Out: [1000, 1001, 1010, 1011, 1100, 1101, 1110, 1111]
In : id(numbers)
Out: 2303201044352
In : id(numbers[:])
Out: 2303200714368
```

5. 步长的切片

起始索引和结束索引代表了取数的范围,而步长代表了取数的间隔。在代码行①中,起始索引为0,结束索引为列表长度8,步长为2。步长为2表示每隔一个元素才会取一个元素,相当于构造了一个由偶数索引组成的列表。

```
In : numbers = [1000, 1001, 1010, 1011, 1100, 1101, 1110, 1111]
     numbers[::2]                                                          #①
Out: [1000, 1010, 1100, 1110]
```

6. 步长为负数的切片

当步长为负数时,表示倒序构造切片。在代码行①中,步长为-1,起始索引和结束索引被省略了。此时,起始索引默认为-1,结束索引默认为(-1-len(numbers)),也就是-9,通过返回结果可以看到,构造出了一个倒序的完整列表。

```
In : numbers = [1000, 1001, 1010, 1011, 1100, 1101, 1110, 1111]
     numbers[::-1]                                                         #①
Out: [1111, 1110, 1101, 1100, 1011, 1010, 1001, 1000]
In : numbers[-1:-9:-1]
Out: [1111, 1110, 1101, 1100, 1011, 1010, 1001, 1000]
```

7. 通过切片修改列表

使用切片修改列表是在原始列表上进行的，不改变原始列表的 ID。需要注意，必须使用一个可迭代变量给列表切片赋值，且不能使用其他类型的变量。在代码行①中，通过切片赋值替换了列表 numbers 的前三个元素，列表其他的部分保持不变。

```
In : numbers = [1000, 1001, 1010, 1011, 1100, 1101, 1110, 1111]
     numbers[0:3] = ["eight", "nine", "ten"]                        #①
     numbers
Out: ["eight", "nine", "ten", 1011, 1100, 1101, 1110, 1111]
```

8. 通过切片修改列表——步长为 1

当列表切片的步长为 1 时，可默认省略，用于赋值的可迭代变量的元素个数和切片取到的元素个数可以不一样。因此可以给切片赋值空列表来删除列表中的元素，代码行①所示，切片步长为 1，通过列表 numbers 前三个元素的切片分配空列表，从而可以删除列表 numbers 的前三个元素。

```
In : numbers = [1000, 1001, 1010, 1011, 1100, 1101, 1110, 1111]
     numbers[0:3] = []                                              #①
     numbers
Out: [1011, 1100, 1101, 1110, 1111]
```

9. 通过切片修改列表——步长不为 1

通过切片赋值修改列表时，其步长可以不为 1，此时需要注意，用于赋值的可迭代变量的元素个数必须和切片取到的元素个数相等。例如，代码行①中，切片步长为 2，给切片赋值一个 4 个元素均为 9999 的列表。可以看到，切片赋值后，列表 numbers 中索引为 0、2、4、6 的元素均被修改为 9999。但是，如果用于赋值的可迭代变量的元素个数和切片取到的元素个数不相等，将会导致 ValueError。

```
In : numbers = [1000, 1001, 1010, 1011, 1100, 1101, 1110, 1111]
     numbers[::2] = [9999, 9999, 9999, 9999]                        #①
     numbers
Out: [9999, 1001, 9999, 1011, 9999, 1101, 9999, 1111]
In : numbers[::2] = [1111, 1111, 1111]
Out: ValueError: attempt to assign sequence of size 3 to extended slice of size 4
```

10. 通过切片清空列表

可以通过给切片赋值一个空列表来实现清空列表，如代码行②所示。需要注意的是，用切片赋值为空列表的方法删除列表中的所有元素，和直接给列表分配一个新的空列表是不同的。直接赋值一个空列表需要开辟一个新的空间来存储列表。如代码行①和③所示，可以看到这两个列表的 ID 是一样的，它们指向同一个对象。相反，如果直接给列表分配一个新的空列表，会开辟一个新的空间来存储列表。如代码行③和④所示，可以看到这两个列表的 ID 是不同的，它们指向不同的对象。

```
In : numbers = [1000, 1001, 1010, 1011, 1100, 1101, 1110, 1111]
     id(numbers)
```

```
Out: 3160854200136                                          #①
In : numbers[:] = []                                        #②
     numbers
Out: []
In : id(numbers)
Out: 3160854200136                                          #③
In : numbers = []
     numbers
Out: []
In : id(numbers)
Out: 3160855500936                                          #④
```

微课视频

6.2.5　del 语句

在 Python 中,使用赋值语句可以删除列表的元素,但无法删除整个列表;而使用 del 语句既可以从列表中删除元素,也可以删除整个列表。del 语句的语法非常简单,只需要在 del 后加上要删除的内容即可。

1. 删除特定列表索引处的元素

下面的代码段演示了 del 语句的基本使用方法。首先,使用 list() 和 range() 方法创建一个包含从 9 到 0 的 10 个元素的列表。在代码行①中,使用 del 语句删除了索引为 −2 的元素,即列表中倒数第二个元素。

```
In : numbers = list(range(10-1, -1, -1))
     numbers
Out: [9, 8, 7, 6, 5, 4, 3, 2, 1, 0]
In : del numbers[-2]                                        #①
     numbers
Out: [9, 8, 7, 6, 5, 4, 3, 2, 0]
```

2. 删除整个列表

在代码行①中,使用 del 语句删除了列表变量 numbers,之后,尝试显示 numbers 的值时会引发变量未定义错误(NameError)。

```
In : numbers = list(range(10-1, -1, -1))
     numbers
Out: [9, 8, 7, 6, 5, 4, 3, 2, 1, 0]
In : del numbers                                            #①
     numbers
Out: NameError: name "numbers" is not defined
```

3. 通过 del 语句删除切片

del 语句可以删除任何有效切片中的元素,使用起来非常方便。代码行①表示删除了列表 numbers 的前两个元素。在代码行②中,切片中的步长为 2,表示删除原有列表中所有索引为偶数的元素。

```
In : numbers = list(range(10-1, -1, -1))
     numbers
```

```
Out: [9, 8, 7, 6, 5, 4, 3, 2, 1, 0]
In : del numbers[0:2]                                    #①
     numbers
Out: [7, 6, 5, 4, 3, 2, 1, 0]
In : del numbers[::2]                                    #②
     numbers
Out: [6, 4, 2, 0]
```

可以通过 del 语句删除切片进而删除列表中的所有元素,这与使用 del 语句删除列表变量是不同的,此时列表仍然存在,只是列表变为空列表。

```
In : numbers = list(range(10 - 1, -1, -1))
     numbers
Out: [9, 8, 7, 6, 5, 4, 3, 2, 1, 0]
In : del numbers[:]
     numbers
Out: []
```

6.2.6 列表方法

微课视频

下面将介绍 Python 提供的几种常见的列表方法。

1. 方法 insert():在指定索引处添加新数据项

代码行①表示在索引 0 的位置插入了字符串"数据结构"。

```
In : books = ["计算机组成原理", "计算机操作系统", "计算机网络"]
     books.insert(0, "数据结构")                            #①
     books
Out: ["数据结构", "计算机组成原理", "计算机操作系统", "计算机网络"]
```

2. 方法 append():在列表末尾添加一个新数据项

代码行①表示将新元素"Python 程序设计"添加到 books 列表的末尾。

```
In : books.append("Python 程序设计")                       #①
     books
Out: ["数据结构", "计算机组成原理", "计算机操作系统", "计算机网络", "Python 程序设计"]
```

3. 方法 extend():将另一个序列的所有元素添加到列表的末尾。

使用列表的 extend()方法可以将另一个序列的所有元素添加到列表的末尾,这个操作等效于使用"+="运算符。代码行①表示将字符串的所有字符添加到列表中。代码行②表示将元组的所有元素添加到列表中。也可以不需要先创建一个临时变量来存储元组,而直接将元组作为参数传递给列表的 extend()方法,如代码行③所示,此时元组的括号是不可以省略的,因为 extend()方法的参数必须是可迭代对象,如果省略括号,则会引发 TypeError。

```
In : books.extend(["C 程序设计", "Java 程序设计"])
     books
Out: ["数据结构", "计算机组成原理", "计算机操作系统", "计算机网络", "Python 程序设计",
     "C 程序设计", "Java 程序设计"]
```

```
In : base_list = []
     string = "Python"
     base_list.extend(string)                                              #①
     base_list
Out: ["p", "y", "t", "h", "o", "n"]
In : tuple1 = (2, 1, -3)
     base_list.extend(tuple1)                                              #②
     base_list
Out: ["p", "y", "t", "h", "o", "n", 2, 1, -3]
     #注意额外的括号
In : base_list.extend((5, 4, -6))                                          #③
     base_list
Out: ["p", "y", "t", "h", "o", "n", 2, 1, -3, 5, 4, -6]
```

4. 其他方法

remove()方法：用于移除列表中某个值的第一个匹配项，如果 remove()的参数不在列表中，就会引发 ValueError。

clear()方法：可以删除列表中的所有元素。

count()方法：用于统计某个元素在列表中出现的次数。

copy()方法：可以复制列表，返回一个包含原始对象复制的新列表。

reverse()方法：反转列表中的元素。

pop()方法：用于删除并返回列表中指定索引位置的元素。pop()方法可以接受一个可选的参数，即要删除的元素的索引。如果不提供索引，它会删除并返回列表中的最后一个元素。需要注意的是，对空列表做 pop()操作会引发 IndexError。

如下代码段中，首先定义一个列表，然后使用 remove()方法删除元素 1，此时元素 1 在列表中，顺利删除；然后使用 remove()方法删除字符串"a"，此时列表中不存在该元素，程序报错。用 count()方法计算数字 3 在列表中出现的次数，输出为 1 次。使用 clear()方法删除列表中的所有元素。接下来，对 list1 重新赋值，并调用 copy()方法复制整个列表，然后输出原始列表 ID 和 list2 的 ID，可以看到 list1 和 list2 具有不同的标识符。调用 reverse()方法，可以将列表翻转。调用 pop()方法，参数为 0，索引为 0 的元素被删除并返回。如果 pop()方法不带参数，则删除列表中最后一个元素并返回其值。

```
In : list1 = [1, 3, 2]
     list1.remove(1)          #list1 = [3, 2]
     list1.remove("a")        #ValueError:list.remove(x): x not in list
     list1.count(3)
Out: 1
In : list1.clear()           #list1 = []
     list1 = [1, 3, 2]
     list2 = list1.copy()     #list2 = [1, 3, 2]
     id(list1), id(list2)
Out: (2288702690560, 2288702702912)
In : list1.reverse()          #list1 = [2, 3, 1]
     list1.pop(0)             #list1 = [3, 1]
Out: 2
In : list1.pop()              # list1 = [3]
Out: 1
```

微课视频

6.2.7 列表操作

1. 使用"＋＝"附加元素到列表

加法赋值（＋＝）将元素添加到列表末尾，列表的"＋＝"操作与前面讲的 extend() 方法是等效的。如以下代码段所示，从一个空列表开始，使用一个 for 循环和加法赋值（＋＝）将值从 4 到 0 逐一添加到列表中。

```
In : a_list = []
     for i in range(4, -1, -1):
         a_list += [i]
     print(a_list)
Out: [4, 3, 2, 1, 0]
```

需要注意的是，当加法赋值运算符（＋＝）左边的操作数是一个列表时，右边的操作数必须是可迭代的，否则会引发 TypeError。如以下代码段所示，如果右侧是一个整数 2，程序会报错，因为整数不是可迭代的变量。

```
In : a_list = []
     a_list += 2
Out: TypeError: "int" object is not iterable
```

如以下代码段所示，加法赋值运算符的右操作数是一个字符串，将该字符串的元素全部追加，最终生成的列表应该包含 "p"，"y"，"t"，"h"，"o"，"n" 6 个字符。同理，如果右边的操作数是元组，元组的元素也会追加到列表中。

```
In : a_list = []
     a_list += "Python"
     print(a_list)
Out: ["p", "y", "t", "h", "o", "n"]
```

需要注意的是，加法赋值运算符和加法运算符是不一样的，即这里不等价于 a_list＝a_list＋"Python"，因为这行代码会引发 TypeError：can only concatenate list（not "str"）to list。

2. 使用"＋"连接列表

有时候需要将两个列表加起来，但不修改原来的两个列表，此时可以使用加号运算符（＋），加号运算符会创建一个新的列表，这个列表包含两个列表的所有元素，并且不修改原来两个列表的值。

```
In : a_list = ["数据结构","计算机组成原理"]
     b_list = ["计算机操作系统","计算机网络","Python 程序设计"]
     c_list = a_list + b_list
     c_list
Out: ["数据结构","计算机组成原理","计算机操作系统","计算机网络","Python 程序设计"]
```

如果"＋"运算符的操作数是不同的序列类型，则会引发 TypeError。如以下代码段所示，尝试将列表和元组相加，会导致类型不匹配错误。

```
In : a_list = [1,2,3];
     a_tuple = (4,5)
     b_list = a_list + a_tuple
Out: TypeError: can only concatenate list (not "tuple") to list
```

3. 使用"＊"重复列表

列表支持数乘运算符,将一个列表乘以一个整数 n,等价于将该列表重复 n 次,生成一个新的列表,重复操作符也支持复合赋值运算"＊＝"。

```
In : a_list = [1,2,3]
     b_list = a_list * 2
     b_list
Out: [1,2,3,1,2,3]
In : b_list * = 2
     b_list
Out: [1,2,3,1,2,3,1,2,3,1,2,3]
```

在使用乘法运算符(＊)复制列表时,只会复制列表的引用,而不会创建新的列表。如以下代码段所示,只修改了第一个元素的值,但是,另外两个元素的值也发生了改变,因为它们本质上指向同一个内存地址的对象。

```
In : a = [[2, 1, -3]] * 3
     a
Out: [[2, 1, -3], [2, 1, -3], [2, 1, -3]]
In : a[0][0] = -2
     a
Out: [[-2, 1, -3], [-2, 1, -3], [-2, 1, -3]]
```

4. 列表的比较

使用比较运算符会逐个元素地比较整个列表,比较运算符有"<","<=",">",">=","==","!="。需要注意,如果两个序列中对应的元素是不可比较的,则会报错。

```
In : a = [2, 1, -3]
     b = [2, 1, -3]
     c = [2, 1, -3, 5]
     a == b
Out: True
In : b == c
Out: False
In : b < c
Out: True
In : c >= b
Out: True
```

5. 常见的几个内置函数

max(list):获取列表 list 中的最大值。

min(list):获取列表 list 中的最小值。

len(list):获取列表 list 的长度。而 list.count(x)表示获取 x 在 list 中出现的总次数。

sum(list)：对列表 list 中的所有元素求和。

```
In : list = [2, 4, 4, 5, 9, 4, 1, 6, 3, 10]
     print(max(list), min(list), len(list), sum(list))
Out: 10 1 10 48
In : print(list.count(4))
Out: 3
In : s = "zhongguo"
     print(max(s), min(s), len(s))
Out: z g 8
In : print(s.count("o"))
Out: 2
```

6.2.8 列表排序

微课视频

本节将学习列表的排序，排序是指将数据按照升序或者降序进行排列。

1. 通过 sort() 方法排序

列表的 sort() 方法可以对列表中的元素进行排序，默认情况下按照升序进行排序。如果想要按照降序对列表进行排序，可以在调用 sort() 方法时将可选参数 reverse 设置为 True，其默认值为 False。如以下代码段所示，首先定义了一个列表 numbers，然后用列表的 sort() 方法对列表排序，可以看出 numbers 中的元素按照升序进行排序。将可选参数 reverse 设置为 True，则可按照降序对 numbers 进行排序。

```
In : numbers = [8, 1, 4, 2, 10, 5, 3, 9, 6, 7]
     numbers.sort()
     numbers
Out: [1, 2, 3, 4, 5, 6, 7, 8, 9, 10]
In : numbers.sort(reverse = True)
     numbers
Out: [10, 9, 8, 7, 6, 5, 4, 3, 2, 1]
```

2. 通过 sorted() 函数排序

Python 内置的 sorted() 函数也可以对列表进行排序，sorted() 函数传入一个序列，并返回一个新的列表，新列表中包含序列中已排好序的元素，需要注意的是，sorted() 函数不会改变原来的序列。与 sort() 方法类似，将 sorted() 方法的可选参数中的 reverse 设置为 True，可以按降序对元素进行排序，其默认值为 False。如以下代码段所示，代码行①调用内置函数 sorted() 进行排序，返回一个新列表 sorted_numbers，新列表中的元素已经按照升序进行排列。调用 sorted() 方法之后，可以看到列表 numbers 的原始序列并没有发生改变。内置函数 sorted() 同样适用于字符串和元组，代码行②定义了一个字符串，代码行③调用内置函数 sorted() 对其排序，返回值是一个按升序排列的包含字符串所有字符元素的列表，而原始字符串也没有发生改变。同样，也可以使用 sorted() 函数对元组进行排序，如代码行④所示。

```
In : numbers = [8, 1, 4, 2, 10, 5, 3, 9, 6, 7]
     sorted_numbers = sorted(numbers)                              #①
     sorted_numbers
```

```
Out: [1, 2, 3, 4, 5, 6, 7, 8, 9, 10]
In : numbers
Out: [8, 1, 4, 2, 10, 5, 3, 9, 6, 7]
In : letters = "hadbjecifg"                                            #②
     sorted_letters = sorted(letters)                                  #③
     sorted_letters
Out: ["a", "b", "c", "d", "e", "f", "g", "h", "i", "j"]
In : letters
Out: "hadbjecifg"
In : tuple1 = (1, 3, 2)
     sorted_tuple = sorted(tuple1)                                     #④
     sorted_tuple
Out: [1, 2, 3]
```

常见的排序算法有冒泡排序、选择排序、插入排序、归并排序和快速排序等,下面将详细介绍冒泡排序、选择排序和归并排序。

3. 通过冒泡排序将列表中的元素按其值以升序排列

冒泡排序是最简单的排序算法。按照递增顺序的冒泡排序方法是通过不断比较两个相邻的元素,将较大的数放在更后面的位置,从而使得序列中较大的数不断向序列的后部移动。冒泡排序之所以被称为冒泡排序,正是因为这种排序算法的每一个元素都可以像小气泡一样,根据自身大小,一点一点向着序列的一侧移动。

冒泡排序的算法步骤如下。

(1) 首先将 n 个待排序的数加入列表。

(2) 比较第一个和第二个数字,将较大的放在后面的位置。然后比较第二个和第三个数字,并将较大的放在后面的位置,以同样的方式,直到比较并放置第 $(n-1)$ 个和第 n 个数字,将最大的数字放在最后一个位置。

(3) 同理,对前面的 $n-1$ 个数字做相同的操作,将第二大的数字放在倒数第二的位置。

(4) 重复这个过程,直到所有的数字都排序完毕。

冒泡排序的代码实现如下。可以看到,在这个程序中有两层循环,外循环是一个 for 语句,循环变量 i 用来控制排序的轮次。在内循环中,循环变量 j 用来控制相邻元素两两比较的次数。可以看到,在第一轮排序中,从第一个元素开始,如果 nums[0]> nums[1],则交换两个元素,然后 nums[1]和 nums[2]进行比较,以此类推。第一轮比较完成后,列表中最大的元素就会到达最后的位置。第二轮比较完成后,列表中次大的元素到达倒数第二的位置,经过 7 轮排序后,列表中的所有元素都按照递增顺序排好序。

```
In : nums = [49, 38, 65, 97, 76, 13, 27, 30]
     n = len(nums)
     for i in range(n-1):
         for j in range(n-1-i):
             if nums[j] > nums[j+1]:
                 nums[j], nums[j+1] = nums[j+1], nums[j]
         print(i+1, nums) #可视化每一轮排序结果
Out: 1 [38, 49, 65, 76, 13, 27, 30, 97]
     2 [38, 49, 65, 13, 27, 30, 76, 97]
     3 [38, 49, 13, 27, 30, 65, 76, 97]
```

```
4 [38, 13, 27, 30, 49, 65, 76, 97]
5 [13, 27, 30, 38, 49, 65, 76, 97]
6 [13, 27, 30, 38, 49, 65, 76, 97]
7 [13, 27, 30, 38, 49, 65, 76, 97]
```

4. 通过选择排序将列表中的元素根据其值按升序排列

选择排序是一种简单的排序算法,其基本思想是每次从列表中选择未排序部分的最小元素,并将其放置在未排序部分的开头。算法的基本步骤如下。首先,在包含 N 个元素的列表中找到最小值及其下标,然后将最小值与列表的第一个元素交换位置。接下来,从列表的第二个元素开始的 N−1 个元素中再找到最小值及其下标,将该最小值(即整个列表元素的次小值)与列表的第二个元素交换位置。以此类推,进行 N−1 轮选择和交换后,列表中的所有元素将按递增顺序排好序。如果要按递减顺序对列表进行排序,只需每一轮查找并交换最大值即可。

选择排序的代码实现如下,可以看到在这个程序中有两层循环。外循环是一个 for 循环,循环变量 i 用来控制选择排序的轮次。在内循环中,每一轮都是从待排序的元素中找到最小值并进行交换。例如,在第一轮中,从列表中找到最小值 13 和其下标 5,然后将最小值 13 与列表中的第一个元素 49 进行交换。第二轮排序中,找到待排序元素中的最小值 27 和下标 6,将最小值 27 和列表中的第二个元素 38 进行交换,以此类推。经过 N−1 轮选择和交换后,列表中的所有元素都按递增顺序排好序。可以看到,选择排序和之前的冒泡排序在排序结果上是一样的。

```
In : nums = [49, 38, 65, 97, 76, 13, 27, 30]
     n = len(nums)
     for i in range(n−1):
         minIndex = i
         for j in range(i+1, n):
             if nums[j] < nums[minIndex]:
                 minIndex = j
         nums[i], nums[minIndex] = nums[minIndex], nums[i]
         print(i+1, nums, minIndex)          ♯可视化每一轮排序结果
Out: 1 [13, 38, 65, 97, 76, 49, 27, 30] 5
     2 [13, 27, 65, 97, 76, 49, 38, 30] 6
     3 [13, 27, 30, 97, 76, 49, 38, 65] 7
     4 [13, 27, 30, 38, 76, 49, 97, 65] 6
     5 [13, 27, 30, 38, 49, 76, 97, 65] 5
     6 [13, 27, 30, 38, 49, 65, 97, 76] 7
     7 [13, 27, 30, 38, 49, 65, 76, 97] 7
```

5. 归并排序:将一个列表按其值按升序排列

归并排序的基本思想是将一个长序列分为左右两个短序列,分别对这两个短序列进行排序,然后将它们的排序结果合并为一个有序的长序列。对于短的序列也使用相同的方法进行排序。如果要排序的序列长度为 1,则默认是有序的。

归并排序的代码实现如下。首先定义一个 sort 函数,用于排序。sort 函数接收三个参数,nums 表示要排序的列表,left 到 right 表示 nums 排序的范围,最开始要排序的范围是从 0 到 len(nums)−1,其中,len(nums)表示列表 nums 的长度。在函数内部,首先判断 left

是否等于 right,也就是判断要排序的列表的长度是否是 1,如果是 1 则不需要排序直接返回即可。然后定义一个 mid 为 left 和 right 的平均值,用于将要排序的列表分为两个子序列。然后用 sort 函数分别对左右两半进行排序。两个子序列排好序后,需要将排好序的子序列合并为排好序的原始序列。首先定义一个 new 列表来存储排好序的原始序列,然后用一个while 循环依次比较两个子序列的元素,将较小的元素加入 new 中,直到有一个子序列的元素全部加入 new 中,然后将另外一个非空序列的元素按顺序全部加入 new 中。最后将 new的元素赋值到 nums 序列对应的部分,就完成了序列的排序。从最终的结果可以看出,通过归并排序算法,可以有效地对列表进行排序。

```
In : nums = [49,38,65,97,76,13,27,30]
     def sort(nums,left,right):
         if left == right: return
         mid = (left + right) // 2
         sort(nums, left, mid)
         sort(nums, mid + 1, right)
         new = []
         p1 = left; p2 = mid + 1
         while p1 <= mid and p2 <= right:
             if nums[p1] < nums[p2]:
                 new.append(nums[p1])
                 p1 += 1
             else:
                 new.append(nums[p2])
                 p2 += 1
         new.extend(nums[p1:mid + 1])
         new.extend(nums[p2:right + 1])
         nums[left:right + 1] = new
     sort(nums,0,len(nums) - 1)
     print(nums)
Out: [13, 27, 30, 38, 49, 65, 76, 97]
```

6.2.9　列表搜索

在 Python 编程中,经常需要确定序列(例如列表、元组或字符串)是否包含匹配于特定关键词值的元素,搜索就是查找关键词的过程。下面将以列表为例来介绍一些搜索方法,这些方法同样适用于其他序列,包括元组和字符串。

1. 列表搜索方法 index()

列表的 index()方法使用关键词(要搜索的值)作为参数,从索引 0 开始搜索列表,并返回与关键词匹配的第一个元素的索引。如果列表中不包含所搜索的值,则会出现 ValueError。

```
In : letters = ["c", "g", "a", "d", "b", "h", "e", "f"]
     letters.index("e")
Out: 6
In : letters.index("z")
Out: ValueError: 'z' is not in list
```

2. 指定 index()方法的起始索引

使用 index()方法的可选参数,可以搜索列表元素的子集。如代码行①所示,可以使用乘法赋值运算符(＊＝)来扩充序列,即将一个序列追加到自身多次。在代码行②中,使用index()方法的可选参数,指定搜索的起始索引为8,表示从索引8到列表末尾的所有元素中搜索"e",返回与"e"匹配的第一个元素的索引。

```
In : letters = ["c", "g", "a", "d", "b", "h", "e", "f"]
     letters * = 2                                                    #①
     letters
Out: ["c", "g", "a", "d", "b", "h", "e", "f", "c", "g", "a", "d", "b", "h", "e", "f"]
In : letters.index("e",8)                                             #②
Out: 14
```

3. 指定 index()方法的起始索引和结束索引

在index()方法中指定起始索引和结束索引,会从起始索引到结束索引(不包括结束索引)的位置搜索匹配元素。index()方法可选的第三个参数的默认值为列表的长度,如代码行①和添加了第三个可选参数的代码行②的结果是一样的。而代码行③表示将在起始索引0到结束索引5(不包括5)的范围内查找值等于"g"的元素。

```
In : letters = ["c", "g", "a", "d", "b", "h", "e", "f"]
     letters * = 2
     letters.index("e",8)                                             #①
Out: 14
In : letters.index("e", 8, len(letters))                             #②
Out: 14
In : letters.index("g", 0, 5)                                         #③
Out: 1
```

4. 运算符 in 和 not in

除了需要搜索具体的一个元素外,有时也需要判断一个元素是否在列表中,成员运算符in 和 not in 可以实现这个功能。运算符 in 的右边是可迭代的序列,左边是要查找的值。如果在指定的序列中找到值,则返回 True,否则返回 False。类似地,运算符 not in 表示如果在指定的序列中没有找到值,则返回 True,否则返回 False。

```
In : letters = ["c", "g", "a", "d", "b", "h", "e", "f"]
     letters * = 2
     5 in letters
Out: False
In : "e" in letters
Out: True
In : 5 not in letters
Out: True
In : "e" not in letters
Out: False
```

5. 使用运算符 in 防止 ValueError

在使用in 运算符时,如果搜索的值在序列中不存在,不会引发错误,而是直接返回False。这与使用index()方法不同,后者在找不到值时会引发 ValueError。因此,可以在使用

index()方法之前,先使用 in 运算符判断元素是否在列表中,从而避免可能出现 ValueError。

```
In : numbers = [3, 7, 1, 4, 2, 8, 5, 6]
     numbers *= 2
     key = 1000
     if key in numbers:
         print(f"found {key} at index {numbers.index(search_key)}")
     else:
         print(f"{key} not found")
Out: 1000 not found
```

6. 内置函数 any()和 all()

可迭代对象中除了 0、空、False 外的元素都算作 True。对于内置函数 any(),如果可迭代对象中存在任意一个元素为 True,则返回 True。而对于内置函数 all(),只有可迭代对象中所有元素都为 True,才返回 True。简而言之,all()遵循"有假则假"的逻辑,而 any()遵循"有真则真"的逻辑。

```
In : any((1, 2, 0))
Out: True
In : any([0, "", False])
Out: False
In : all([1, 2, 3])
Out: True
In : all([1, 2, 0])
Out: False
```

7. 顺序搜索算法

对列表进行搜索的一般方法是顺序搜索算法。顺序搜索算法的基本思路是将待搜索的元素与列表中的元素依次进行比较,如果相同则返回当前索引。如果最后也没找到,则抛出异常。

顺序搜索的代码实现如下。在这段代码中,首先定义了一个名为 search()的函数,用于实现顺序搜索。在函数内部使用了一个 for 循环来遍历列表中的每一个索引和对应的元素。在循环体内,判断当前元素是否和目标值相等,如果相等,则使用 return 语句返回当前索引。如果整个列表都被遍历完仍然没有找到目标值,则通过 raise 语句抛出一个 ValueError 异常,表示未找到目标值。

```
In : nums = [49, 38, 65, 97, 76, 13, 27, 30]
     def search(nums, dst):
         for idx, num in enumerate(nums):
             if num == dst:
                 return idx
         raise ValueError(f"{dst} is not in list")
     print(search(nums, 65))
Out: 2
In : print(search(nums, 625))
Out: ValueError: 625 is not in list
```

6.3 元组

程序中有时需要使用不可变序列,例如,在多线程或多进程环境下,同时对数据对象进行操作时,为了避免竞态条件(Race Condition)或其他并发相关的问题,需要使用锁来保护共享数据。在这种情况下,使用不可变序列(如元组)作为数据对象可以简化锁的管理,因为不可变序列的内容不可更改,不会出现多个线程或进程同时修改同一数据对象的情况,从而减少了锁的使用。

元组是一种不可变序列,一旦创建,其内容不可更改。这意味着元组的元素无法被修改、添加或删除,保持了其不可变性。相比之下,列表是一种可变序列,可以进行各种修改操作,如添加、删除、修改元素等。因此,如果在需要保持数据对象不可变性的情况下,可以考虑使用元组作为数据容器,从而避免加锁的复杂性。

需要注意的是,并不是所有的情况下都需要使用不可变序列,使用哪种序列类型取决于具体的需求和场景。在一些情况下,使用可变序列可能更加方便和灵活。因此,在编写程序时,需要根据实际情况和需求选择合适的数据结构,以确保代码的正确性和高效性。

6.3.1 创建元组

创建元组的方法与创建列表类似。元组的所有元素包含在一组小括号中,并以逗号分隔。

微课视频

1. 创建空元组

元组＝()或元组＝tuple()。

```
In : name = ()
     type(name)
Out: tuple
```

2. 创建非空元组

元组＝元素,元素外侧可以没有小括号,但是逗号必不可少。

```
In : b = (11, 2, 34)
     type(b)
Out: tuple
In : a = 11,2,34
     type(a)
Out: tuple
```

注意:即使只有一个元素也需要有逗号。

```
In : b = 23,
     type(b)
Out: tuple
In : c = 23
     type(c)
Out: int
```

元素支持任何数据类型，元组的元素可以是字符串、字典和列表等类型。

```
In : t = (11,22,["alex",{"k1":"v1"}])
     temp = t[2][1]["k1"]
     print(temp)
Out: v1
In : t
Out: (11, 22, ["alex", {"k1": "v1"}])
```

利用 range()等内置函数的返回值生成元组。

```
In : print(tuple(x for x in range(1,8)))
Out: (1, 2, 3, 4, 5, 6, 7)
In : print(tuple(x * 2 for x in range(1,8)))
Out: (2, 4, 6, 8, 10, 12, 14)
```

微课视频

6.3.2　访问元组

元组和列表一样，都是序列类型的数据结构，其访问方法和访问列表类似。与列表索引一样，元组的索引也从 0 开始。列表的切片操作也适用于元组，可以通过切片来获取元组的子序列。元组没有查找功能，但是可以通过 in 关键字查看元素是否在元组内。

```
In : a =  ([4, 3, 2], [5, 7, 2])
     a[1]
Out: [5, 7, 2]
In : a[:]
Out: ([4, 3, 2], [5, 7, 2])
In : [4, 3, 2] in a
Out: True
```

6.3.3　元组的转换

1. 元组和列表的转换

若想更改元组的元素，可以将元组转变为列表后进行更改。

元组转变为列表：列表＝list(元组)。

列表转变为元组：元组＝tuple(列表)。

```
In : my_tuple = (1, 2, 3)
     my_list = list(my_tuple)
     my_list[0] = 10
     my_list
Out: [10, 2, 3]
In : my_tuple = tuple(my_list)
     my_tuple
Out: (10, 2, 3)
```

2. 元组和字符串转换

字符串转变为元组：元组＝tuple(字符串)。

元组转变为字符串：字符串＝("".join(元组))。

```
In : my_tuple = tuple("string")
     my_tuple
Out: ('s', 't', 'r', 'i', 'n', 'g')
In : my_str = ("".join(("s", "t", "r", "i", "n", "g")))
     my_str
Out: "string"
```

6.3.4 元组的删除

删除整个元组：del 元组名。

```
In : my_tuple = (1, 2, 3)
     del my_tuple
     my_tuple
Out: NameError: name "my_tuple" is not defined
```

6.3.5 元组的连接

"＋"连接两个或多个元组。

"＋＝"连接并赋值到元组上。

微课视频

```
In : tuple1 = (1, 2, 3)
     tuple2 = (4, 5, 6)
     concatenated_tuple = tuple1 + tuple2
     concatenated_tuple
Out: (1, 2, 3, 4, 5, 6)
In : tuple1 += tuple2
     tuple1
Out: (1, 2, 3, 4, 5, 6)
```

6.3.6 元组的存储

元组存储的是对象的引用。若元组中的元素是不可变对象，则不能再引用其他对象。若元组的元素为可变对象，则可变对象的引用不可改变，但是数据可以改变，即元组初始化后元素不可更改，但是元组的元素内的元素可能改变。

例如，元组的元素是列表或字典类型，列表或字典更改，则元组的对应元素也会更改。

```
In : list = [1, "d", 48]
     a = (11, list, "s")
     a
Out: (11, [1, "d", 48], "s")
In : list[0] = 100
     a
Out: (11, [100, "d", 48], "s")
```

6.3.7 元组与列表的异同点

元组与列表的异同点如表 6-2 所示。

表 6-2   元组与列表的异同点

特　　征	列　　表	元　　组
可变性	可变	不可变
索引	可以通过索引访问和修改元素	可以通过索引访问元素,但不能修改
长度	长度可变	长度不可变
定义方式	用方括号([ ])定义	用圆括号(())定义
迭代	可以迭代	可以迭代
存储类型	可以存储任何类型的对象	可以存储任何类型的对象

6.4   解包和打包

本节将以元组为例来介绍一下序列的解包与打包。

微课视频

6.4.1   序列解包

通过将序列分配给用逗号分隔的变量列表,可以解包任何序列的元素。例如,在代码行①中,将元组 sequence 的两个元素解包并分别赋值给 name 和 grades 两个变量。需要注意的是,如果赋值符号左侧的变量数与右侧序列的元素数不同,将引发赋值错误(ValueError)。

```
In : sequence = ("John", [130, 120, 125])                          #①
     name, grades = sequence
     name
Out: "John"
In : grades
Out: [130, 120, 125]
In : a, b, c = sequence
Out: ValueError: not enough values to unpack (expected 3, got 2)
```

在处理序列长度不确定的情况下,可以使用" * "号结合变量名,这样可以自动匹配多个值,并将这些值生成一个列表赋值给该变量。需要注意的是,在赋值语句中," * "号只能使用一次,否则程序无法确定给每个加了" * "号的变量匹配多少个元素,从而导致报错。

例如,在第一段代码中,变量 first 获取第一个元素 0,变量 last 获取最后一个元素 9,中间的 8 个元素构成一个列表,并赋值给变量 middles。再看第二段代码,赋值符号右侧为一个元组类型,同样,变量 first 获取第一个元素 0,变量 last 获取最后一个元素 9, * 修饰的变量 middle 获取中间的 8 个元素生成的列表。在第三段代码中,赋值符号右侧为一个字符串,此时 first 获取第一个字符 h,last 获取最后一个字符 y, * middle 获取中间的三个字符生成一个名为 middle 的列表。从这些例子可以看出,这种解包方法不仅适用于元组,也同样适用于其他可迭代变量。

```
In : first, * middles, last = range(10)
     print(first, middles, last)
Out: 0 [1, 2, 3, 4, 5, 6, 7, 8] 9
In : print(type(first), type(middles))
Out: < class "int"> < class "list">
```

```
In : first, * middles, last = tuple(range(10))
     print(first, middles, last)
Out: 0 [1, 2, 3, 4, 5, 6, 7, 8] 9
In : print(type(first), type(middles))
Out: < class "int"> < class "list">
```

```
In : first, * middles, last = "happy"
     print(first, middles, last)
Out: h ["a", "p", "p"] y
In : print(type(first),type(middles))
Out: < class "str"> < class "list">
```

6.4.2　序列打包

微课视频

在 Python 中,序列打包是指将多个序列(如列表、元组等)按照相同的位置进行配对,创建一个新的序列或数据结构。

1. 使用括号打包序列

```
In : a = 1
     b = 2
     packed = (a, b)
     packed
Out: (1, 2)
```

2. 使用序列打包和解包交换两个变量的值

可以使用序列的打包和解包来交换两个变量的值。看下面这个语句,代码行①和②分别定义了两个整数变量 n1 和 n2。之后,代码行③通过打包和解包来交换两个值。其中,等式右侧实际上创建了一个元组,构建元组可以加圆括号也可以不加,然后将该元组解包赋值给左侧的两个变量。

```
In : n1 = 11                                      #①
     n2 = 22                                      #②
     n1,n2 = (n2,n1)                              #③
     n1
Out: 22
In : n2
Out: 11
```

3. zip()函数打包序列

zip()函数允许同时迭代多个可迭代的数据,该函数接收任意数量的可迭代对象作为参数,并返回一个迭代器,这个迭代器生成了包含每个可迭代变量中相同索引处的元素构成的元组。如以下代码段所示,这段代码使用 zip()函数将名字列表 names 和绩点列表 grades进行打包,然后通过 for 循环遍历生成的元组,分别取出名字和绩点。这样可以方便地同时迭代多个可迭代对象,并获取它们对应位置的元素值。

```
In : names = ["John", "Green", "Bob"]
     grades = [84.542, 85.124, 80.965]
```

```
        for name, grade in zip(names, grades):
            print(f"Name = {name};  Grade = {grade}")
Out: Name = John;  Grade = 84.542
     Name = Green;  Grade = 85.124
     Name = Bob;  Grade = 80.965
```

4. 内置函数 enumerate()打包索引和值

enumerate()函数将索引和元素值打包成一个元组。如果不使用 enumerate()，就需要使用 range()和 len()来遍历序列的索引，并通过索引获取对应的元素值，但这样有时并不安全。例如，在访问前面的元素时，如果删除了序列中的元素，会导致后面的索引访问不到值，从而引发 IndexError。enumerate()函数已经提前打包，可以直接从中获取对应的元素值，即使在修改列表时也能保持正确的索引对应关系。

```
In : books = ["计算机组成原理", "计算机操作系统", "计算机网络"]
     list(enumerate(books))
Out: [(0, "计算机组成原理"), (1, "计算机操作系统"), (2, "计算机网络")]
In : tuple(enumerate(books))
Out: ((0, "计算机组成原理"), (1, "计算机操作系统"), (2, "计算机网络"))
In : for idx, value in enumerate(books):
         print(f"{idx}: {value}",end = ", ")
Out: 0: 计算机组成原理, 1: 计算机操作系统, 2: 计算机网络,
```

使用 enumerate()函数可以安全地访问元组的索引和值。

```
In : numbers = [12, 13, 5, 3, 4]
     for index, value in enumerate(numbers):
         print(f"{index:> 5}{value:> 8}")
Out: 0       12
     1       13
     2        5
     3        3
     4        4
```

6.5　实践与练习

【实践】　假设有两名学生，每名学生有三门课程的成绩，依次是语文、数学和英语。请编写一个程序，实现以下功能。

（1）输入两名学生的姓名和三门课程的成绩，并将其存储在列表中。

（2）计算每名学生的总成绩和平均成绩，并将其存储在元组中。

（3）找出每门课程的平均成绩，并输出。

（4）输出每名学生的总成绩和平均成绩。

```
In :# 学生人数
    num_students = 2
    # 课程数量
    num_courses = 3
    # 存储学生姓名和成绩的列表
```

```
    students = []
    #输入学生姓名和成绩
    for i in range(num_students):
        student_name = input("请输入第{}名学生的姓名: ".format(i + 1))
        student_scores = []
        for j in range(num_courses):
            score = int(input("请输入{}的第{}门课成绩: ".format(student_name, j + 1)))
            student_scores.append(score)
        students.append([student_name, student_scores])
```
```
Out:  请输入第 1 名学生的姓名: 小明
      请输入小明的第 1 门课成绩: 80
      请输入小明的第 2 门课成绩: 90
      请输入小明的第 3 门课成绩: 85
      请输入第 2 名学生的姓名: 小王
      请输入小王的第 1 门课成绩: 75
      请输入小王的第 2 门课成绩: 85
      请输入小王的第 3 门课成绩: 85
In : students
Out: [["小明", [80, 90, 85]], ["小王", [75, 85, 85]]]
```

```
    #计算每名学生的总成绩和平均成绩,并存储在元组中
In : student_results = []
    for student in students:
        student_name = student[0]
        student_scores = student[1]
        total_score = sum(student_scores)
        avg_score = total_score // num_courses
        student_results.append((student_name, total_score, avg_score))
    student_results
Out: [("小明", 255, 85), ("小王", 245, 81)]
```

```
    #计算每门课程的平均成绩
In : course_avg_scores = []
    for i in range(num_courses):
        total_score = 0
        for student in students:
            student_scores = student[1]
            total_score += student_scores[i]
        avg_score = total_score // num_students
        course_avg_scores.append(avg_score)
    #输出每门课程的平均成绩
    for i in range(num_courses):
        print("课程{}的平均成绩为: {}".format(i + 1, course_avg_scores[i]))
Out: 课程 1 的平均成绩为: 77
     课程 2 的平均成绩为: 87
     课程 3 的平均成绩为: 85
```

```
    #输出每名学生的总成绩和平均成绩
In : for student_result in student_results:
        print("{}的总成绩为: {},平均成绩为:{}".format(student_result[0], student_result
        [1], student_result[2]))
Out: 小明的总成绩为: 255,平均成绩为: 85
     小王的总成绩为: 245,平均成绩为: 81
```

【练习】   中国共有 56 个民族，编写一个 Python 程序，使用列表和元组对中国民族的名称进行简单的操作。具体要求如下。

（1）创建一个包含中国各民族名称的列表，并将其存储在一个名为 chinese_nationalities 的变量中。列表中应包含至少 5 个不同的民族名称。

（2）创建一个包含中国各民族名称的元组，并将其存储在一个名为 chinese_nationalities_tuple 的变量中。元组中应包含至少 3 个不同的民族名称。

（3）打印出 chinese_nationalities 列表和 chinese_nationalities_tuple 元组中的所有民族名称。

（4）向 chinese_nationalities 列表中添加一个新的民族名称，并打印出更新后的列表。

（5）从 chinese_nationalities 列表中删除一个民族名称，并打印出更新后的列表。

（6）尝试修改 chinese_nationalities_tuple 元组中的一个民族名称，并观察程序是否报错。

（7）根据索引访问 chinese_nationalities 列表和 chinese_nationalities_tuple 元组中的某个民族名称，并打印出结果。

（8）将 chinese_nationalities 列表中的民族名称按照字母顺序进行排序，并打印出排序后的列表。

（9）使用 len()函数计算 chinese_nationalities 列表和 chinese_nationalities_tuple 元组中的民族名称数量，并分别打印出结果。

（10）将 chinese_nationalities 列表和 chinese_nationalities_tuple 元组中的民族名称合并为一个新的列表，并打印出合并后的列表。

小结

在本章中，学习了关于序列的一些基本概念和操作。

（1）序列的定义及其支持的操作。序列是一种包含有序元素的数据类型，包括字符串、列表和元组。学习了序列支持的一些常用操作，如索引、切片、长度计算、成员检查等。

（2）列表和元组的创建。学习了如何创建列表和元组，包括使用方括号[]创建列表，使用括号()创建元组，以及如何使用列表推导式进行快速初始化。

（3）访问列表和元组的元素。学习了如何通过索引和切片来访问列表和元组的元素，以及如何处理越界和负数索引的情况。

（4）列表和元组的常见操作。学习了一些常见的列表和元组操作，如追加、插入、删除、排序和翻转等，来对序列进行修改和处理。

（5）打包和解包。学习了如何将序列中的元素解包到多个变量中，以及如何使用 zip()函数和 enumerate()函数进行打包。

以上是本章的主要学习内容。掌握这些概念和操作，读者将能够更加灵活地使用和处理序列类型的数据，在实际编程中更加高效和便捷。

习题

一、选择题

1. 下面关于 Python 的元组类型，选项错误的是(   )。

    A. 元组通常采用逗号和圆括号来表示，圆括号可省略

    B. 元组一旦创建完成就不能被修改

C. 一个元组可以作为另一个元组的元素,可采用多层索引获取信息

D. 元组中存储的元素不可以是不同类型

2. 以下关于列表方法操作的描述,错误的是( )。

A. 通过 append() 方法可以向列表添加元素

B. 使用 add()方法可以向列表添加元素

C. 通过 insert() 方法可以在指定位置插入元素

D. 使用 extend(x)方法时,如果 x 是一个列表,则可以将 x 中的元素逐一添加到列表中

3. 下面代码的执行结果是( )。

```
ls = [1, "Python"]
ls.append(3)
ls.append([5, 6])
ls.extend([7, 8])
print(ls)
```

A. [1, "Python", 3, 5, 6, [7, 8]]　　B. [1, "Python", 3, [5, 6], 7, 8]

C. [1, "Python", 3, [5, 6], [7, 8]]　　D. [1, "Python", 3, 5, 6, 7, 8]

4. 列表 lst = [2, 10, 'Python', 7, 8, (3,7,5)],则 lst[−2]的值是( )。

A. 7　　　　　　B. 'Python'　　　　C. 8　　　　　　D. 3

5. 下面代码的执行结果是( )。

```
ls = [[1,5],[[2,3],6],9]
print(len(ls))
```

A. 1　　　　　　B. 4　　　　　　C. 8　　　　　　D. 3

6. 下面代码的执行结果是( )。

```
lst1 = [3, 7, 2]
lst2 = [0, 2, 3]
print(lst1 + lst2)
```

A. 13　　　　　　　　　　　B. [3, 7, 2, [0, 2, 3]]

C. [3, 7, 2, 0, 2, 3]　　　　　D. [3, 7, 2, 0]

二、简答题

1. 编写程序,输入一个列表,去掉列表内的重复元素。例如,输入[3,4,7,1,5,7,4],输出[3,4,7,1,5]。

2. 列表 scores=[9.8,9.1,9.5,9.4,9.9,9.2,9.6,9.3]表示一位选手的所有得分,编写程序求平均分数(去掉一个最高分,去掉一个最低分,求最后得分)。

3. 输入两个列表 A,B,使用列表 C 存储两个列表中公共的元素并输出。

4. 输入一个元组和一个正整数,编写程序找出元组中任意两个元素相加之和等于该正整数的元素列表。例如,输入 tuple=[3,1,4,7,2,5],num=7,输出[(3,4),(2,5)]。

5. 输入任意一个元组,统计元组中每个单词出现的次数。例如,输入 words=('I', 'love', 'I', 'love', 'China', 'I', 'China'),输出[('I', 3), ('love', 2), ('China',2)]。

6. 输入任意一个元组,编写程序得到出现次数最多的元素。若并列,则全部输出。

第**7**章

字典和集合

学习目标：

- 了解字典的用途。
- 通过编写代码，掌握字典的创建方法及其基本操作。
- 了解第三方库 munch。
- 通过编写代码，掌握集合的基本操作。
- 了解集合的数学运算。

本章介绍一种可通过名称来访问其值的数据结构——字典。字典是 Python 中唯一的内置映射类型，其中，值与键一一对应。键可能是数字、字符串或元组。本章将介绍如何创建字典，向字典中添加、删除键值对，访问和修改字典中的值，以及遍历字典中的数据。此外，本章还将介绍用于存储不重复的元素的集合，讲解如何进行集合增删改查的操作和集合的数学运算方法。

7.1　字典

7.1.1　字典的用途

字典旨在通过特定的单词(键)，得到其对应的值。就像使用英文字典查询单词一样，根据目录查到单词所在的页，然后知道单词具体的含义。但是需要注意的是，字典使用的键必须是唯一的，否则无法查到对应的值。

下面列出了一些字典的用途。

(1) 表示一个物品的属性，其中，键为属性名。

(2) 电话簿/地址簿。

(3) 成绩单。

(4) 学生信息表。

7.1.2　字典的基本操作

1. 创建字典

可以使用花括号"{}"创建字典，花括号中用"键：值"表示一个键值对，这种键值对称为项,每个键与值之间用冒号分隔,项用逗号分隔。字典的键必须是字符串、数字或元组等不可变类型,字典的值可以是字符串、数字、元组或列表等。空字典(没有任何项)用花括号"{}"表示。

下面创建一个字典。

```
In : dt = {'Jack':18, 'Mike':19, 128:37, (1,2):[4,5]}
     print(dt)
Out: {'Jack':18, 'Mike':19,128:37, (1,2):[4,5]}
```

可以使用函数 dict()创建字典,如果调用 dict()时没有提供任何实参,则会返回一个空字典,也可以在 dict()方法中传入由包含映射关系的元组所组成的列表,从而创建一个字典。

```
In : d = dict()
     print(d)
Out: {}
In : d = dict(name = 'Mike',age = 19)
     print(d)
Out: {'name':'Mike', 'age':19}
In : items = [('name','Jack'),('age',18)]
     d = dict(items)
     print(d)
Out: {'name':'Jack', 'age':18}
```

2. 访问字典

要获得与键关联的值,可在字典名后加方括号,在方括号内指定键,如下。

```
In : numbers = {'I': 1, 'II': 2, 'III': 3, 'V': 5, 'X': 100}
     print(numbers)
Out: {'I': 1, 'II': 2, 'III': 3, 'V': 5, 'X': 100}
In : numbers['V']
Out: 5
```

上述代码首先定义了一个名为 numbers 的罗马数字字典,然后从这个字典中获取与键'V'相关联的阿拉伯数字 5。

(1) 访问不存在的键。

直接使用方括号让字典访问原本不存在的键时,会导致 KeyError。可以使用 get()方法来避免这个错误发生,get()方法会返回键所对应的值,如果在字典内找不到对应的键,get()方法返回 None。

```
In : numerals['XX']
-----------------------------------------------------------------
KeyError   Traceback (most recent call last < iPythoninput12ccd50c7f0c8b > in < module >()
----- > 1 numerals['XX']
KeyError: 'XX'
In : numerals.get('XX')
     numerals.get('XX', 'XX not in dictionary')
Out: 'XX not in dictionary'
In : numerals.get('V')
Out : 5
```

（2）检查字典是否包含某个键。

使用运算符 in 和 not in 检查字典中是否包含指定的键。使用 in 运算符，如果字典包含指定的键，则返回 True，否则返回 False。使用 not in 运算符，如果字典不包含指定的键，返回 True，否则返回 False。

```
In : 'V' in numerals
Out: True
In : 'XX' in numerals
Out: False
In : 'XX' not in numerals
Out: True
```

（3）检查字典是否为空。

可以通过查看字典包含的键值对数量来判断字典是否为空，也可以直接用字典作为条件判断是否为空，非空的字典等价于 True，空字典等价于 False。

```
In : len(numerals)
Out: 5
In : if numerals:
         print('dt is not empty')
     else:
         print('dt is empty')
Out: dt is not empty
```

3. 修改字典

可以直接使用赋值语句修改与键相关联的值，下面的代码替换了与'X'键相关联的值。

```
In : numbers['X'] = 10
     print(numbers)
Out: {'I': 1, 'II': 2, 'III': 3, 'V': 5, 'X': 10}
```

字典是一种动态结构，可以随时添加键值对。添加的方式与修改相同，定义字典名、方括号中的键和键的值，就可以添加一个键值对。但当指定的键在字典中已经存在，会覆盖对应键的值而不是新添加一个键值对。下面的代码添加了键值对'L': 50。

```
In : numbers['L'] = 50
     print(numbers)
Out: {'I': 1, 'II': 2, 'III': 3, 'V': 5, 'X': 10, 'L': 50}
```

4. 删除字典

对于字典中不再需要的信息，可以使用 del 语句将对应的项彻底删除。使用 del 语句时，需要指定字典名和需要删除的键，也可以使用方法 pop() 删除键值对，需要给方法 pop() 传入需要删除的键，pop() 方法返回删除的键所对应的值。

```
In : del numbers['III']          #使用 del 语句删除字典的项
     print(numerals)
Out: {'I': 1, 'II': 2, 'V': 5, 'X': 10, 'L': 50}
In : numbers.pop('X')            #使用 pop()方法删除字典的项
Out: 10
In : numbers
Out: {'I': 1, 'II': 2, 'V': 5, 'L': 50}
```

7.1.3　字典的比较与排序

1. 字典的比较

比较运算符==和!=可用于判断两个字典的内容相同还是不同。不管这些键值对添加到每个字典中的顺序怎样,如果两个字典具有相同的键值对,则==运算符返回 True。

```
In : dictionary1 = {'color': 'red', 'size': 2}
     dictionary2 = {'fruit': 'apple', 'animal': 'dog'}
     dictionary3 = {'size': 2, 'color': 'red'}
     dictionary1 == dictionary2
Out: False
In : dictionary1 == dictionary3
Out: True
In : dictionary1 != dictionary2
Out: True
```

2. 字典的排序

当 sorted()传入的参数是字典时,可以按照字典的键或值进行排序。

```
In : a = {'d': 1, 'c': 4, 'a': 2, 'b': 3}
     b = dict(sorted(a.items(), key = lambda item: item[0]))
     print(b)
Out: {'a': 2, 'b': 3, 'c': 4, 'd': 1}

In : c = dict(sorted(a.items(), key = lambda item: item[1]))
     print(c)
Out: {'d': 1, 'a': 2, 'b': 3, 'c': 4}
```

7.1.4　字典的函数和方法

1. 内置函数 len(dict)

计算字典元素的个数,即字典中键值对的总数。

```
In : x = {'fruit': 'apple', 'animal': 'dog'}
     print(len(dt))
Out: 2
```

2. 内置方法

与其他内置类型一样,字典也有很多方法。

1) clear()

clear()方法删除所有的字典项,这种操作是就地执行的(是对原字典进行操作,不会返回一个新字典),因此什么都不会返回(或者说返回 None)。

```
In : x = {'fruit': 'apple', 'animal': 'dog'}
     x.clear()
     print(x)
Out: {}
```

2）copy()

copy()方法返回一个新字典,其包含的键值对与原来的字典相同(这个方法执行的是浅复制,因为值本身是原件,而非副本)。

```
In : x = {'username': 'admin', 'machines': ['foo', 'bar', 'baz']}
     y = x.copy()
     y['username'] = 'mlh'
     y['machines'].remove('bar')
     print(y)
Out: {'username': 'mlh', 'machines': ['foo', 'baz']}
In : print(x)
Out: {'username': 'admin', 'machines': ['foo', 'baz']}
```

在上面代码的操作中,当替换副本中的值时,原件不受影响,但修改副本中的值,原件发生了变化,因为原件指向的也是被修改的值。为避免这个问题,使用深复制,即同时复制所有的键及其包含的值。下述代码中使用函数 deepcopy()实现字典的深复制。

```
In : from copy import deepcopy
     d = {}
     d['names'] = ['Alfred', 'Bertrand']
     c = d.copy()
     dc = deepcopy(d)
     d['names'].append('Clive')
     print(c)
Out: {'names': ['Alfred', 'Bertrand', 'Clive']}
In : dc
Out: {'names': ['Alfred', 'Bertrand']}
```

3）get(key,default＝None)

通常如果使用方括号访问字典中没有的项,将引发错误。使用 get()方法来访问不存在的键时,不会发生异常,而是返回 None,也可以在 get()方法中指定默认返回值,当查找的键不存在时,返回默认值。

```
In : d = {}
     print(d.get('name','Tom'))        #字典中不存在键 name,返回默认值 Tom
Out: 'Tom'
```

4）items()

items()方法返回一个包含所有字典项的列表,其中,每个元素都为(key, value)的形式。字典项在列表中的排列顺序不确定。

```
In : x = {'username': 'admin', 'machines': ['foo', 'bar', 'baz']}
     print(x.items())
Out: dict_items([('username', 'admin'), ('machines', ['foo', 'bar', 'baz'])])
```

5）keys()

keys()方法返回一个包含字典所有键的列表。

```
In : months = {'January': 1, 'February': 2, 'March': 3}
     print(months.keys())
```

```
Out: dict_keys(['January', 'February', 'March'])
In : for month_name in months.keys():
        print(month_name, end = ' ')
Out: January  February  March
```

6) values()

values()方法返回一个包含字典所有值的列表。

```
In : months.values()
Out: dict_values([1,2,3])
In : for month_number in months.values():
        print(month_number, end = ' ')
Out: 1  2  3
```

(1) 字典的键、值和键值对转换为列表。

可以直接使用内置的 list()函数转换成列表类型。

```
In : list(months.keys())
Out: ['January', 'February', 'March', 'December']

In : list(months.values())
Out: [1, 2, 3, 12]

In : list(months.items())
Out: [('January', 1), ('February', 2), ('March', 3), ('December', 12)]
```

(2) 用字母顺序遍历键。

使用内置的 sorted()函数,按字母顺序遍历键。

```
In : for month_name in sorted(months.keys()):
        print(month_name, end = ' ')
Out: December  February  January  March
```

7) pop()

可以使用字典的方法 pop()删除键值对,需要给方法 pop()传入要删除的键,pop()方法会返回删除的键所对应的值。

```
In : dt = {'d': 1, 'c': 4, 'a': 2, 'b': 3}
    print(dt.pop('d'))              ♯ 使用 pop()方法删除字典的项
Out: 1
In : dt
Out: {'c': 4, 'a': 2, 'b': 3}
```

8) popitem()

方法 popitem()类似于 list.pop,按照 LIFO(Last In First Out,后进先出法)的顺序进行,即删除最末尾的键值对。注意：在 Python 3.7 之前,popitem()方法会删除并返回任意插入字典的键值对。

```
In : x = {'username': 'admin', 'machines': ['foo', 'bar', 'baz']}
    print(x.popitem())
Out: ('machines', ['foo', 'bar', 'baz'])
```

9) setdefault(key,default=None)

setdefault()方法和 get()方法类似,其中,参数 key 为查找的键值,default 是当键不存在时,设置的默认键值。如果键不存在于字典中,将会添加键并将值设为默认值,如果指定的键存在,则返回其值。get()方法与 setdefault()方法的差异在于当查找的键 key 不存在时,只返回默认值,不会改变原字典。

```
In : x = {'name': 'Mike', 'age': 7}
     print(x.setdefault('gender': None))
Out: (['name':'Mike', 'age':7, 'gender':None])
```

10) update()

update()方法用于添加另一个字典的元素,如果存在相同的键,会修改已有的元素。当 update()接收到不存在的键时,则会将该项添加到字典中。

```
In : x = {'d':1,'c':2}
     z = {'b':5,'c':6}
     x.update(z)
     print(x)
Out: {'d': 1, 'c': 6, 'b': 5}
```

11) ** 解包字典

** 可以解包字典,解包完后再使用 dict 或者{}就可以实现字典的合并。合并时,如果有重复的键,以最后一个参数的值为准。

```
In : x = {'d':1,'c':2}
     y = {'c':3,'d':4}
     x1 = { ** x, ** y}
     print(x1)
Out: {'d': 4, 'c': 3}
In : x2 = { ** y, ** x}
     print(x2)
Out: {'c': 2, 'd': 1}
```

微课视频

7.1.5　字典推导式

字典推导式是快速生成字典的一种方法,通常是将一个字典映射到另一个字典。字典推导式的语法如下。

```
{key_exp:value_exp for key,value in dict.items() if condition}
```

其中:

key:字典中的 key。

value:字典中的 value。

dict.items():将字典转换为序列。

condition:条件表达式,可省略。

key_exp:在 for 循环中,如果条件表达式 condition 成立(即条件表达式成立),返回对应的 key,value 并做 key_exp,value_exp 处理。

```
In : month = {'January': 1, 'February': 2, 'March': 3}
     month2 = {number: name for name, number in months.items()}
     print(month2)
Out: {1: 'January', 2: 'February', 3: 'March'}
```

上述代码中,for 子句左边的表达式指定 key,value 形式的键值对,推导式遍历 months.items(),把每个键值对解包到变量 name 和 number 中,然后使用 number：name 来反转字典的键和值,得到一个新字典。

7.1.6 第三方库 munch

munch 库方便了字典的操作,可以像调用对象的属性一样访问字典的键。munch 库有一个 munch 类,继承原生字典,兼容字典的所有操作。下面介绍如何使用 munch 库。

首先,在命令行中使用以下命令安装 munch 库。

```
pip install munch
```

使用 munch 库首先要导入。

```
In : from munch import Munch
```

创建一个对象。

```
In : student = Munch()
     print(isinstance(student,dict))    ♯判断是否为字典类型
Out: True
```

添加元素。

```
In : student.name = 'Tom'
     student.age = 20
     student.gender = 'male'
     print(student)
Out: Munch({name:Tom,age:20,gender:male})
```

修改元素。

```
In : student.name = 'jerry'
     print(student)
Out: Munch({name:jerry,age:20,gender:male})
```

删除元素。

```
In : student.pop(gender)
     del student.age
```

使用字典方法。

```
In : student.keys()
     student.values()
     student.get(name)
     student.values()
     student.setdefault(gender,male)
```

设置返回默认值。

如果字典中需要访问的键不存在，则返回默认值，原字典不会发生变化，使用 DefaultFactoryMunch 设置时，原字典被改变。

```
In : from munch import DefaultMunch
     studentA = DefaultMunch(None,{name:mike})
     print(studentA.gender)
Out: None

In : from munch import DefaultFactoryMunch
     studentB = DefaultFactoryMunch(list,name = tom)
     print(studentB.scores)
Out: []
```

序列化为 JSON 或者 YAML 格式。

```
In : import json
Out: json.dumps(munch_obj)
In : import yaml
Out: yaml.safe_dump(munch_obj)
```

7.2 集合

Python 中的集合(set)和数学中的集合的概念类似，用来存取不重复的元素。集合也使用{}作为定界符，元素之间使用逗号进行分隔。集合内的元素只能是字符串、数字和元组等不可变数据类型，而不能是列表、字典等可变类型。可以通过使用内置函数 hash()计算一个对象的哈希值，调用 hash()函数抛出异常的对象都是可变类型，不能作为集合的元素和字典的键。

集合是无序可变的，所谓无序，就是每个元素地位相同，不存在位置编号，定义和输出的元素顺序可能不同，同时因为集合是无序的，没有下标索引，所以也不支持切片操作；虽然集合不支持切片操作，但是集合是可迭代对象，可以使用 for 循环遍历集合。元组是不可变类型，一旦创建就不能更改，而集合是可变类型，可以对集合进行增加、删除和修改元素的操作。此外，Python 中的集合还支持数学上的集合运算。

7.2.1 集合的基本操作

1. 创建集合

微课视频

可以使用花括号"{}"包含元素创建集合，如果创建的集合包含相同元素，集合只保留相同元素中的一个。下面创建了一个名为 weather 的集合，并使用 type()函数查看对象类型。

```
In : weather = {'sunny','sunny', 'rainy','sunny','cloudy'}
     print(weather)
Out: {'cloudy','rainy','sunny'}
In : type(weather)
Out: set
```

需要注意的是,集合内的元素只能是字符串、数字、元组等不可变数据类型,如果集合内的元素有列表、字典等可变类型就会抛出异常。

```
In : num = {2, 4, 5, [1, 2, 3]}
     print(num)
Out: TypeError: unhashable type: 'list'
```

也可以使用 set() 函数创建一个集合,set() 函数可以将列表、元组等可迭代对象转换为集合,并去除原有的可迭代对象中的重复元素。

```
In : number = [2, 5, 3, 1, 2, 9]
     print(set(number))
Out: {1, 2, 3, 5, 9}
In : number2 = (2, 5, 3, 1, 2, 9)
     print(set(number2))
Out: {1, 2, 3, 5, 9}
```

如果要创建一个空集合,则需要使用 set() 函数,因为使用{}默认创建的是空字典。下面分别创建了一个空集合和空字典,并用内置函数 type() 查看类型。

```
In : a = set()
     print(type(a))
Out: set
In : b = {}
     type(b)
Out: dict
```

2. 遍历集合

虽然集合是无序的,没有下标索引,不支持切片操作,但是集合是可迭代对象,可以使用 for 循环遍历集合。此外,内置函数 len()、max()、sum()、sorted()等同样适用于集合。

```
In : nums = {2, 4, 5}
     for num in nums:
         print(num)
Out: 2
     4
     5
In : len(sum)
Out: 3
```

3. 添加元素

使用 add()方法向集合内添加一个元素,因为集合存在唯一性,若向集合添加已经存在的元素,集合保持不变。使用 update()可以将另一个集合内的元素合并,并自动去除重复元素。

```
In : number = {1, 2, 3, 4}
     number.add(3)
     number.update({3, 4, 5})
     print(number)
Out: {1, 2, 3, 4, 5}
```

4. 删除元素

使用 remove()方法可以将元素从集合中移除，如果移除不存在的值，则会抛出异常。

```
In : number = {1, 2, 3, 4, 5}
    print(number.remove(5))
Out: {1, 2, 3, 4}
```

7.2.2　集合的比较

集合的比较指的是判断两个集合的包含关系，使用关系运算符>、>=、<、<=不是去比较两个集合的大小关系，而是去判断两个集合的包含关系。如果两个集合包含完全相同的元素，关系运算符==返回 True；如果两个集合包含的元素不相同，则返回 False。

```
In : a = {1, 7, 3}
    b = {3, 7, 1}
    print(a == b)
Out: True
```

>用于判断右边集合是否是左边集合的真子集，>=用于判断右边集合是否是左边集合的子集。相反，<用于判断左边集合是否是右边集合的真子集，<=用于判断左边集合是否是右边集合的子集。

```
In : a = {1, 7, 3, 4}
    b = {3, 7, 1}
    print(a > b)
Out: True
In : a = {1, 7, 3, 4}
    b = {3, 7, 1, 4}
    print(a >= b)
Out: True
```

7.2.3　集合的数学运算

1. 并集

两个集合的并集是由两个集合的所有元素组成的，其中，相同元素仅保留一个。可以使用运算符|或者 union()方法计算两个集合的并集。

```
In : {1, 2, 3}|{3, 4, 5}
Out: {1, 2, 3, 4, 5}
In : {1, 2, 3}.union({3, 4, 5})
Out: {1, 2, 3, 4, 5}
```

2. 交集

交集指的是指两个集合中共同含有的元素，在 Python 中可以使用运算符 & 或者 intersection()方法计算两个集合的交集。

```
In : {1, 2, 3}&{3, 4, 5}
Out: {3}
```

```
In : {1, 2, 3}.intersection({3, 4, 5})
Out: {3}
```

3. 差集

一个集合与另外一个集合的差集是由该集合去掉与另外一个集合的相同元素组成的,可以使用运算符"_"或者 difference()方法计算差集。

```
In : {1, 2, 3} - {3, 4, 5}
Out: {1, 2}
In : {1, 2, 3}.difference({3, 4, 5})
Out: {1, 2}
```

4. 对称差集

两个集合的对称差集是去掉两个集合中所有相同的元素组成的集合,可以使用 symmetric_difference()方法计算对称差集。

```
In : {1, 2, 5}.symmetric_difference({2, 6})
Out: {1, 5, 6}
```

5. 不相交集

如果两个集合没有相同的元素,即两个集合的交集为空,那么它们就是不相交的,可以用 isdisjoint()方法判断两个集合是否为不相交集。如果是不相交集,则返回 True,否则返回 False。

```
In : {1, 2, 3}.isdisjoint({4, 5})
Out: True
In : {1, 2, 3}.isdisjoint({2, 4})
Out: False
```

7.3 实践与练习

【实践】 现有一个字典存放着 4 位学生的姓名和成绩。成绩列表里的三个数据分别对应着学生的语文、数学和英语成绩:scores_dict = {'Kalie': [91,73,76], 'Tom': [89, 76,57],'Mary': [98,95,91], 'Jack': [92,96,91]},请编写程序实现以下功能。

(1) 返回每门成绩均大于或等于 90 的学生的姓名。

(2) 计算每位学生对应的平均分和总分,结果保留两位小数,并将其存储在字典中。

(3) 按总分降序输出学生姓名及其总成绩。

```
In : scores_dict = {'Kalie':[91,73,76], 'Tom':[89,76,57]
     'Mary':[98,95,91], 'Jack':[92,96,91]}
     names = []
     for name, scores in scores_dict.items():
         if(scores[0]>= 90 and scores[1]>= 90 and scores[2]>= 90):
             names.append(name)
     print(names)
Out: ['Mary', 'Jack']
```

```
In : scores_dict = {'Kalie':[91,73,76], 'Tom':[89,76,57],
     'Mary':[98,95,91], 'Jack':[92,96,91]}
     d = {}
     for name, scores in scores_dict.items():
         d[name] = [sum(scores), round(sum(scores)/len(scores), 2)]
     print(d)
Out: {'Kalie': [240, 80.0], 'Tom': [222, 74.0], 'Mary': [284, 94.67],
     'Jack': [279, 93.0]}
```

```
In : scores_dict = {'Kalie':[91,73,76], 'Tom':[89,76,57],
     'Mary':[98,95,91], 'Jack':[92,96,91]}
     d = {}
     for name, scores in scores_dict.items():
         d[name] = sum(scores)
     l = list(d.items())
     l.sort(key = lambda s: s[1], reverse = True)
     for name, score in l:
         print(name, score)
Out: Mary 284
     Jack 279
     Kalie 240
     Tom 222
```

【练习】 创建一个字典,使用字典存储近 5 年硕士研究生的招生人数,输出招生人数最多的年份,如表 7-1 所示。

表 7-1 近 5 年研究生招生人数

年份	2018	2019	2020	2021	2022
人数/万	85.80	91.65	110.66	117.65	110.70

小结

(1) 字典是由键值对组成的集合,字典的键是不可重复的且必须是不可变类型。

(2) 通过方括号访问字典的键取值,也可以用 get()方法访问键取值。同时,可以使用运算符 in 和 not in 判断字典是否包含某个键。

(3) 字典的 setdefault(key,default=None)方法中,参数 key 为查找的键值,default 是当键不存在时,设置的默认键值。如果键不存在于字典中,将会添加键并将值设为默认值,如果指定的键存在,就返回其值。

(4) 字典的 keys()方法会返回一个包含字典所有键的列表,values()方法返回一个包含字典所有值的列表。

(5) 字典的 items()方法会返回一个包含所有字典项的列表,其中,每个元素都为(key,value)的形式。

(6) 可以使用字典提供的 pop()方法删除指定的键,使用 clear()方法清空字典。

(7) 可以使用{}花括号创建集合,集合内的元素不允许重复。使用 add()方法向集合内添加一个元素,使用 remove()方法删除集合内的元素。并使用关系运算符>、>=、<、<=判断两个集合的包含关系。

习题

一、选择题

1. 给出如下代码：

```
Color = {"red": "红色","yellow": "黄色","blue": "蓝色","green": "绿色"}
```

以下选项中能输出"黄色"的是(   )。

    A. print(Color.keys())   B. print(Color["黄色"])

    C. print(Color.values())   D. print(Color["yellow"])

2. 以下选项中，不能创建字典的方式是(   )。

    A. d={1：[1,2],3：[3,4]}   B. d={[1,2]：1,[3,4]：3}

    C. d={(1,2)：1,(3,4)：3}   D. d={'book'：1, 'car'：2}

3. Python 语句序列"d={1: 'a',2: 'b',3: 'c'}; print(len(d));"的运行结果是(   )。

    A. 0   B. 1   C. 3   D. 6

4. Python 语句序列"d={'a',1,'b',2}; print(d['b'])"的运行结果是(   )。

    A. 语法错误   B. b   C. 1   D. 2

5. 以下选项中，不能创建字典的是(   )。

    A. dict1={}   B. dict2={'a'：2}

    C. dict3={[1,2,3]：'users'}   D. dict4={(1,3)：'users'}

6. 假设将单词保存在变量 words 中，使用一个字典对象 counts={}，统计单词出现的次数可以采用以下( )代码。

    A. counts[words] = counts[words] + 1

    B. counts[words] = 1

    C. counts[words] = counts.get(words,1) +1

    D. counts[words] = counts.get(words,0) +1

7. 以下哪条语句定义了一个 Python 字典？(   )

    A. {}   B. {1,2,3}   C. [1,2,3]   D. (1,2,3)

二、简答题

1. 有字典如下：dic={'admin'：'123456','administrator'：'12345678','root'：'password'}。编写代码，实现用户输入用户名和密码，当用户名与密码和字典中的键值对匹配时，显示"登录成功"，否则显示"登录失败"，登录失败时允许重复输入三次。

2. 输入一行字符串，编写代码输出字符串中出现次数最多的字母及其出现次数。如果有多个字母出现次数一样，则按字符从小到大的顺序输出字母及其出现次数。

第 **8** 章

字符串

学习目标：

- 掌握字符串的定义。
- 掌握原始字符串和转义字符。
- 理解字符串的格式化的方法，掌握新式的字符串格式化方法。
- 掌握操作字符串的常用方法，学会使用字符串提供的方法对字符串进行查找、替换、去除两边空白等操作。
- 理解正则表达式的构成，学会定义正则表达式，并使用正则表达式 re 模块处理字符串。

事实上，在之前的学习中已经接触到了字符串，通常使用字符串这种数据类型来表示文本信息，字符串类型是 Python 中很常见的数据类型。字符串作为 Python 内置的不可变序列数据类型，它支持序列类型的通用操作（元素访问、切片、计算长度等）。同时需要注意的是字符串与元组一样是不可变序列，具有不可变序列的特点，对字符串内容进行增删改等操作不是对原来字符串的直接修改，而是返回一个新建的字符串。字符串是由独立的字符组成的，可以使用 for 循环遍历字符串中的每一个字符。

在本章中，将讲解如何定义字符串、格式化字符串以及利用字符串对象提供的方法处理字符串，包括查找、替换、拆分等。此外，本章还将介绍一种处理字符串的强大工具——正则表达式。

8.1　字符串的定义

字符串是由零个或者多个字符组成的有序序列，Python 中通过在引号间包裹着字符的方式定义字符串。定义字符串可以使用单引号、双引号或三引号，在定义字符串时引号的作用相同。单引号相比其他两种方式更容易从键盘输入，因此在开发中通常使用单引号定义字符串。在实际应用中，如果字符串内部包含双引号，通常使用单引号来定义字符串；如果字符串内部包含单引号，通常使用双引号来定义字符串。

以下是合法的字符串定义：

```
'123', ''Hi'', '''Hello world''', "Let's go"
```

8.2 转义字符与原始字符串

在某些特定字符之前加上反斜杠,反斜杠和紧跟其后的字符就构成转义字符。转义字符被赋予了新的含义,例如,转义字符\n 表示换行,它告诉 print()函数将输出光标移动到下一行。如果字符串本身包含反斜线,则需要使用"\\"表示,此时"\\"就是转义字符。Python 支持的转义字符如表 8-1 所示。

表 8-1 Python 支持的转义字符

转义字符	说　明
\n	换行符,将光标位置移到下一行开头
\r	Enter 键,将光标位置移到本行开头
\t	水平制表符,即 Tab 键,一般相当于 4 个空格
\b	退格(BackSpace),将光标位置移到前一列
\\	反斜线
\'	单引号
\"	双引号
\	字符串行尾的续行符,即一行未完,转到下一行继续写

引入转义字符后,字符串中反斜杠和后面的字符会被解析为转义字符。直接定义字符串'c:\user'会报错,因为字符\u 会被解析为转义字符,而转义字符中不包括\u。如果希望字符串中包含普通字符反斜杠,则需要使用两个反斜杠,需要这样写'c:\\user',这使得代码的可读性变差。为了避免反斜杠后面的字符进行转义,可以使用原始字符串,原始字符串是指在引号前加上前缀 r 或 R 的字符串。采用原始字符串的写法为 r'c:\user'。在原始字符串中,字符"\"表示普通字符,不再表示转义的含义。例如,原始字符串 r 'hello\nworld'中的\n 不再表示换行,仅表示普通字符。原始字符串经常在定义文件路径、URL 路径、正则表达式等场合使用。

```
In : str1 = 'hello\nworld'          #普通字符串,转义字符\n 表示换行
     print(str1)
Out: hello
     world
In : str2 = r'hello\nworld'          #原始字符串,\n 为普通字符
     print(str2)
Out: hello\nworld
```

8.3 字符串格式化

合适的文本格式让数据更直观,利于阅读和理解。例如,直接在控制台中输出 math 包中的属性 pi 会得到 3.141592653589793,通过格式化字符串保留两位小数,输出为 3.14 让数字更加直观,更加易于阅读。在 Python 中使用格式化字符串对各种类型数据进行格式化输出。格式化字符串有三种方法,第一种方式是早期就有的%,其次是 Python 2.6 版本新增的 format()方法,还有就是 Python 3.6 版本添加的 f-string 格式化。

8.3.1 旧式字符串格式化

在 Python 开发早期,使用%进行格式化字符串,它能兼容所有版本。在格式化字符串时,Python 使用一个字符串作为模板。模板中有格式符,这些格式化字符为真实值预留位置,并说明真实数值应该呈现的格式。

```
print("I'm %d years old" % 18)
```

上述程序中,%d 就是格式化字符,%d 会被后面的整数变量替代,不同类型的数据需要使用不同的格式化字符,常见的格式化字符如表 8-2 所示。

表 8-2　常用的格式化类型字符

格式化字符	说　　明
%d 或 %i	转换为带符号的十进制形式的整数
%o	转换为带符号的八进制形式的整数
%x 或 %X	转换为带符号的十六进制形式的整数
%e 或 %E	转换为科学记数法表示的浮点数
%f 或 %F	转换为十进制形式的浮点数
%g	转换为浮点数字,根据值的大小采用%e 或%f
%G	转换为浮点数字,根据值的大小采用%E 或%F
%s	使用 str()函数将变量或表达式转换为字符串
%%	转换为百分号标记,即字符'%'

下面的例子分别用字符串 name 替换了格式字符%s 和用 math.pi 的值替换了%.2f。

```
In : name = 'Tom'
     print("Hi, % s" % name)
Out: Hi, Tom
In : import math
     print(math.pi)
     print('%.2f' % math.pi)        # %.2f 表示小数点后显示两位小数
Out: 3.141592653589793
     3.14
```

如果想要在一个字符串中进行多个替换,需要将所有变量封装在一个元组中,执行时会把字符串中的格式化字符根据后面的变量依次替换。

```
In : fruit = 'apple'
     price = 3.50
     str = 'The price of % s is %.2f per kilogram' % (fruit, price)
     print(str)
Out: The price of apple is 3.50 per kilogram
```

8.3.2 新式字符串格式化

format()是 Python 2.6 新增的一种格式化字符串的函数,增强了格式化字符串的功能。包含占位符{}的字符串称为格式化字符串,通过调用 format()方法实现字符串的格式化。

```
In : name = 'Tom'
     print('Hi, {}'.format(name))
Out: Hi, Tom
```

format()方法使用起来很灵活,它支持使用参数的索引位置引用参数;也可以接收多个参数,位置可以不按顺序;还可以通过占位符中的关键字来引用相应的关键字参数。

```
In : '{} {}'.format('Hello', 'BeiJing')        #默认按照顺序依次替换
Out: 'Hello  BeiJing'
In : "{0} {1}".format('Hello', 'BeiJing')      #通过索引位置引用
Out: 'Hello  BeiJing'
In : '{1} {0} {1}'.format('hello', 'BeiJing')  #通过索引位置引用
Out: 'BeiJing hello BeiJing'
In : 'My name is {name}, tel is {tel}'.format(name = 'LiLi', tel = '1234')
                                   #通过关键字引用
Out: 'My name is LiLi, tel is 1234'
```

在占位符中也可以使用格式字符,这里使用格式字符 f 对数字进行格式化,同样,.2f 表示小数点后显示两位小数,在 format()方法中使用格式字符时需要在格式字符前面加上冒号。

```
In : fruit = 'apple'
     price = 3.50
     str = 'The price of {} is {:.2f} per kilogram'.format(fruit, price)
     print(str)
Out: The price of apple is 3.50 per kilogram
```

8.3.3 使用 f 格式化字符串

为了让代码更加简洁和易读,在 Python 3.6 版本中引入了 f 字符串,f 字符串格式化是基于 format()方法的,使用 f 字符串是目前比较推荐的格式化字符串的方式。f 字符串是以 f 为前缀且包含花括号的字符串,表达式会将花括号中的变量替换为其值。例如,下面的代码把变量 name 替换为 Tom。

微课视频

```
In : name = 'Tom'
     print(f'Hi,{name}')
Out: Hi,Tom
```

使用 f 格式化字符串同样可以使用格式字符进行字符串格式化,这里以格式字符 f 为例,格式字符.2f 表示显示小数后两位小数。

```
In : fruit = 'apple'
     price = 3.50
     str = f'The price of {fruit} is {price:.2f} per kilogram'
     print(str)
Out: The price of apple is 3.50 per kilogram
```

此外,这种字符串格式化方法更加强大,也能够嵌入 Python 表达式,可以用来做内联算术。

```
In : a = 3
     b = 5
     print(f'{a} + {b} = {a + b}')
Out: 3 + 5 = 8
```

8.4　字符串的常用操作

　　Python 中的字符串对象提供了很多方法用于处理字符串,包括查找、替换、拆分等功能,另外还有很多内置函数和操作符也适用于字符串。但是,需要注意的是,由于字符串是不可变序列,所有涉及对字符串"修改"的方法并不是对字符串本身所做的修改,而是创建一个新的字符串,并赋给原本的变量。

微课视频

8.4.1　类型判断

　　Python 中提供了很多用于判断字符串是否符合指定条件的方法。如果符合指定的条件,则返回 True,否则返回 False。例如,isdigit()方法用来判断字符串是否全为阿拉伯数字(0～9),如果全部为阿拉伯数字返回 True,否则返回 False。

```
In : 'a27'.isdigit()
Out: False
In : '123'isdigit()
Out: True
```

　　如表 8-3 所示,列出了一些 Python 提供的判断字符串是否符合指定条件的方法。

表 8-3　字符串判断方法

判断方法	说　　　　明
isalnum()	是否仅含数字和字母
isalpha()	是否仅含字母
isdigit()	是否为十进制整数(0～9)
isspace()	是否只含空格
istitle()	字符串中是否每个单词的首字母为大写
islower()	字符串中所包含的英文字母是否全部都为小写
isupper()	字符串中所包含的英文字母是否全部都为大写

微课视频

8.4.2　大小写转换

　　lower()方法将字符串中的所有大写字母转换为小写字母;upper()方法用于将字符串中所有小写字母转换为大写;如果字符串中第一个字符是英文,capitalize()方法用于将字符串的第一个字符大写;swapcase()方法用于翻转字符串中字母的大小写。

```
In : s = 'I am a boy'          # 把字符串中所有大写字母转为小写
     print(s.lower())
Out: 'i am a boy'
In : s = 'I am a boy'          # 把字符串中所有小写字母转换为大写
     print(s.upper())
Out: 'I AM A BOY'
```

微课视频

```
In : s = 'i am a boy'          #仅将字符串的第一个单词的首字母大写
    print(s.capitalize())
Out: 'I am a boy'
In : s = 'I am a boy'          #翻转字符串中字母的大小写
    print(s.wapcase())
Out:'i AM A BOY'
```

8.4.3 去除字符串首尾的空白

strip()、rstrip()、lstrip()方法分别用来删除字符串两端、右端、左端单个或者连续的空白字符(包括空格、换行符、制表符等)。

微课视频

```
In : s = ' \n \t  abc  '       #去除字符串两端空白字符
    print(s.strip())
Out: 'abc'
In : s = ' \n \t  abc  '       #去除字符串左端空白字符
    print(s.lstrip())
Out: 'abc  '
```

```
In : s = ' \n \t  abc  '       #去除字符串右端空白字符
    print(s.rstrip())
Out: ' \n \t  abc'
```

8.4.4 查找和替换

1. 字符串的查找方法

字符串的查找功能主要是用于查找传入的字符串在另一个字符串内出现的下标,下面是字符串中常用的查找方法。

微课视频

(1) find()方法用来查找传入的字符串首次出现的下标,如果不存在则返回-1。find()方法可以利用参数指定从特定范围中查找。

```
In : s = 'I am a boy'
    print(s.find('boy'))        #查找 boy 首次出现的下标
Out: 7
In : print(s.find('girl'))      #查看 girl 出现的下标,未找到返回-1
Out: -1
In : print(s.find('boy', 5))    #从下标为 5 的位置开始查找
Out: 7
In : print(s.find('boy',8,12))  #从下标位置(8,12)之间查找,未找到返回-1
Out: -1
```

(2) index()方法的用法和 find()相同,但是使用 index()方法时,如果没有查找到相应字符串,则抛出异常。

```
In : s = 'I am a boy'
    s.index('boy',8,12)
Out: substring not found         #未找到抛出异常
```

(3) count()方法用来查找子字符串出现的次数,若不存在,则返回 0。

```
In : s = 'I am a boy'
     s.count('boy')          ♯统计字符串 boy 出现的次数
Out: 1
```

2. replace()方法替换字符串

replace()方法实现对字符串内容的替换,需要传递两个参数,第一个参数是字符串内存在的旧值,第二个参数是要替换的值。

```
In : str =  'I am a boy'
     print(str.replace('boy', 'girl'))
Out: I am a girl
```

微课视频

8.4.5　拆分和连接

1. split()方法拆分字符串

split()方法以指定的字符作为分隔符,将字符串切割为多个字符串,并返回切割后的字符串列表。如果没有传递参数,默认将空白字符(包括空格、换行符、制表符等)作为分隔符,需要注意多个空白字符的连续出现会被当作一个分隔符。

```
In : str = 'sunny  cloudy  rainy'
     print(str.split())
Out: ['sunny', 'cloudy', 'rainy']

In : str = 'sunny...cloudy...rainy'
     print(str.split('...'))
Out: ['sunny', 'cloudy', 'rainy']

In : str = 'sunny \t\t  cloudy  \t\t  rainy'
     print(str.split())
Out: ['sunny', 'cloudy', 'rainy']
```

2. join()方法连接字符串

join()方法用来将可迭代对象中的多个字符串合并成一个字符串,并在两个相邻的字符串之间加上指定字符,返回合并后的字符串。

```
In : weather = ['sunny', 'cloudy', 'rainy']
     seq = ','
     print(seq.join(weather))        ♯通过字符逗号将可迭代对象合并
Out: 'sunny,cloudy,rainy'
```

微课视频

8.4.6　字符串对象支持的运算符

1. 运算符 in 和 not in

可以使用运算符 in 或者 not in 查看字符串中是否包含某个子字符串,使用运算符 in,如果包含子字符串返回 True,否则返回 False;而运算符 not in 与 in 恰好相反,如果不包含子字符串返回 True,否则返回 False。

```
In : 'Beijing' in 'hello Beijing'
Out: True
In : 'Shanghai' in 'hello Beijing'
Out: False
In : 'Shanghai' not in 'hello Beijing'
Out: True
```

2. 运算符＋

运算符"＋"可以用来做连接字符串的操作,返回拼接后的新字符串。

```
In : str1 = 'hello '
     str2 = 'XiAn'
     str3 = str1 + str2
     print(str3)
Out: hello XiAn
```

3. 运算符 ∗

运算符"∗"后面跟上数字用来表示字符串重复出现的次数。

```
In : str = 'Beijing' ∗ 3
     print(str)
Out: BeijingBeijingBeijing
```

8.4.7 索引和切片

1. 索引操作

Python 中字符串可以直接以索引的方式获取字符,如果输入的位置合法则输出指定位置的字符,若超出了字符串的索引范围,则会抛出 IndexError 异常。

```
In : str = 'hello'
     print(str[0])
     print(str[1])
Out: h
     e
```

2. 切片操作

字符串也支持切片操作,但是仅支持读取其中元素,不能使用切片修改字符串。通过使用[start: end]或[start: end: step]获取指定位置的字符,start 表示起始位置,end 表示终止位置,step 表示步长。

```
In : str = 'hello'
     print(str[0:3])
     print(str[0:4:2])
Out: hel
     hl
```

8.4.8 内置函数操作字符串

内置函数 len()用于查看字符串的长度,使用内置函数 type()可以查看字符串的类型,使用内置函数 str() 可以将数字类型转换成字符串。

```
In : len('hello')
Out: 5
In : type('hello')
Out: < class 'str'>
In : type(str(123))
Out: < class 'str'>
```

8.5   正则表达式

正则表达式是处理字符串的强大的工具,多用于查找、替换符合规则的字符串。正则表达式通过使用预定义的模式去匹配具有共同特性的字符串,可以完成复杂的查找、替换等操作。正则表达式在很多场景下都可以使用,往往一个简单的正则表达式就能少写很多的判断语句,帮助节省编码时间。使用正则表达式可以用来判断某个字符串是否符合某种特定的规则,例如,判断某个字符串是不是符合邮箱地址、网址、电话号码、身份证号的格式;在表单验证时,判断用户输入的密码是否符合要求;正则表达式也可以用来从文本中提取符合模式的内容,在爬虫中经常使用。

8.5.1   正则表达式的构成

正则表达式是由有特定含义的元字符和普通字符(例如字母、数字等)组合构成的字符串,可以仅包含元字符,也可以仅包含普通字符。正则表达式表示字符串需要符合的规则,通过构造正则表达式可以匹配特定的字符串。最简单的正则表达式就是普通字符串,但是它只能匹配自身,例如,字符串'abc'就是一个正则表达式,只能匹配字符串'abc'。由元字符和普通字符组成的正则表达式功能更加强大,例如,正则表达式'a * c'可以匹配字符串'ac','aac','aaac','aaaac'等,这里字符 a 和 c 就是普通字符,其中,字符 * 就是元字符,它表示前面的一个字符出现 0 次或者任意次。表 8-4 列出了一些常用的元字符及其匹配的模式。

表 8-4   常用的元字符

元字符	说　　明	实　　例
.	表示除换行符 '\n' 以外的任意一个字符	1,b,*,+,- 等
[ ]	匹配[ ]内的任意一个字符	[ab]匹配 a 或者 b
—	与[ ]搭配起来使用,在[ ]内表示范围	[2-3]匹配 2 或者 3
[^]	匹配除了[ ]内的字符以外的任意一个字符	[^abcd]匹配 1,e,+ 等
\d	匹配任意一个数字(0~9),相当于[0-9]	3,9,1,0 等
\w	匹配任意一个字母、数字、下画线	等价于[A-Za-z0-9]
|	表示或,匹配位于|之前或之后的字符	abc|efg 匹配 abc 或者 efg
^	匹配字符串开头	^ab 匹配以 ab 开头的字符串
$	匹配字符串结尾	ab$匹配以 ab 结尾的字符串
( )	使用( )表示一个子模式,把括号内的内容作为一个整体	(abc|def)匹配 abc 或者 def

上面的字符和普通字符的组合就是正则表达式,例如,'abc\d\w'能够匹配前三个字符为 abc,第四个字符为十进制数字 0~9 中的任何一个数字,第五个字符为字母数字或者下

画线,例如,abc3y,abc62,abc8_等。

元字符中还有一些常用的表示量词的元字符,这些元字符表示前面的一个字符或者子模式的重复次数,例如,\d{2}中量词{2}表示前面字符重复出现的次数为 2,即\d 出现了两次,而在元字符中\d 又表示任意一个十进制整数,所以\d{2}可以匹配任意两个数字,例如27,32 等。表 8-5 列出了一些常用的表示量词的元字符。

表 8-5 常用的量词元字符

元字符	说　明	实　例
+	量词。前面一个字符或子模式重复 1 次或者多次	abc+匹配 abc,abc,abccc 等
*	量词。前面一个字符或子模式重复 0 次或者多次	ac*匹配 a,ac,acc 等
?	量词。重复 0 次或 1 次	abc?匹配 ab,abc
{n}	量词。重复 n 次	ac{2}匹配 acc
{n,}	量词。重复 n 次或多于 n 次	a{2,}c 匹配 aac,aaac 等
{n, m}	量词。重复 n~m 次	a{1,2}c 匹配 ac,aac

在正则表达式中,下面这几个字符都是特殊字符,要在正则表达式中表示这些字符本身,不再让这些字符表示元字符,就需要在前面加上反斜杠\字符。

.　+　?　$　[]　()　^　{}　\

了解这些基本的元字符的含义后,使用这些元字符和普通字符组合就能构建一些生活中常见的规则。例如,QQ 邮箱的规则是总长度为 8~11 且第一个数字不为 0,后缀为@qq.com,那么用正则表达式表示为 [1-9]\d{7,10}@qq\.com。

把它拆开来看,"[1-9]"表示 1~9 范围的任意一个数字;"\d{7,10}"中\d 表示匹配0~9 的任何一个数字,后面{7,10}表示长度为 7~10;对于"@qq\.com",这里要表示"."本身,在正则表达式中字符"."表示匹配任意字符,所以为让字符"."不再有特殊含义需要在前面加上反斜杠。

8.5.2　使用正则表达式模块 re 处理字符串

Python 的 re 模块提供了很多使用正则表达式处理字符串的方法,导入 re 模块后,就可以使用 re 模块提供的很多方法处理字符串。

1. fullmatch()、match()、search()

fullmatch()函数是 re 模块提供的最简单的方法之一,它用于检验传入的第二个参数是否与第一个参数正则表达式匹配,fullmatch()尝试把模式匹配整个字符串,匹配成功返回匹配对象 match,匹配失败返回 None。

```
In : import re
In : print(re.fullmatch('\d{3}', '119'))
Out: < re.Match object; span = (0, 3), match = '119'>
In : print(re.fullmatch('\d{3}', '1124'))
Out: None
```

fullmatch()方法匹配成功会返回的匹配对象是 match object 对象,这个对象的 group()方法用来返回与正则表达式匹配的字符串,span()方法返回一个表示匹配开始位置和结束位置的元组。

```
In : import re
     ret = re.fullmatch('\d{3}', '119')
     print(ret.group())
     print(ret.span())
Out: 119
     (0, 3)
```

re.match()方法从字符串开头 0 位置进行正则表达式匹配,不用匹配到字符串末尾,匹配成功会返回一个匹配对象 match object,未匹配成功将返回 None。

```
In : import re
     ret = re.match(r'\d + ', '12345 is tel')
     print(ret.group())
Out: '12345'
```

re.search()方法在字符串内部匹配正则表达式,找到字符串中第一个符合正则表达式的内容,匹配成功会返回一个匹配对象 match object,未匹配成功将返回 None。

```
In : import re
     ret = re.search(r'\d + ', 'my tel is 123, your tel is 456')
     print(ret.group())
Out: '123'
```

这几种方法都能接收 flags 关键字参数,flags 的值可以是 re.I(表示忽略英语字母大小写进行匹配,默认情况下区分英语字母大小写),re.X(忽略模式中的空格)等。

```
In : import re
     print(re.search('Tom', 'Hi! tom'))
Out: None

In : matobj = re.search('Tom', 'Hi! tom', flags = re.I)
     print(matobj)
Out: < re.Match object; span = (4, 7), match = 'tom'>
```

2. findall()

re.findall()用于查找字符串中所有与模式匹配的子字符串,如果匹配成功,返回所有匹配子字符串组成的列表,如果一个子字符串也没有找到就返回空列表[]。

```
In : import re
     str = "I and Tom are Boy"
     ret = re.findall(r'[a - zA - Z]{3}', str)     #查找所有三个字母组成的单词
     print(ret)
Out: ['and', 'Tom', 'are', 'Boy']

In : ret = re.findall(r'[a - zA - Z]{4}', str)     #查找所有四个字母组成的单词
     print(ret)
Out: []
```

3. split()

split()根据模式分隔字符串并返回分隔后的字符串列表。下面的代码根据@、、、& 这三个字符其中之一分隔字符串。

```
In : import re
     text = 'sunny@cloudy,storm&snowy'
     list = re.split(r'[@,&]', text)
     print(list)
Out: ['sunny', 'cloudy', 'storm', 'snowy']
```

4. sub()

sub(pat，repl，string)方法将字符串 string 中正则表达式 pat 匹配的内容用 repl 替换并返回替换后的字符串。

```
In : import re
     print(re.sub('a',  'www',  'abc abc abca'))
Out: 'wwwbc wwwbc wwwbcwww'
```

8.6 实践与练习

【实践】 输入一行字符,编写一个程序分别统计出其中英文字母、空格、数字和其他字符的个数。

```
In : s = input('请输入内容: ')
     letter = 0
     space = 0
     digit = 0
     other = 0
     for i in s:
         if i.isalpha():              #判断是否是字母
             letter += 1
         elif:
             i.isspace():             #判断是否是空格
             space += 1
         elif:
             i.isdigit():             #判断是否是数字
             digit += 1
         else:
             other += 1
     print('字母个数为{},空格个数为{},数字个数为{},其他字符个数为{}'.format(letter,space,
digit,other))
```

【练习】 统计'经过接续奋斗,我们实现了小康这个中华民族的千年梦想,我国发展站在了更高历史起点上' 这个字符串中词语的个数。

提示:使用 pip install jieba 命令安装 jieba 模块,利用 jieba 模块的 lcut()方法进行分词,利用 sum()函数对分词后的结果进行求和。

小结

(1) 字符串是由零个或者多个字符组成的有序序列，可以使用索引访问其中的字符，同时也支持切片操作。字符串的表示方法有很多，可以用单引号、双引号或三引号表示。

(2) 原始字符串是以 r 或者 R 开头，可以在原始字符串中放任何字符，而不会进行转义。

(3) 字符串是不可变序列，所有涉及对字符串"修改"的方法并不是对字符串本身所做的修改，而是创建一个新的字符串，并赋给原本的变量。

(4) Python 中的字符串对象提供了很多处理字符串的方法，包括查找 find()、索引 index()、替换 replace()、拆分 split()、去除字符串两端空白字符 strip()等。

(5) 除了字符串本身提供的大量方法外，Python 运算符 * 、+ 和内置函数 len()也可对字符串进行操作。

(6) 正则表达式是由有特定含义的元字符和普通字符(例如字母、数字等)组合构成的字符串，是处理字符串的强大工具。通过对具有共同特征的字符串设计一个预定义模式，使用 re 模块提供的方法进行匹配，可以对字符串实现复杂的查找、替换等操作。

(7) re 模块提供的 fullmatch()、match()、search()方法都会返回 match 对象，这个对象的 group()方法用来返回与正则表达式匹配的字符串，span()方法会返回一个包含匹配开始位置和结束位置的元组。

习题

一、选择题

1. 当需要在字符串中使用特殊字符的时候，Python 使用(　　　)作为转义字符。

　　A. \　　　　　　　　　B. /　　　　　　　　　C. ♯　　　　　　　　　D. %

2. 字符串的 strip()方法的作用是(　　　)。

　　A. 删除字符串头尾指定的字符　　　　　B. 删除字符串末尾的指定字符

　　C. 删除字符串头部的指定字符　　　　　D. 通过指定分隔符对字符串切片

3. 以下关于字符串类型的操作的描述，错误的是(　　　)。

　　A. str. replace(x,y)方法把字符串 str 中所有的 x 子串都替换成 y

　　B. 想把一个字符串 str 所有的字符都大写，用 str. upper()

　　C. 想获取字符串 str 的长度，用字符串处理函数 str. len()

　　D. 设 x= 'aa'，则执行 x * 3 的结果是 'aaaaaa'

4. 设 str= 'python'，把字符串第一个字母大写，其他字母还是小写，正确的选项是(　　　)。

　　A. print(str[0]. upper()+str[1:])　　　　B. print(str[1]. upper()+str[−1: 1])

　　C. print(str[0]. upper()+str[1: −1])　　　D. print(str[1]. upper()+str[2:])

5. 以下关于 Python 字符串的描述中，错误的是(　　　)。

　　A. 字符串是字符的序列，可以按照单个字符或者字符片段进行索引

　　B. 字符串包括两种序号体系：正向递增和反向递减

C. Python 字符串提供区间访问方式,采用[N:M]格式,表示字符串中从 N 到 M 的索引子字符串(包含 N 和 M)

D. 字符串是用一对双引号" "或者单引号' '括起来的零个或者多个字符

6. 字符串 s='I love Python',以下程序的输出结果是(　　)。

```
s = 'I love Python'
ls = s.split()
ls.reverse()
print(ls)
```

A. 'Python', 'love', 'I'　　　　　B. Python love I

C. None　　　　　　　　　　　D. ['Python', 'love', 'I']

7. 同时去掉字符串左边和右边空格的函数是(　　)。

A. center()　　　B. count()　　　C. format()　　　D. strip()

二、简答题

1. 输入一个字符串,判断字符串中有多少个字母,有多少个数字,有多少个其他符号。

2. 输入一个字符串,将字符串中所有的数字取出来产生一个新的字符串。

3. 输入两个字符串,打印两个字符串中公共的字符。

4. 如下字符串"01♯张三♯60-02♯李四♯90-03♯王五♯70",通过"-"把内容分为三部分,每一部分表示学号♯姓名♯分数,提取每一部分学生信息存放于列表中,并按照成绩降序排序。

第 9 章

函数

学习目标：

- 掌握函数的声明和调用。
- 掌握函数中参数的传递。
- 掌握变量的作用域范围。
- 掌握递归函数。
- 了解内置函数与 Python 标准库并掌握常用的内置函数和库。

在任何编程语言中，函数都是不可或缺的，函数是为了完成某个特定任务而存在的。当程序在不同的场景中需要重复调用同一功能的代码块时，不需要将代码块重复编写多次或者复制多次，只需要多次调用函数，让 Python 解释器运行即可，极大降低了程序的复杂度和后期维护成本，实现了代码的可重用性。

在本章中，将学习函数是如何定义和调用的，函数内部参数的传递，函数的返回值以及一种特殊的函数——递归函数。

在此之后，还将学习内置函数和如何导入 Python 标准库，并以 math 模块为例进行实战演练。

9.1　函数的声明和调用

在本书前面章节的示例中，已经使用了很多的内置函数，如 len()、max()、min()等。这些函数是 Python 解释器中的内置函数，是不需要定义就可以直接调用的。但是在软件开发的过程中或者是在日常编程时，内置函数远远满足不了用户的需求。这时候就需要去声明函数并且调用，使用编写的函数去实现相应的功能。

9.1.1　函数的声明

在 Python 语言中，函数也是对象，声明函数的格式如下。

微课视频

```
def 函数名([形参列表]):
    '''注释'''
    函数体
```

在 Python 中使用 def 关键字来声明函数,后跟一个空格和函数名,函数名必须为有效标识符(由字母、数字、下画线组成,且第一个字符不能为数字,不能与关键字相同),接下来是用一对括号括起来的形参列表,如果有多个形参,可以用逗号分隔,括号之后是一个冒号和换行符,最后是注释和函数体,在注释中可以对函数的功能做进一步的补充,也可以对形参列表中的每个参数进行解释。

【例 9-1】 函数的声明示例:打印问候语 Hello World。

```
In : def hello():              # 声明函数,形参列表为空
        '''简单的问候'''         # 注释
        print("Hello World")    # 函数体
```

大多数程序员学习编程语言时编写的第一个案例都是 Hello World,正如例 9-1 所示,它演示了最简单的函数,没有形参,也没有返回值。它只执行一项工作,那就是在屏幕中打印 Hello World 这个字符串。

在 Python 中声明函数时,不需要声明形参和返回值的类型。如果没有 return 语句,解释器会以 return None 结束,即返回空值。

【例 9-2】 函数的声明示例:返回一个数的平方。

```
In : def square (number):       # 声明函数,形参列表为a
        '''返回一个数的平方'''    # 注释
        a = number ** 2          # 函数体
        return (a)               # 返回值,属于函数体
```

如例 9-2 所示,这个函数可以实现求一个数的平方的功能。其中,number 是唯一的一个形参,在函数体部分,将传入的 number 进行平方运算并将其赋值给 a,最后通过 return 语句返回。

9.1.2 函数的调用

在函数声明之后就可以在同一个模块(每一个以扩展名 py 结尾的 Python 源代码文件都是一个模块)中任意的位置去调用。

首先来调用例 9-1 的代码,由于这个函数不需要传入任何参数,直接输入函数名,再在后面加个括号即可调用。例如,继续输入 hello(),代码运行之后解释器将会打印 Hello World 字符串。

```
In : hello()
Out: Hello World
```

在调用例 9-2 时,由于声明了形参 number,所以调用函数时,需要给函数传入一个实参,解释器会将实参传递给形参 number。形参和实参在 9.2 节会详细说明。所以调用这个函数时,可以输入这样的语句:

```
In : b = square(5)
        print(b)
```

第一行代码中,将 5 作为实参传入函数中,解释器将实参 5 传递给形参 number,然后在

函数内部实现平方运算,最后通过 return 语句返回,并将其赋值给变量 b。最终,将 b 输出,可以看到,程序已经实现了一个数的平方运算。

```
Out: 25
```

微课视频

9.1.3 Lambda 表达式

在 Python 中,除了通过 def 定义函数之外,还提供了一种生成函数对象的表达式形式,即 Lambda 表达式。Lambda 的主体是一个表达式,而不是一个代码块。Lambda 表达式中仅能封装有限的逻辑进去。

Lambda 实际上生成一个函数对象,即匿名函数。它可以创建小的匿名函数,允许在代码内嵌入一个函数的定义,起到一个函数速写的作用。匿名函数广泛用于需要函数对象作为参数,函数比较简单并且只使用一次的场合。

普通函数是以 def 作为关键字,而 Lambda 表达式直接以 lambda 作为关键字,其格式如下。

```
lambda parameter_list : expression
```

【例 9-3】 使用 Lambda 表达式。

```
In : function = lambda x,y:x * x + y
     print(function(3,4))
Out: 13
```

9.2 参数的传递

在声明函数时声明的参数列表是形参列表,形参也称为形式参数,函数可以有一个、多个,也可以没有形参,但是无论是声明还是调用时括号都不能省略,尤其是调用时,拥有括号才能说明这是一个函数而不是一个变量。在调用函数的时候需要在括号内传递实参也称实际参数,解释器会将实参赋值给形参,而形参会在函数内进行相应的运算并返回。

微课视频

9.2.1 位置参数

位置参数是最常见的参数类型,在调用函数时,实参的顺序必须和形参的顺序保持一致。

【例 9-4】 位置参数传递示例:计算 0 除以 1。

```
In : def division(a,b):
         '''除法运算'''
         return a/b
     print(division(0,1))                                    #①
     print(division(1,0))                                    #②
     print(division(0))                                      #③
```

如例 9-4 所示,当传入多个参数时,如果使用位置参数就必须保证实参顺序与形参顺序保持一致,并且要保证参数个数一致。函数的输出如下。

```
Out: 0.0
    ZeroDivisionError: division by zero
    TypeError: division() missing 1 required positional argument: 'b'
```

　　第①行按照位置参数来指定参数,成功地进行了除法运算;第②行错误地将位置参数传入函数,将 0 和 1 错误地赋值给 a 和 b,这使得被除数变成了 0,导致解释器报错,所以当使用位置参数时必须确保参数的顺序是正确的;第③行只传入了一个参数,但是形参需要两个参数,而位置参数是按顺序来赋值的,所以编译器将 0 赋值给 a,但是由于只传入了一个参数,b 缺少参数,所以会抛出缺少一个位置参数的错误。

微课视频

9.2.2　关键字参数

　　在编程的过程中,有时候由于形参列表中形参的个数过多,编程人员不可能将所有参数的顺序一一对应,这时候就需要关键字参数来解决这个问题。使用关键字参数可以将参数以任意顺序传递给函数,Python 解释器会在实参中将名称和值关联起来,这样不仅不需要考虑函数调用中的实参顺序,还可以直观地看出函数调用中各个值的用途。

　　【例 9-5】　关键字参数传递示例:计算圆的面积。

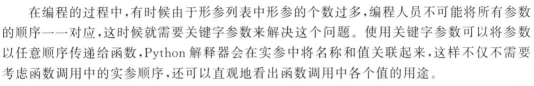

```
In : def circle_area(pi, r):
         return pi * r ** 2
     print(circle_area(pi = 3.14, r = 3))
     print(circle_area(r = 3, pi = 3.14))
```

　　如例 9-5 所示,在调用函数的时候,可以使用关键字参数来进行传参,其格式为“形参名＝值”,其实就是直接将实参传递给形参。其运行结果如下。

```
Out: 28.26
    28.26
```

　　可以看到,即使将关键字参数的顺序调换,代码也能正常运行。

> 注意:
> 　　当将位置参数和关键字参数混合使用时,必须将关键字参数放到位置参数后面,否则解释器会抛出 positional argument follows keyword argument 的错误。

9.2.3　默认值参数

微课视频

　　在定义函数时,如果希望函数的一些参数是可选的,那么可以在定义函数时为这些形参指定默认值。在调用函数时,如果没有传入对应的实参,Python 解释器将会使用形参的默认值。因此,给形参指定默认值后,就可在函数调用中省略相应的实参。这样,不仅可以使用默认值简化函数调用,还可清楚地显示出函数的典型用法。

　　【例 9-6】　默认值参数传递示例:计算圆的面积。

```
In : def circle_area(r, pi = 3.14):
         return pi * r ** 2
     print(circle_area(r = 3))                                    #①
     print(circle_area(3, pi = 3.1415926))                        #②
```

如例 9-6 所示,在计算圆的面积时,圆周率被设置为 3.14,在调用函数时,不需要再为 pi 传参。如①处调用所示,仅传入一个关键字参数,并没有为 pi 赋值,所以 pi 被指定为默认值。如果需要实现更精确的计算,可以将 pi 赋值为 3.1415926。如②处调用所示,传入了两个参数,其中,第二个参数会将默认值参数屏蔽,将 pi 赋值为 3.1415926。其运行结果如下。

```
Out: 28.26
     28.2743334
```

注意:
使用默认值参数时,必须先在形参列表中列出没有默认值的形参,再列出有默认值的形参。这样,Python 解释器才能够正确地处理位置参数。

微课视频

9.2.4 可变长度参数

可变长度参数可将任意数量的参数传入函数。可以通过带星的参数来进行声明,主要有两种形式: * parameter 与 ** parameter。第一种可以接受任意数量的实参,调用函数后会将其收纳为一个元组传入函数;第二种也可以接受任意数量的实参,与第一种不同的是,第二种会将其收纳为一个字典传入函数。

【例 9-7】 可变长度参数传递示例:计算多个值的平均数。

```
In : def average(a,b, * c, ** d):
        grand_total = a + b
        lenth = 2
        for i in c:
            grand_total += i
            lenth += 1
        for key in d:
            grand_total += d[key]
            lenth += 1
        return grand_total/lenth
     print(average(1,2))                         #①
     print(average(1,2,3,4))                     #②
     print(average(1,2,3,4,e = 5,f = 6))         #③
```

如例 9-7 所示,在①处的调用只传入了两个位置参数,并没有对后面两个可变长度参数传入任何参数。在②处调用时,传入了 4 个参数,前两个被赋值给 a 和 b,后面两个被收纳为一个元组赋值给 c。在③处调用时,多传入了两个关键字参数,函数将其收纳为一个字典。其运行结果如下。

```
Out: 1.5
     2.5
     3.5
```

9.3 变量作用域

根据变量声明的位置不同,变量可以被访问的范围也不相同。变量可以被访问的范围称为变量的作用域。

当变量在这个区域内被访问时,则称变量"在作用域内"。如果将变量按照其作用域的大小可以分为局部作用域和全局作用域。

9.3.1　全局作用域

在一个源代码文件中,在函数和类的定义之外声明的所有变量都统称为全局变量。全局变量的作用域为定义它的模块,称为全局作用域。它的作用范围从定义变量的位置开始,直到整个文件结束的位置。在一个模块或者交互式会话中定义了全局变量后,就可以在定义这个变量之后的其他位置使用它。

通过 import 语句可以导入模块,然后通过全限定名称(模块名.变量名)来访问模块中的全局变量,或者通过 from…import 直接导入模块中的变量来访问。

有些程序语句位于函数外部的全局作用域,有些程序语句位于函数块内部。

> **注意:**
> 当 Python 解释器遇到脚本中处于全局作用域的语句时会立即执行,而处于函数块内部的语句则只有在调用这个函数时才会执行。

大量使用全局变量会降低函数或者模块之间的通用性和代码可读性,因为可能会出现很多同名的函数或全局变量,会产生意料之外的错误,所以全局变量一般作为常量使用,例如圆周率。

【例 9-8】 声明全局变量示例。

```
In : x = 7
    def global_variable():
        print('全局变量 x 的值为{}'.format(x))
    print('全局变量 x 的值为{}'.format(x))
    global_variable()
Out: 全局变量 x 的值为 7
    全局变量 x 的值为 7
```

9.3.2　局部作用域

在函数体中声明的变量,包括函数参数,都称为局部变量。局部变量可以访问的区域叫作局部作用域。从局部变量在函数块中定义的位置开始到函数块的结尾处都属于局部作用域。

局部变量只能在定义它的函数内使用。在全局作用域的代码不能引用一个函数的局部变量或者形参变量。一个函数也不能引用在另一个函数中定义的局部变量或者形参变量。

【例 9-9】 局部变量示例。

```
In : def local_variable():
        x = 3
        print('局部变量 x 的值为{}'.format(x))
    local_variable()
Out: 局部变量 x 的值为 3
```

微课视频

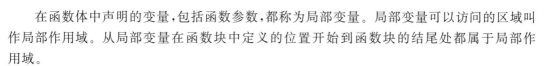
微课视频

微课视频

9.3.3　global 语句

在默认情况下,函数是无法修改全局变量的。因为当函数为全局变量赋值时,Python解释器会创建一个与该全局变量同名的新局部变量,从而导致修改全局变量失败。

【例 9-10】　函数修改全局变量错误示例。

```
In : x = 1
    def modify_global_variables():
        x = 3
        print('函数内部变量 x 的值为{}'.format(x))
    modify_global_variables()
    print('全局变量 x 的值为{}'.format(x))
Out: 函数内部变量 x 的值为 3
    全局变量 x 的值为 1
```

通过比较两个 x 的输出可以发现,在函数内部修改全局变量 x 并没有成功,这是因为输出的 x 是 Python 创建的与 x 同名的局部变量。局部变量 x 在函数体中屏蔽了全局变量 x,但全局变量 x 仍然存在,值也没有改变。如果想要在函数中修改全局变量,就必须使用global 语句去声明变量是在全局作用域的。

【例 9-11】　使用 global 语句在函数内部修改全局变量示例。

在程序中,如果同时定义了函数块和控制语句,那么在函数块中创建变量时,它是该块的局部变量;但是,在控制语句中创建变量时,变量的作用域取决于控制语句定义的位置,也就是说,如果控制语句位于全局作用域,则任何在控制语句中定义的变量都是全局变量,具有全局作用域;如果控制语句位于函数块中,则任何在控制语句中定义的变量都是局部变量,具有局部作用域。

```
In : x = 1
    def modify_global_variables():
        global x
        x = 3
        print('函数内部变量 x 的值为{}'.format(x))
    modify_global_variables()
    print('全局变量 x 的值为{}'.format(x))
Out: 函数内部变量 x 的值为 3
    全局变量 x 的值为 3
```

9.4　递归函数

递归函数定义简单,逻辑清晰,虽然所有的递归函数理论上都可以使用循环来代替,但是循环的逻辑却不如递归清晰。

9.4.1　递归函数的定义

递归函数会在函数体内部直接或间接地调用自己,也就是说,递归函数会通过一层一层地嵌套去调用函数本身。

如果不因某种条件而停止,这样的调用将一直重复。这个条件称为终止条件。在每个递归程序中都必须有一个终止条件,否则它将像无限循环一样永远执行下去。

递归与数学中的数学归纳法有着相似之处。在执行递归调用的同时,会产生更多的递归调用,因为函数会将每个新的子问题都分解成两个新的部分。为了使递归最终能够终止,函数每次都要使用相较于原始问题更简单的问题调用自身,而逐渐变小的问题构成的序列必须收敛于基本问题。当函数处理到基本问题时(终止条件),它会将结果返回到它的上一个副本。递归函数会依序进行一系列的返回,直到最初的函数调用将最终结果返回给调用者。这样的操作称为递归步骤。

例如,想要编写一个程序来完成正整数 n 的阶乘的计算(n!＝ n×(n−1)×(n−2)×…×2×1,其中,当 n＝1 时,n!＝1)之前就必须找出递归函数的终止条件和递归步骤。

```
n = 1              ♯ 当 n==1 时,终止条件
n! = n×(n−1)!      ♯ 当 n>1 时,递归步骤
```

每次递归,n 严格递减,逐步收敛到 1。

【例 9-12】 求 5!示例。

```
In : def factorial(n):
         if n == 1:
             return 1
         else:
             return n * factorial(n−1)
     factorial(5)
Out: 120
```

9.4.2 递归函数可视化

微课视频

计算 5!的过程如图 9-1 所示,左侧一层一层地调用递归函数,直到遇到终止条件,计算出 1!为 1,右侧将结果返回给上一层调用者,并且用 1!的计算结果去计算 2!,然后一层一层地返回,直到计算出 5!,将最后的计算结果返回给调用这个递归函数的调用者。

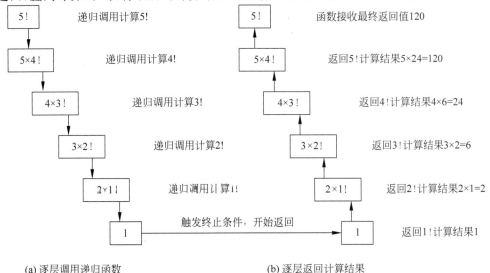

图 9-1 递归调用可视化

9.4.3 递归函数需要注意的问题

第一，必须设置终止条件。如果递归函数缺少终止条件，将会导致无限个递归函数一层一层地不停调用，其最终结果将会导致系统耗尽内存，并且 Python 解释器会抛出错误 RuntimeError，并报告错误——超过最大递归深度。

第二，必须确保序列收敛。递归调用解决的子问题的规模必须小于原始问题的规模，否则，也会导致无限个递归函数调用。

第三，必须将内存和运算消耗控制在一定范围内。递归函数代码虽然看起来简单，但往往会导致过量的递归函数调用，从而消耗过量的内存，导致内存溢出，或消耗过量的运算能力，也称运行时间过长。

9.5 内置函数与 Python 标准库

在 Python 语言中函数可以分为以下 4 类。第一种是内置函数，它实现了一些基础的功能，例如 max()、id()等，内置函数在程序中可以直接使用。第二种是 Python 标准库函数，可以实现一些特定的功能。安装 Python 时，程序会同时安装若干标准库，例如 math、random 等。通过 import 语句可以导入标准库，然后用户可以使用其中定义的函数。第三种是第三方库函数。在程序的开发中，根据不同开发场景，例如，文件读取、数据连接、图像处理、机器学习、深度学习等，需要下载一些能完成特定功能的第三方库函数。第四种是用户自定义函数，是由用户自己创建的函数，如果所有的库函数都不能满足需求，那就需要用户自己来定义。之前在函数的声明一节中，已经成功自定义了函数。

9.5.1 内置函数一览

Python 3.9 中所有内置函数在前面的章节中已有介绍，具体请参考表 3-1。内置函数在 Python 解释器中可以直接使用。

Python 常用内置函数及其示例如表 9-1 所示。

表 9-1 常用内置函数

函　　数	含　　义	实　　例	结　　果
abs(x)	返回一个数 x 的绝对值,如果是复数,则返回它的模	abs(−1.5) abs(1−3j)	1.5 3.1622776601683795
bin(x)	将一个整数转换为以"0b"开头的二进制字符串	bin(11) bin(−10)	'0b1011' '−0b1010'
divmod(x,y)	返回 x 除以 y 的商和余数	divmod(7,2)	(3, 1)
hex(x)	将整数转换为"0x"开头的小写十六进制字符串	hex(255) hex(−1024)	'0xff' '−0x400'
max(x1,x2,⋯,xn)	返回 $x_1 \sim x_n$ 的最大值	max(1,2,3.4)	3.4
min(x1,x2,⋯,xn)	返回 $x_1 \sim x_n$ 的最小值	min(1,2,3.4)	1
oct(x)	将整数转变为以"0o"开头的八进制字符串	oct(23) oct(−11)	'0o27' '−0o13'

续表

函　　数	含　　义	实　　例	结　　果
pow(x, y[,z])	返回 x 的 y 次幂；如果 z 存在，则返回 x 的 y 次幂对 z 取余	pow(5,2) pow(5,2,10)	25 5
round(x[, y])	返回 x 舍入到小数点后 y 位精度的值。如果 y 为空值，则对 x 四舍五入取整数	round(3.1415926,6) round(3.1415926)	3.141593 3
sum(iterable[, start＝0])	从 start 开始自左向右对 iterable 的项求和并返回总计值 iterable 的项通常为数字，而 start 值不允许为字符串	sum((1,2,3,4)) sum((1,2,3,4),5)	10 15

9.5.2　常用内置函数

微课视频

（1）eval()函数：可以对动态表达式进行求值，并返回表达式的计算结果。其语法格式如下。

```
eval(expression[, globals[, locals]])
```

eval()的语法中，expression 参数是动态表达式的字符串；globals 和 locals 是求值时使用的上下文环境中的全局变量和局部变量，如果不指定就会在调用 eval()函数的环境中使用全局变量和局部变量执行表达式。

【例 9-13】　eval()函数示例。

```
In : x = 2
    s = 'x ** 2 + 2 * x + 1'
    print(eval(s))
Out: 9
```

（2）exec()函数，可以执行动态语句。其语法格式如下。

```
exec(object[, globals[, locals]])
```

object 是必选参数，表示需要被指定的 Python 代码，它必须是字符串或 code 对象。如果 object 是一个字符串，该字符串会先被解析为一组 Python 语句，然后再执行。如果 object 是一个 code 对象，那么它只是被简单地执行。

【例 9-14】　exec()函数示例。

```
In : total = 0
    exec("for i in range(5):\n\ttotal += i\nprint(total,end = ' ')")
Out: 10
```

（3）map()函数，可以将传入的函数应用于可迭代对象，并且返回结果也为可迭代对象。其语法格式如下。

```
map(function, iterable, …)
```

第一个参数 function 是函数，iterable 是一个或多个序列，将参数序列中的每一个元素调用 function 函数，最后返回的结果是包含每次 function 函数返回值的可迭代对象。

【例 9-15】　map()函数示例。

```
In : list(map(str,[1,2,3,4]))
Out: ['1', '2', '3', '4']
```

(4) filter()函数,能够从可迭代对象(如字典、列表)中筛选某些元素,并生成一个新的可迭代对象。其语法格式如下。

```
filter(function, iterable)
```

第一个参数是函数,第二个参数是一个可迭代对象。序列的每个元素作为参数传递给函数进行判断,然后根据返回值是 True 还是 False 决定保留还是丢弃该元素,返回结果为可迭代对象。

【例 9-16】　filter()函数示例。

```
In : def is_even(x):
        if x % 2 == 0:
            return True
        else:
            return False
    list(filter(is_even,[0,1,2,3,4,5,6]))
Out: [0, 2, 4, 6]
```

9.5.3　Python 标准库

微课视频

在编写程序时经常会用到 Python 中已有的函数或类,例如,Python 标准库和第三方库中的函数或类。使用这些已有的库函数或类,可以极大地提高编程人员的工作效率。常用的 Python 标准库如表 9-2 所示。

表 9-2　Python 常用标准库

名　　称	功　　能
collections	提供了除字典、列表、集合和元组之外的数据结构
csv	CSV 格式表单数据的读写(如 Excel 文件)
datetime	对日期和时间进行数学运算。还有 calendar,time 模块
decimal	快速对十进制浮点型进行运算,还支持货币运算
gettext 和 locale	为 Python 模块和应用程序提供国际化服务
json	JSON(JavaScript Object Notation)编码器和解码器
math	对常数进行常见的数学运算和操作
os	多种操作系统接口
random	各种分布的伪随机数生成器
re	正则表达式匹配操作
sqlite3	SQLite 关系数据库访问
statistics	提供了用于计算数字数据的统计函数
string	常见字符串操作
sys	系统相关的参数和函数,命令行参数处理
tkinter	Python 图形用户界面
turtle	海龟图
webbrowser	在 Python 中向用户显示基于 Web 的文档

9.6 实践与练习

【实践】 编写一个函数判断一个整数是否为回数,即左右对称的整数。要求函数为 fun(x),在主程序中输入一个整数,如果该数对称,输出"YES",否则输出"NO"。

例如:

```
输入:123321    输出:YES
输入:1210      输出:NO
```

```
In : def fun(x):
        """判断整数是否为回数"""
        if x >= 0 and x == int(str(x)[::-1]):
            print('YES')
        else:
        print('NO')
    x = int(input())
    fun(x)
```

在执行上面的程序后,输入需要判断是否为回数的整数,例如123321。

```
    123321
Out: YES
```

【练习】 创建一个 Python 程序,实现可以计算 2018 年度任意 n 个季度的 GDP 之和的功能,使用 input() 内置函数进行 n 个季度 GDP 的输入,并使用空格分隔,如表 9-3 所示。

表 9-3 2018 年度我国各个季度 GDP 总量

季度	第一季度	第二季度	第三季度	第四季度
GDP/亿万元	198783	220178	231938	253599

小结

1. 自定义函数的声明

```
def 函数名([形参列表]):
    '''注释'''
    函数体
```

2. Lambda 表达式

```
lambda parameter_list : expression
```

3. 参数的传递

(1) 位置参数。位置参数是最常见的参数类型,在调用函数时,实参的顺序必须和形参的顺序保持一致。

（2）关键字参数。关键字参数可以以任何顺序传递函数，Python 解释器会在实参中将名称和值关联起来。不仅不需要考虑函数调用中的实参顺序，还可以直观地看出函数调用中各个值的用途。

（3）默认值参数。在定义函数时，如果希望函数的一些参数是可选的，那么可以在定义函数时为这些形参指定默认值。在调用函数时，如果没有传入对应的实参，Python 解释器将会使用形参的默认值。

（4）可变长度参数。可变长度参数可将任意数量的参数传入函数。可以通过带星的参数来进行声明，主要有两种形式：* parameter 与 ** parameter。第一种可以接受任意多个实参，调用函数后会将其收纳为一个元组传入函数；第二种也可以接受任意数量的实参，与第一种不同的是，第二种会将其收纳为一个字典传入函数。

4. 变量作用域

（1）全局作用域。在一个源代码文件中，在函数和类的定义之外声明的所有变量都统称为全局变量。全局变量的作用域为定义它的模块，称为全局作用域。它的作用范围从定义变量的位置开始，直到整个文件结束的位置。在一个模块或者交互式对话中定义了全局变量后，就可以在定义这个变量之后的其他位置使用它。

（2）局部作用域。局部变量可以访问的区域叫作局部作用域，从局部变量在函数块中定义的位置开始到函数块的结尾处都属于局部作用域。局部变量只能在定义它的函数内使用。在全局作用域的代码不能引用一个函数的局部变量或者形参变量。一个函数也不能引用在另一个函数中定义的局部变量或者形参变量。

5. global 语句

在默认情况下，函数是无法修改全局变量的。这是因为当函数为全局变量赋值时，Python 解释器会创建一个与该全局变量同名的新局部变量，从而导致修改全局变量失败。如果想要在函数中修改全局变量，就必须使用 global 语句去声明变量是在全局作用域的。

6. 递归函数

递归函数会在函数体内部直接或间接地调用自己，也就是说，通过一层一层地嵌套去调用函数本身。为了使递归最终能够终止，函数每次都要使用相较于原始问题更简单的问题调用自身，而逐渐变小的问题构成的序列必须收敛于基本问题。当函数处理到基本问题时（终止条件），它会将结果返回到它的上一个副本。递归函数会依序进行一系列的返回，直到最初的函数调用将最终结果返回给调用者。这样的操作称为递归步骤。

7. 递归函数注意事项

（1）必须设置终止条件。
（2）必须保证序列收敛。
（3）必须将内存和运算消耗控制在一定范围内。

8. 内置函数和 Python 标准库

习题

一、选择题

1. 以下关于函数调用描述正确的是（　　　）。

A. Python 内置函数调用前需要引用相应的库

B. 函数的定义和调用只能发生在同一个文件中

C. 函数在调用前不需要定义

D. 自定义函数调用前必须定义

2. 下面代码的输出结果是( )。

```python
def hello():
    print("hello_world!")
print(hello())
```

A. hello_world

B. 出错

C. hello_world
None

D. None

3. 函数定义如下。

```python
def function(a,b):
    return a - b
```

下列选项中函数调用错误的是( )。

A. f(3,4)　　　　　B. f(a=3,b=4)　　　C. f(b=4,a=3)　　　D. f((3,4))

4. 以下程序的输出结果是( )。

```python
def function(a,b,c):
    print(a * b)
nums = (1,2,3)
function( * nums)
```

A. 3　　　　　　　B. 2　　　　　　　C. 1　　　　　　　D. 语法错误

5. 执行下列代码的输出结果是( )。

```python
def function(n):
    if n == 1:
        return 1
    else:
        return (function(n - 1) + 1) * 2
print(function(3))
```

A. 1　　　　　　　B. 4　　　　　　　C. 10　　　　　　D. 22

6. 执行下列代码的输出结果是( )。

```python
def function(a,b, * c, ** d):
    print(a,b,c,d)
function(5,6,7,8,9,e = 10)
```

A. 5 6 (7，8，9) (e=10)

B. 5 6 (7，8，9) ('e': 10)

C. 5 6 (7，8，9) {e=10}

D. 5 6 (7，8，9) {'e': 10}

7. 下列关于 Python 的 Lambda 函数,以下选项中描述错误的是( )。

A. 可以使用 Lambda 函数定义列表的排序原则

B. f=lambda x,y: x+y 执行后,f 的类型为数字类型

C. Lambda 函数将函数名作为函数结果返回

    D. Lambda 用于定义简单的、能够在一行内表示的函数

8. 执行下列代码的输出结果是(　　　)。

```
a = 1
def function_1():
    a = 2
    def function_2():
        global a
        a = 3
        print(a)
    function_2()
    print(a)
function_1()
print(a)
```

  A. 3　　　　　　　　B. 5　　　　　　　　C. 6　　　　　　　　D. 3

     2　　　　　　　　　　2　　　　　　　　　　7　　　　　　　　　　4

     3　　　　　　　　　　1　　　　　　　　　　2　　　　　　　　　　2

二、简答题

1. 定义一个函数 cal(x, y)，该函数可以输出 x－y 的值和 y－x 的值。

2. 定义一个求正整数阶乘的函数。请使用递归方式实现。

3. 定义一个函数，输入一个正整数 n，可以输出斐波那契数列的第 n 项。假设斐波那契数列函数为 fib(n)，当 x＝1,2 时，fib(x)＝1；当 x＞2 时，fib(x)＝fib(x－1)＋fib(x－2)。请使用递归和非递归两种方法实现。

4. 定义一个函数，输入一个正整数，如果是回文数，则返回 true；否则，返回 false。回文数是指正序(从左向右)和倒序(从右向左)读都是一样的整数，例如，12321、123321。

5. 请定义一个函数，输入一个正整数并将其分解质因数。请使用递归和非递归两种方法实现。

第 10 章

面向对象程序设计

学习目标：
- 理解面向对象编程的思想。
- 理解父类和子类的继承概念。
- 掌握创建自定义类和定义类对象的方法。
- 掌握类的构造函数的使用。
- 掌握类的属性和方法的使用。

前面所学习的简单 Python 语言程序设计，包括顺序结构、选择结构、循环结构和函数。在编程过程中采用的是面向过程的编程逻辑，即以事件为中心，分析拆解问题的步骤，然后编写函数把这些步骤逐一实现。面向过程编程以程序的功能实现为主，不考虑程序的重用性、扩展性和后期维护。从本章开始，需要转变思维，学习面向对象的编程逻辑。与面向过程编程相比，面向对象编程在稳定性、可扩展性和可重用性方面都有优势。

10.1　面向对象概述

从计算机的角度而言，面向对象编程可以理解为关注现实存在事物对象的各方面，从对象的角度出发，根据其特征进行相关设计。面向对象编程的核心是对事物进行抽象，并对抽象事物进行子模块化设计。这些模块都是单独存在的，并且可以被重复利用。

10.1.1　类与对象

类与对象是面向对象编程思想的最基础组成单元。所谓的"万物皆对象"，可以理解为现实存在的客观事物都是对象，如一台计算机、一件衣服、身边的同学等。类是概念性的模型，用来描述一类对象所共同拥有的特征和行为。也就是说，类是某一类事物共性的抽象，对象是类的一个个具体产物。在面向对象的项目开发中，通常先把要解决的问题抽象成类，然后根据类去实例化对象，再通过对象的属性和行为来解决问题。

10.1.2　面对对象的特征

面向对象的三个基本特征是：封装、继承、多态。

（1）封装。

封装（Encapsulation）是把客观事物封装成抽象的类，类可以通过访问权限来控制对其数据成员、属性和方法的访问，从而隐藏内部实现细节。

封装保证了对象的独立性，防止外部程序破坏对象的内部数据。封装的目的是增强安全性和简化编程，使用者不必了解具体的实现细节，只需通过外部接口，以特定的访问权限使用类的成员。

（2）继承。

继承（Inheritance）是在已经存在类的基础上进行扩展，从而产生新的类。已经存在的类称为"基类""父类"或"超类"，而新产生的类称为"子类"或"派生类"。在子类中，不仅包含父类的属性和方法，还可以增加新的属性和方法。继承是面向对象编程中代码重用的主要方式：子类对象可以直接使用父类的属性和方法而不需要额外编码。

> **注意：**
>
> 当 A 类继承 B 类时，两个类之间的关系应该是"属于"关系，即"A is B"。例如，Employee 是一个人，Manager 也是一个人，因此这两个类都可以继承 Person 类。但是 Leg 类却不能继承 Person 类，因为腿并不是一个人。

（3）多态。

多态（Polymorphism）指在父类中定义的属性和方法被子类继承之后，可以具有不同的数据类型或表现出不同的行为，这使得同一个属性或方法在父类及其各个子类中具有不同的含义。

实现多态有三个必要条件：继承、重写和向上转型。只有满足这三个条件，开发人员才能够实现让每个对象以自己的方式去响应共同的消息。

① 继承：在多态中必须存在有继承关系的父类和子类。

② 重写：子类对父类中的非私有方法进行重新定义，在调用这些方法时就会调用子类的方法。

③ 向上转型：在多态中需要将子类的引用值赋给父类对象，这样该引用既能调用父类的方法，又能调用子类的方法。

例如，设计一个党史系统，所有的用户都继承于父类，每种用户可以通过自己的登录方法实现进入不同的系统。而要实现进入不同的系统，可以通过创建一个父类的集合，其元素分别指向各子类的对象，然后循环调用父类类型对象的登录方法，实际登录根据当前被赋值的子类对象来调用其各自的登录方法，这就是多态的一种实现方式。

Python 是一种动态语言，在程序运行中，可以根据实际的对象类型确定变量的类型。严格意义上讲，Python 不支持多态。

10.2 类的定义和实例化

在实际编程中，需要先定义类，然后实例化对象解决问题。下面以创建学生类 Student 为例，说明定义类以及实例化对象的语法格式。其中，学生类 Student 表示学生的抽象，实例化得到的对象表示特定的学生。

10.2.1 类的定义

在 Python 中,类使用关键字 class 定义,类的定义格式如下。

```
class 类名:
    类体
```

其中,类名通用习惯为首字母大写,类体由缩进的语句块组成。

【例 10-1】 定义学生类 Student。

```
class Student:                    #创建 Student 类,Student 为类名
    pass                          #此处可添加类的代码块
```

> **注意:**
> 创建类的对象、创建类的实例、实例化类等说法是等价的,都是以类为模板生成对象的操作。

10.2.2 对象的创建

对象的创建语法格式如下。

```
对象名 = 类名([参数列表])
```

【例 10-2】 实例化学生类 Student。

```
class Student:                    #创建 Student 类,Student 为类名
        pass

stu1 = Student()                  #实例化 student()类,类名为 stu1
stu2 = Student()                  #实例化 student()类,类名为 stu2
```

10.2.3 __init__()方法

__init__()方法是一个特殊的类方法,称为构造方法(或构造函数)。每当创建一个类的实例对象时,Python 解释器都会自动调用构造方法,来完成对象初始化的相关设置。构造方法的语法格式如下。

```
def __init__(self, [形参 1, 形参 2, …]):
    代码块
```

其中,__init__() 方法可以包含多个参数,但必须包含一个名为 self 的参数,且必须作为第一个参数(self 表示类的实例)。注意:构造方法不能直接被对象单独调用。

【例 10-3】 学生类 Student 无参构造函数的调用。

```
class Student:                    #创建 Student 类,Student 为类名
        def __init__(self):
            print("Student 类无参构造函数")
```

```
stu1 = Student()                          # 实例化 Student 类,自动调用构造方法
stu2 = Student()                          # 实例化 Student 类,自动调用构造方法
```

程序运行结果如下。

```
Student 类无参构造函数
Student 类无参构造函数
```

定义类时,如果没有手动添加 __init__() 构造方法,或者添加的 __init__() 中仅有一个 self 参数,则实例化类时的参数可以省略不写;但如果类的构造函数 __init__() 中有多个参数,实例化类时的参数不可以省略。

【例 10-4】 学生类 Student 有参构造函数的调用。

```
class Student:                            # 创建 Student 类,Student 为类名
        def __init__(self):
            print("Student 类无参构造函数")
        def __init__(self,name,snum):
            self.name = name
            self.snum = snum
            print("Student 类有参构造函数")

stu1 = Student('张三','s00001')          # 实例化 Student 类,对象名为 stu1
stu2 = Student()                          # 报错
```

程序运行结果如下。

```
Student 类有参构造函数
TypeError: __init__() missing 2 required positional arguments: 'name'
and 'snum'
```

10.3　属性和方法

类由属性和方法组成,属性用来描述具体某个对象的特征和状态信息,可以简单理解是对象有什么;方法描述的是某个对象的行为和动作信息,也就是对象能做什么。属性和方法统称为成员,接下来将介绍属性和方法的语法。

10.3.1　属性

属性可分为类属性、实例属性、私有属性、特殊属性等类型。

(1) 类属性。

类属性指的是类本身的变量,也称类变量、静态属性。类的所有对象之间共享类属性,即所有对象共用类属性的同一块存储空间。静态成员有两个特征:第一,静态成员是该类所有对象共用的资源;第二,静态成员从类的第一次加载时产生,直到这个类彻底被销毁才会进行资源的释放。

在类定义的方法中或者外部代码中,通过类名访问类属性,语法格式如下。

```
类名.类变量名 = 值                                      #写入
类名.类变量名                                           #读取
对象名.类变量名                                         #读取
```

【例 10-5】 类属性的定义与调用。

```
class Student:
        sCount = 0              #定义类属性
        def __init__(self):
            Student.sCount += 1

#1.使用类名直接调用
print(Student.sCount)
#2.修改类属性的值
Student.sCount = 100
print(Student.sCount)
#3.通过对象名来调用类属性
stu1 = Student()               #创建 Student 类的第一个对象,自动调用构造函数,sCount + 1
stu2 = Student()               #创建 Student 类的第二个对象,自动调用构造函数,sCount + 1
print(stu2.sCount)
```

程序运行结果如下。

```
0
100
102
```

（2）实例属性。

实例属性指的是在类方法内部,以"self.变量名"的方式定义的变量,其特点是只作用于调用方法的对象。另外,实例属性只能通过对象名访问,无法通过类名访问。

实例属性一般在类方法中,通过 self 访问,其语法格式如下。

```
self.实例属性名 = 值                                   #写入
self.实例属性名                                        #读取
```

创建对象实例后,通过对象实例访问,其语法格式如下。

```
对象名.实例属性名 = 值                                 #写入
对象名.实例属性名                                      #读取
```

【例 10-6】 实例属性的定义与调用。

```
class Student:
    def __init__(self,name,snum):          #有参构造
        self.name = name                   #通过 self 赋值实例变量 name
        self.snum = snum                   #通过 self 赋值实例变量 snum

stu1 = Student("张三", "s00001")
print("学生姓名 : ",stu1.name)             #通过对象名读取变量值
stu1.snum = "s00002"                       #修改 stu1.snum 值
print("修改后的学生学号 : ",stu1.snum)
```

程序运行结果如下。

```
学生姓名： 张三
修改后的学生学号： s00002
```

（3）私有属性。

默认情况下，Python 类中所有成员都是公共的，类对象可以从类环境之外访问任何成员。通常双前置下画线会让 Python 解释器重写属性的名称，声明该属性为私有。私有属性只能在类中调用，不能在类外部被使用或直接访问，以达到保护变量的目的。

【例 10-7】 Python 类私有属性的定义与调用。

```
class Student:
    __name = "Class Student"              ♯私有属性
    def getName():                        ♯在类方法中直接访问私有属性值
        print(Student.__name)

Student.getName()                         ♯正确访问私有属性__name
print(Student.__name)                     ♯直接访问私有属性,报错
```

程序运行结果如下。

```
Class Student
AttributeError: type object 'Student' has no attribute '__name'
```

（4）特殊属性。

Python 对象中包含许多以双下画线开始和结束的属性，称为特殊属性。这些特殊属性是 Python 的内置类属性。通过访问特殊属性，可以获得类的一些信息。常见的特殊属性如表 10-1 所示。

表 10-1　类的特殊属性

特 殊 属 性	含 义
object.__dict__	获得类对象所绑定的所有属性和方法的字典不存在
object.__class__	获得类对象所属的类
class.__base__	获得类的父类元组
clas.__name__	获得类的名称
class.__mro__	获得类的层次结构

【例 10-8】 通过特殊属性获得类信息。

```
class Student :
    def __init__(self,name,snum):
        self.name = name
        self.snum = snum

stu1 = Student("张三", "s00001")
print("Student 类实例的类名:", stu1.__class__)
print("Student 类实例的属性字典:", stu1.__dict__)
print("Student 类的所有父类层次:", Student.__mro__)
print("Student 类的父类:", Student.__base__)
```

程序运行结果如下。

```
Student 类实例的类名：<class '__main__.Student'>
Student 类实例的属性字典：{'name': '张三', 'snum': 's00001'}
Student 类的所有父类层次：(<class '__main__.Student'>, <class 'object'>)
Student 类的父类：(<class 'object'>,)
```

> **注意：**
> Python 中 Object 类是所有类的基类，所有类均是由 Object 派生出来的。因此，Object 类的父类就是其自身。

10.3.2 方法

方法是类或对象行为特征的抽象，但 Python 方法其实是函数，其定义方式、调用方式和函数都非常相似，因此 Python 方法并不仅仅是单纯的方法，它与函数有很大的关系。

方法可分为实例方法、私有方法、property()函数、方法重载等类型。

（1）实例方法。

实例方法最大的特点就是，最少也要包含一个 self 参数，用于绑定调用此方法的实例对象。实例方法对类的某个给定的实例进行操作，实例方法的语法格式如下。

```
def 方法名(self, [形参 1, 形参 2, …]):
    函数体
```

实例方法通过对象实例调用：

```
对象.方法名([实参 1, 实参 2, …])
```

此外，采用@classmethod 修饰的方法为类方法，最少也要包含一个参数，但类方法中通常将该参数命名为 cls，Python 会自动将类本身绑定给 cls 参数（注意，绑定的不是对象，而是类）。类方法是属于类本身的方法，并不对特定实例进行操作，其语法格式如下。

```
@classmethod
def 方法名(cls, [形参 1, 形参 2, …]):
    函数体
```

```
类名.类方法名([实参 1, 实参 2, …])
```

类方法一般通过类名来访问，也可通过对象实例调用，其语法格式如下。

采用@staticmethod 修饰的方法为静态方法，静态方法与类实例无关，不对特定实例进行操作。静态方法没有类似 self、cls 这样的特殊参数，因此 Python 解释器不会对它包含的参数做任何类或类实例的绑定。也正因为如此，类的静态方法中无法调用任何类属性和类方法。类方法和静态方法的区别在于，Python 会自动绑定类方法的第一个参数 cls，cls 会自动绑定到类本身；但静态方法则不会自动绑定。静态方法的声明格式如下。

```
@staticmethod
def 方法名(cls, [形参 1, 形参 2, …]):
    函数体
```

静态方法一般通过类名来访问,也可通过对象实例调用,其语法格式如下。

```
类名.静态方法名([实参1, 实参2, …])
```

【例10-9】 类的实例方法定义和调用示例。

```
class Student:
    def __init__(self):                       #类构造方法,也属于实例方法
        self.name = "张三"
        self.snum = "s00001"
        print("Student 的构造函数")
    def info1(self):                          #定义了一个 info1()实例方法
        print("正在调用 info1() 实例方法")
    @classmethod                              #定义了一个类方法
    def info2(cls):
        print("正在调用类方法",cls)
    @staticmethod                             #定义了一个静态方法
    def info3(name,snum):
        print("正在调用静态方法姓名:",name,"学号:",snum)

stu1 = Student()
stu1.info1()
Student.info2()                               #使用类名直接调用类方法
stu1.info2()                                  #使用类对象调用类方法
Student.info3("李四","s00002")                #使用类名直接调用静态方法
stu1.info3("王齐","s00003")                   #使用类对象调用静态方法
```

程序运行结果如下。

```
Student 的构造函数
正在调用 info1() 实例方法
正在调用类方法 <class '__main__.Student'>
正在调用类方法 <class '__main__.Student'>
正在调用静态方法姓名: 李四 学号: s00002
正在调用静态方法姓名: 王齐 学号: s00003
```

在实际编程中,几乎不会用到类方法和静态方法,因为使用函数代替它们可以实现想要的功能,但在一些特殊的场景中(例如工厂模式),使用类方法和静态方法也是很不错的选择。

（2）私有方法。

Python 默认的成员函数都是公开的,在 Python 中定义私有方法只需要在方法名前添加双下画线,那么这个方法就会成为私有的,私有的方法只能在类内部访问,不能在类的外部调用。

【例10-10】 类的私有方法定义和调用示例。

```
class Student:
    def __init__(self,name):                  #构造函数
        self.name = name
    def __check_name(self):                   #定义私有方法,检查名字是否为空
        if self.name == '': return 0
```

```
        else: return 1
    def getName(self):
        if self.__check_name(): print(self.name)
        else: print('名字为空值')

stu1 = Student("张三")
stu1.getName()
print(stu1.__check_name())                    #直接访问私有方法,报错
```

程序运行结果如下。

```
张三
AttributeError: 'Student' object has no attribute '__check_name'
```

（3）property()函数。

前面章节中,可以在用"类对象.属性"的方式访问类中定义的属性,但这种做法破坏了类的封装原则。正常情况下,类的属性应该是隐藏的,只允许通过类提供的方法来间接实现对类属性的访问和操作。因此,在不破坏类封装原则的基础上,为了能够有效操作类中的属性,类中应包含读（或写）类属性的多个 getter()（或 setter()）方法,这样就可以通过"类对象.方法（参数）"的方式操作属性。

【例 10-11】　使用 getter()和 setter()方法访问实例属性。

```
class Student:
    def __init__(self, name, age):                #有参构造
        self.name = name
        self.age = age
    #关于 name 属性的 setter()和 getter()方法
    def setname(self, name):
        self.name = name
    def getname(self):
        return self.name
        #关于 age 属性的 setter()和 getter()方法
        def setage(self, age):
            self.age = age
        def getage(self):
            return self.age
        def info(self):
            print("姓名: ", self.getname(), "年龄: ", self.getage())

stu1 = Student("张三", 18)
stu1.info()
stu1.setname("李四")
stu1.setage(20)
stu1.info()
```

程序运行结果如下。

```
姓名: 张三 年龄: 18
姓名: 李四 年龄: 20
```

如例 10-11 所示,如果为每一个属性都提供一个 getter()和 setter(),那么程序会非常

烦琐。因此，在 Python 中为开发者提供了 property() 函数，可以实现在不破坏类封装原则的前提下，让开发者依旧使用"类对象.属性"的方式操作类中的属性。

property() 函数的语法格式如下。

```
property ([fget [, fset [, fdel [, doc]]]])
```

其中，fget 为获取属性值的函数(getter())；fset 为设置属性值的函数(setter())；fdel 为删除属性值的函数；doc 为属性描述信息。

【例 10-12】 使用 property() 函数访问实例属性。

```
class Student:
    def __init__(self,name):                        ＃有参构造
        self.__name = name
    def setname(self,name):                         ＃设置 name 属性值的函数
self.__name = name
    def getname(self):                              ＃访问 name 属性值的函数
        return self.__name
    def delname(self):                              ＃删除 name 属性值的函数
        self.__name = "XXX"
＃为 name 属性配置 property() 函数
name = property(getname, setname, delname, '属性 name 的 property')
stu1 = Student("张三")
＃调用 property 函数访问私有属性
print(stu1.name)                                    ＃调用 getname()方法
stu1.name = "李四"                                  ＃调用 setname()方法
print(stu1.name)
del stu1.name                                       ＃调用 delname()方法
print(stu1.name)
```

程序运行结果如下。

```
张三
李四
XXX
```

(4) 方法重载。

方法重载是面向对象中一个非常重要的概念。如果类中存在多个方法名相同，且参数(个数和类型)不同的成员方法，那么这些成员方法就被重载了。但 Python 是动态语言，所以变量的类型随时可能改变；若在 Python 类中有多个重名，但参数个数/类型不同的方法时，虽然不会报错，但是只有最后一个方法有效，所以 Python 对象方法不支持重载。

【例 10-13】 方法的重载示例。

```
class Student:
    def __init__(self):
        print("Class Student")
    def info(self,name):                            ＃形参个数不同的两个方法
        print("姓名: ", name)
    def info(self,name,age):
        print("姓名: ", name, "年龄: ", age)
```

```
stu1 = Student()
stu1.info("张三","18")
stu1.info("李四")
```

程序运行结果如下。

```
Class Student
姓名：张三 年龄：18
TypeError: info() missing 1 required positional argument: 'age'
```

可以定义一个可实现多种调用的方法，从而实现相当于其他程序设计语言的重载功能。

【例 10-14】 能实现重载功能的方法。

```
class Student:
    def info(self,name = None):
        self.name = name
        if name == None:print("当前姓名为空!")
        else:print("姓名: ", self.name)

stu1 = Student()
stu1.info("张三")
stu1.info()
```

程序运行结果如下。

```
姓名：张三
当前姓名为空!
```

10.4 继承

继承的思想来源于生活。在编程的过程中，如果研究描述猫和狗这两种动物的程序实现，会发现猫和狗这两种动物具有大量类似的公共特性，如姓名和品种，再如获取姓名和品种的方法。如果在后续的编码过程中，需要产生其他多种类似的动物，那么就会产生大量的重复性代码。那有没有一种比较简单的编码方式，能够去解决这种重复代码的问题呢？

根据猫和狗的逻辑关系，即两者都是动物，以及它们都具有大量共性的属性和方法，可以抽取一个公共的类叫作动物类。在这个动物类中，设定猫狗共性的属性和方法。当猫和狗这两个类继承动物类时，猫和狗类称为子类或派生类，动物类称为父类或基类，子类可以直接使用父类当中所提供的开放的成员。当需要产生第三种类型动物的时候，如果它也具有这些之前提取出来的猫狗共性的特征，那么它也可以继承动物类。因此继承可以实现代码的复用，提高编码效率。

继承体现了类与类之间的关系，子类既可以去沿用父类定义的公共成员，也可以新增属于子类自己的一些特有的成员。但是子类只能继承父类的公共成员而不能继承父类的私有成员。

10.4.1 子类

Python 中支持多继承，也就是一个类可以继承多个类，一个类继承父类的语法是：在定义子类时,将父类放在子类之后的圆括号里,若继承多个父类时,父类名之间以逗号分隔。
Python 类继承语法格式如下。

```
class 子类名(父类名1, [父类名2, …]):
    类体
```

其中,如果在定义一个 Python 类时,并未显式指定这个类的直接父类,则这个类默认
继承 object 类,也就是说,object 类是所有类的父类,要么是直接父类,要么是间接父类。

多个类的继承可以形成层次关系,通过类的属性__mro__可以输出其继承的层次关系。

【例 10-15】 类继承示例。

```
class A: pass
class B(A): pass
class C(B): pass
class D(A): pass
class E(B,D):pass

print('类 C 继承的层次关系',C.__mro__)
print('类 E 继承的层次关系',E.__mro__)
```

程序运行结果如下。

```
类 C 继承的层次关系 [<class '__main__.C'>, <class '__main__.B'>, <class '__main__.A'>, <class
'object'>]
类 E 继承的层次关系 (<class '__main__.E'>, <class '__main__.B'>, <class '__main__.D'>, <class
'__main__.A'>, <class 'object'>)
```

子类的构造函数会覆盖对父类的构造函数的继承。如需保持父类构造函数的继承,需
要在子类构造函数中添加对父类的构造函数的调用,其语法格式如下。

```
super().父类方法([参数列表])
```

【例 10-16】 创建父类 Person 和子类 Teacher。

```
#定义父类 Person
class Person:
    def __init__(self):
        print("我是 Person 类")
#定义子类 Teacher
class Teacher(Person):
    def __init__(self):
        Person.__init__(self)
        print("我是 Teacher 类")

teacher = Teacher()
```

程序运行结果如下。

```
我是 Person 类
我是 Teacher 类
```

10.4.2　父类成员的继承

子类可以直接调用父类属性,但需要使用内部函数 super()调用父类方法。super()是一个特殊函数,帮助 Python 将父类和子类关联起来,子类自动从其父类继承方法。其语法格式如下。

```
父类名.__init__(self, [参数列表])
```

【例 10-17】　子类继承父类成员示例。

```
#定义父类 Person
class Person:
    def __init__(self, name, age):              #构造函数
        self.name = name
        self.age = age
    def info(self):                             #类的说明函数
        print("我是 Person 类")
#定义子类 Teacher
class Teacher(Person):
    def class_info(self):
        super().info()                          #子类通过 super()调用父类的方法
        print("我是 Teacher 类")
    def say_info(self):
        print("姓名: ",self.name,"年龄: ",self.age)   #子类直接调用父类的属性

teacher1 = Teacher("张石", 37)                   #实例化子类
teacher1.class_info()
teacher1.say_info()
```

程序运行结果如下。

```
我是 Person 类
我是 Teacher 类
姓名: 张石 年龄: 37
```

10.4.3　父类方法的重写

通过继承,子类继承父类中除构造方法之外的所有成员。如果在子类中重新定义从父类继承的方法,则子类中定义的方法覆盖从父类中继承的方法,即子类重写父类方法。

【例 10-18】　子类重写父类方法示例。

```
class Dimension:                    #定义类 Dimensions
    def __init__(self,x,y):
        self.x = x
        self.y = y
    def area(self):                 #父类的方法 area()
        pass

class Circle(Dimension):            #定义类 Circle
    def __init__(self,r):
        Dimension.__init__(self,r,0)
```

```
    def area(self):                                    #父类方法 area()的重写
        circ_area = 3.14 * self. x * self.x            #圆面积
        print("半径为",self.x,"的圆的面积为:",circ_area)

class Rectangle(Dimension):                            #定义类 Rectangle
    def __init__(self,a,b):
        Dimension.__init__(self,a,b)
    def area(self):                                    #父类方法 area()的重写
        rect_area = self.x * self.y                    #矩形面积
        print("长为",self.x,"宽为",self.y,"的矩形的面积为:",rect_area)

circ = Circle(1)                                       #创建圆
circ.area()
rect = Rectangle(4,6)                                  #创建矩形
rect.area()
```

程序运行结果如下。

```
半径为 1 的圆的面积为: 3.14
长为 4 宽为 6 的矩形的面积为: 24
```

10.5　实践与练习

【实践】　创建党的杰出人物类 Partyelite,并且设计具有导入数据和显示数据相应功能的方法。设计思路如下。

(1) 定义父类 Person,定义带三个参数 name、birthyear、sex 的构造函数,分别用于初始化对应于姓名、出生年月、性别三个参数的实例对象属性。

(2) 通过 getter()定义三个可以访问属性 name、birthyear 和 sex 的实例对象方法。

(3) 定义 Partyelite 类,继承 Person 类。

(4) 在 Partyelite 类中定义带有参数 contributions 的构造函数,用于初始化对应于贡献参数的实例对象属性。

(5) 通过 property()定义可以属性修改、获得 contributions 参数内容的示例对象方法。

(6) 定义用于输出人物信息的方法 showInfo(self)。

```
class Person():
    def __init__(self,name = None,birthyear = None,sex = None):
        self.__name = name
        self.__birthyear = birthyear
        self.__sex = sex
    def getname(self):                                 #访问 name 属性值的函数
        return self.__name
    def getbirthyear(self):                            #访问 birthyear 属性值的函数
        return self.__birthyear
    def getsex(self):                                  #访问 sex 属性值的函数
        return self.__sex

class Partyelite(Person):
    def __init__(self,name = None,birthyear = None,sex = None,contribution = None):
```

```
        Person.__init__(self,name,birthyear,sex)
        self.__contribution = contribution
    def setcontribution(self, val):
        self.__contribution = val
    def getcontribution(self):
        return self.__contribution
    contribution = property(getcontribution, setcontribution)
    def showInfo(self):
        print("姓名:",self.getname(),"出生年份:",self.getbirthyear(),"性别:",self.getsex())
    print("贡献:",self.contribution)

per1 = Partyelite('李大钊',1889,'男','中国共产主义运动的先驱,伟大的马克思主义者,杰出的无
产阶级革命家,中国共产党的主要创始人之一')
per1.showInfo()
#可以修改私有属性contribution的值
per1.contribution = '通过传播马列主义,介绍共产主义宇宙观和社会革命理论并与陈独秀创立了
中国共产党'
per1.showInfo()
```

程序运行结果如下。

```
姓名:李大钊 出生年份:1889 性别:男
贡献:中国共产主义运动的先驱,伟大的马克思主义者,杰出的无产阶级革命家,中国共产党的主要
创始人之一
姓名:李大钊 出生年份:1889 性别:男
贡献:通过传播马列主义,介绍共产主义宇宙观和社会革命理论并与陈独秀创立了中国共产党
```

【练习】　创建数据预处理类 DataPreprocessing,包含导入数据及基本的数据处理和统计信息的方法。DataPreprocessing 类的设计思路如下。

(1) 定义一个带参的构造函数,用于初始化数据。

(2) 定义实例对象方法 addData(self,val),用于添加一个数据。

(3) 定义用于计算数据信息的实例对象方法 showInfo(self),用于统计数据的平均值、最大值和最小值。

(4) 定义用于处理数据噪声的高斯滤波方法 gaussFilter(self,sigema)。

(5) 定义用于数据标准化的实例对象方法 normalization(self),使各指标的数值都处于同一个数量级别上,从而便于不同单位或数量级的指标能够进行综合分析和比较。

小结

1. 类的定义和实例化

(1) 类定义和实例化。

① 类与对象之间的一对多的关系。

② 语法格式。

(2) 构造函数__init__()。

实例化对象时,隐式自动调用了构造方法。

2. 属性和方法

(1) 属性。

① 类属性、实例属性、私有属性、特殊属性。

② 类属性被类的全部实例对象所共有，在内存中只存在一个副本。

③ 实例属性是实例对象特有的，类对象不能拥有。

(2) 方法。

① 实例方法、私有方法、property()函数、方法重载。

② 实例方法的语法格式和用法。

③ property()函数的语法格式和用法。

3. 继承

子类和父类。

① 子类继承父类的语法格式。

② 子类调用父类成员时，利用 super()关键字。

第11章

模块

学习目标：

- 了解模块的基本概念。
- 掌握创建和导入自定义模块。
- 了解包的概念，掌握自定义包的创建。
- 了解常用的第三方模块，掌握下载和导入第三方模块。
- 掌握第三方模块的常用函数。

本章内容将帮助读者掌握 Python 中的模块和包的使用方法和技巧，从而提高代码的复用性和可读性。通过学习，读者将能够创建自定义模块和包，并能够导入和使用第三方模块中的函数和类。同时，读者还将能够应用模块和包的知识，编写更模块化和可维护性更强的程序。

11.1 模块概述

假设开发者已经编写好了一个 Python 函数，能够实现一个特定的功能，并且这个功能在此程序中会被频繁地调用，如果开发者想要在其他 Python 文件中使用这个函数，就需要将这个函数复制到其他文件中，这样会导致代码冗余，难以维护和扩展，模块可以解决这个问题。

在 Python 中，模块是一种组织代码的方式，能够将函数、变量以及其他相关代码组织在一起，形成一个可复用的代码库。Python 中的模块可以看作一个工具箱，里面包含实现某种功能所需的各种工具。类似于建筑工地上的工具箱，其中，包含各种不同的工具，如锤子、螺丝刀、电钻等，每种工具都能够完成不同的任务。在 Python 中，一个模块就相当于一个工具箱，其中包含多个函数，每个函数都能够完成某种特定的任务。

在 Python 中，一个扩展名为 .py 的文件就是一个模块，也就是说，Python 文件可以称为一个模块。通常情况下，会把实现特定功能的代码放在一个文件中，作为一个模块。这个模块可以被其他程序导入并使用。使用模块的好处之一是解决了函数名与变量名冲突的问题。之前学习到，所有的 Python 代码都可以写在一个文件中，但是随着程序功能变得越来越复杂，为了便于维护，需要将代码分成多个文件，这样做可以提高代码的可维护性。此外，使用模块还可以提高代码的可重用性,可以在之后的编程中导入之前编写好的模块来实现相应的功能。

如果程序中包含多个可以复用的函数或类,则通常把相关的函数和类分组包含在单独的模块(module)中。这些提供计算功能的模块称为函数模块,导入并使用这些模块的程序,则称为客户端程序。把计算任务分离成不同模块的程序设计方法,称为模块化编程(modular programming)。使用模块可以将计算任务分解为大小合理的子任务,并实现代码的重用功能。

11.2 自定义模块

在 Python 中自定义模块是指开发者编写并构建的模块。任何由开发者编写的 Python程序都可以作为模块导入,导入后可使用该模块中的所有成员,不需要再重复编写代码,提高了开发效率。同时,自定义模块还能规范代码,方便阅读和维护。

模块设计的一般原则如下。

(1) 先设计 API,再实现模块。

(2) 控制模块的规模,只为客户端提供需要的函数。实现包含大量函数的模块会增加模块的复杂性。

(3) 在模块中编写测试代码,并消除全局代码。

(4) 使用私有函数实现不被外部客户端调用的模块函数。

(5) 通过文档提供模块帮助信息。

11.2.1 创建模块

创建一个自定义模块,需要将相关代码保存在一个 Python 文件中,然后使用该文件的名称作为模块的名称。通常情况下,将一个模块中的所有函数和类定义在同一个文件中,并按照一定的规范进行命名,以便于代码的组织和管理。如例 11-1 所示,创建一个用于换算m/s 和 km/h 的模块。

【例 11-1】 创建一个用于换算速度的模块,命名为 speed.py,其中,speed 为模块名。

```
def Km2M(Km):                                ＃创建 km/h 到 m/s 的函数,传入 km/h
    M = Km * 0.277                           ＃将 km/h 乘 0.277 为 m/s
    print("输入速度为", Km, "千米每小时")      ＃输出
    print("当前速度为", M, "米每秒")           ＃输出
    return M                                  ＃返回 m/s
def M2Km(M):                                  ＃创建 m/s 到 km/h 的函数,传入 m/s
    Km = M * 3.6                              ＃将 m/s 乘 3.6 为 km/h
    print("输入速度为", M, "米每秒")            ＃输出
    Vprint("当前速度为", Km, "千米每小时")      ＃输出
    return Km                                 ＃返回 km/h
```

Python 模块对应于包含 Python 代码的源文件(其扩展名为.py),在文件中可以定义变量、函数和类。在模块中,除了可以定义变量、函数和类之外,还可以包含一般的语句,称为主块(全局语句),当运行该模块或导入该模块时,主块语句将依次执行。

在 Jupyter Notebook 中,需要将待导入的代码文件下载为 py 文件,如图 11-1 和图 11-2 所示。

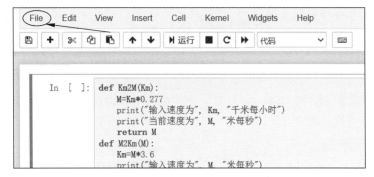

图 11-1　导入文件 1

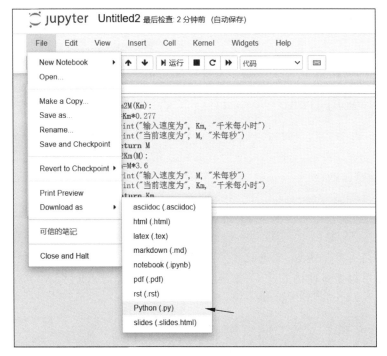

图 11-2　导入文件 2

待文件下载完成后,将该文件与需要调用该模块的文件上传到同一路径下,之后就可以进行模块的调用。

11.2.2　使用 import 语句导入模块

在创建模块,即编写一个 Python 文件之后,就可以使用已经创建的模块。在使用模块中的方法之前需要以模块的形式加载其中的代码,可以使用 import 语句完成。语句语法如下。

```
import 模块名 1 [as 别名 1],模块名 2 [as 别名 2]
```

import 语句可以导入整个模块,包括所有变量、函数和类。当使用该方法时,必须添加模块名或模块名前缀。如例 11-2 所示,使用其他程序导入速度换算模块 speed。

【例 11-2】 导入速度换算模块 speed。

```
In : import speed                    ♯导入模块
     speed.Km2M(1)                   ♯调用模块
Out: 0.277
```

如果模块名字较长,可以使用 as 关键字为其设置一个别名方便记忆,如例 11-3 所示。

【例 11-3】 更改并简化导入方式。

```
In : import speed as s               ♯导入模块并设置别名为 s
     s.Km2M(1)                       ♯调用设置别名的模块
Out: 0.277
```

一次导入多个模块时使用逗号隔开。例如,如果想要使用 speed 模块、hight 模块文件,可以使用下面代码。

```
In : import speed,hight              ♯导入多个模块
```

11.2.3 使用 from…import 语句导入模块

在使用 import 导入模块时,每执行一条 import 语句都会创建一个新的命名空间,并且在该命名空间中执行与 .py 文件相关的所有语句。在执行时,需要在具体的变量、函数前加上模块名称的前缀。而使用 from…import 就可以不用再添加前缀,直接通过具体的变量、函数访问模块。from…import 的语法格式如下。

```
from 模块名 import 成员名
```

其中,成员名可以是函数、变量或者类。如果想要导入全部定义,可以使用 * 。在导入全部定义之后,可以通过使用 dir() 函数显示,例如,执行 print(dir())。

如下三条语句都可以导入模块。

```
In : from speed import Km2M          ♯导入模块函数 Km2M
In : from speed import Km2M,M2Km     ♯导入模块函数 Km2M,M2Km
In : from speed import *             ♯导入 speed 模块所有函数
```

> **注意:**
> 在使用 from…import 导入时,需要保证导入的内容在当前是唯一的,否则会出现冲突,后导入的内容会覆盖先导入的变量、函数和类。如果有重复的名称,需要通过 import 语句进行导入。

创建两个功能类似的模块,使得这两个模块具有相同的函数名称,然后导入这两个包含相同名称的函数的模块。首先创建一个用于求矩形周长的模块,文件名为 rectangle,如例 11-4 所示。

【例 11-4】 创建 rectangle 文件。

```
def Perimeter(width,high):
    return width * 2 + high * 2                      ♯计算矩形边长
```

创建一个用于计算正三角形周长的模块,文件名为 triangle,如例 11-5 所示。

【例 11-5】 创建 triangle 文件。

```
def Perimeter(side):
    return side * 3                              #计算正三角形边长
```

在 Notebook 中创建一个名为 compute 的 ipynb 文件,如例 11-6 所示。将这两个模块使用上述方法导入 compute 文件所在的文件夹中,导入计算三角形和矩形周长的全部定义,然后分别调用计算矩形周长和三角形周长的函数。

【例 11-6】 创建 compute 文件。

```
In : from triangle import *                      #导入三角形模块
     from rectangle import *                      #导入矩形模块
     print("三角形边长为",Perimeter(3))           #输出结果
     print("矩形边长为",Perimeter(3,4))           #输出结果
```

执行后结果如图 11-3 所示。

```
---------------------------------------------------------------------------
TypeError                                 Traceback (most recent call last)
<ipython-input-1-e2e11410714f> in <module>
      1 from triangle import *
      2 from rectangle import *
----> 3 print("三角形边长为",Perimeter(3))
      4 print("矩形边长为",Perimeter(3,4))

TypeError: Perimeter() missing 1 required positional argument: 'high'
```

图 11-3 输出结果

可以看到,在执行输出三角形边长的语句中出现异常,因为当使用 from…import 导入两个具有相同名称的函数时,后者会覆盖前者,所以计算三角形周长的函数被计算矩形周长的函数覆盖了,可以使用 import 语句导入解决这个问题。修改后的代码如例 11-7 所示。

【例 11-7】 修改后的 compute 文件。

```
In : import rectangle                            #导入矩形模块
     import triangle                             #导入三角形模块
     print("三角形边长为",triangle.Perimeter(3))   #输出结果
     print("矩形边长为",rectangle.Perimeter(3,4))  #输出结果
```

执行后将会正确输出。

11.2.4 模块搜索目录

当使用 import 语句导入模块时,会按照以下顺序进行查找。

(1) 在当前目录(即当前 Python 所在的工程目录)下查找。

(2) 在 Python 环境变量下进行查找。

(3) 在 Python 的默认安装目录下查找。

以上目录的位置保存在 sys 模块的 sys.path 变量中,如安装位置为 D 盘,如下代码可以查找具体目录。

```
['D:\\program files\\pycharm\\workspace\\teaching material',
 'D:\\program files\\pycharm\\workspace\\teaching material',
```

```
'D:\\program files\\anaconda\\python37.zip',
'D:\\program files\\anaconda\\DLLs',
'D:\\program files\\anaconda\\lib',
'D:\\program files\\anaconda',
'D:\\program files\\anaconda\\lib\\site-packages',
'D:\\program files\\anaconda\\lib\\site-packages\\win32',
'D:\\program files\\anaconda\\lib\\site-packages\\win32\\lib',
'D:\\program files\\anaconda\\lib\\site-packages\\Pythonwin']
```

如果要导入的模块不在上述目录中，则会显示错误，如图 11-4 所示。

```
---------------------------------------------------------------------------
ModuleNotFoundError                       Traceback (most recent call last)
<ipython-input-3-883cd70e7a86> in <module>
----> 1 import s

ModuleNotFoundError: No module named 's'
```

图 11-4　错误输出

可以通过添加.pth 文件的方法将模块所在位置的目录添加到 sys.path 中来解决上述问题。在 Python 安装目录下的 Lib\site-packages 子目录中创建一个扩展名为.pth 的文件，文件名没有要求，在此创建 mrpath.pth 文件，并在文件中添加需要导入的模块所在的目录。在创建.pth 文件后，需要重新打开需要执行的 Python 文件，否则新添加的目录将不起作用。

> **注意：**
>
> 在添加.pth 文件之前，需要先将导入的模块所在的目录添加到 PYTHONPATH 环境变量中，可以通过在系统环境变量中添加路径来实现。创建.pth 文件的主要作用是将需要导入的模块所在的目录添加到 sys.path 中，使得 Python 能够找到该目录下的模块。另外，添加.pth 文件的方法也只适用于全局范围的导入，如果只需要在某个项目中使用该模块，建议使用虚拟环境等方法来管理依赖。

11.3　Python 中的包

在 Python 中，模块和包是两个重要的概念，它们都是一种组织和管理代码的方式。主要区别如下。

模块：模块是一个包含 Python 定义和语句的文件，可以被其他 Python 程序引用。模块是一个单独的文件，包含 Python 定义、变量、函数和类等。可以使用 import 语句来导入一个模块，并使用其中的变量和函数等内容。

包：包是一种组织 Python 模块的方式，将一个或多个相关的模块组合在一起形成一个目录和子目录的层次结构。包可以看作包含多个模块的文件夹，包含一个名为 __init__.py 的特殊文件。在 __init__.py 中可以定义包级别的变量、函数和类等内容。包的名称就是包含模块的文件夹的名称。

因此，模块和包的主要区别在于模块是一个单独的文件，而包是一个包含多个模块的文件夹，并且包含一个 __init__.py 文件。包可以更好地组织和管理大型项目中的代码，并且可以将相关的模块放在一起。

在 Jupyter Notebook 中,首先要创建文件夹并在其中创建__init__.py 文件,然后将之前的 Python 文件移动到文件夹中,创建自定义包。在使用时和上文类似,有三种方法。

使用 import 语句导入包的代码如例 11-8 所示。

【例 11-8】 使用 import 语句导入包。

```
In : import shape.triangle
     print("三角形周长为",shape.trangle.Perimeter(1))
out: 三角形周长为 3
```

使用 from import 语句导入文件时的代码如例 11-9 所示。

【例 11-9】 使用 from import 语句导入包。

```
In : from shape import triangle
     print("三角形周长为",trangle.Perimeter(1))
out: 三角形周长为 3
```

使用 from import 语句导入文件中的函数的代码如例 11-10 所示。

【例 11-10】 使用 from import 语句导入文件中的函数。

```
In : from shape.trangle import Perimeter
     print("三角形周长为",Perimeter(1))
out: 三角形周长为 3
```

这三种方法都可以正确地调用包中的内容。

11.4 导入其他模块

在 Python 中,除了自定义模块还可以导入其他模块,包括 Python 标准模块和第三方模块。

11.4.1 导入和使用 Python 标准模块

在 Python 中自带了许多很实用的模块,称为标准库。对于标准模块,可以直接使用 import 语句导入使用。random 模块可以生成随机数,如例 11-11 所示。

【例 11-11】 random 生成随机数。

```
In : import random                 #导入模块
     print(random.randint(0,10))   #生成 0～10 随机整型数字
```

除了 random 模块,Python 还提供了 200 多个内置的标准模块,下文介绍常用的标准模块。

(1) sys 模块。

sys 模块代表了 Python 的解释器,主要用于获取和 Python 解释器相关的信息。以下为 sys 模块的常用函数。

sys.argv:获取运行 Python 程序的命令行参数。其中,sys.argv[0]通常指该 Python 程序,sys.argv[1]代表为 Python 程序提供的第一个参数,sys.argv[2]代表为 Python 程序

提供的第二个参数，以此类推。

sys. exit()：通过引发 Syste . Exit 异常来退出程序。将其放在 try 语句块中不能阻止 finally 语句块的执行。

sys. stdin：返回系统的标准输入流——一个文件对象。

sys. stdout：返回系统的标准输出流——一个文件对象。

sys. path：该属性指定 Python 查找模块的路径列表。

sys. version：返回当前 Python 解释器的版本信息。

(2) os 模块。

os 模块代表了程序所在的操作系统，主要用于获取操作系统的相关信息，通过 import os 可以导入 os 模块。以下为 os 模块的常用函数。

os. getcwd()：获取当前的工作路径。

os. listdir(path)：传入任意一个 path 路径，返回的是该路径下所有文件和目录组成的列表。

os. walk(path)：传入任意一个 path 路径，深层次遍历指定路径下的所有子文件夹，返回的是一个由路径、文件夹列表、文件列表组成的元组。

os. path. exists(path)：传入一个 path 路径，判断指定路径下的目录是否存在。若存在返回 True，否则返回 False。

os. mkdir(path)：传入一个 path 路径，创建单层(单个)文件夹。

os. name：返回操作系统名称。

os. environ()：返回当前系统环境变量组成的字典。

os. getpid()：返回当前进程 ID。

os. getppid()：返回当前进程父进程 ID。

(3) time 模块。

time 模块主要包括提供日期、时间功能的函数和类。以下为 time 模块的常用函数。

time. asctime([t])：将时间元组转换为字符串。

time. time：返回从 1970 年 1 月 1 日 0 点到此刻时间过了多少秒。

time. sleep(secs)：暂停 secs 秒。

(4) random 模块。

random 模块用于提供随机数，随机数是随机产生的数据(如抛硬币)，但是计算机无法产生随机值，真正的随机数也是在特定条件下产生的确定值，计算机不能产生真正的随机数，那么伪随机数也就被称为随机数。以下为 random 模块常用函数。

random. seed(a＝None)：Python 中使用随机数种子来产生随机数。

random. random()：生成一个[0.0,1.0)的随机小数。

random. randint(a,b)：生成一个[a,b]的随机整数。

random. randrange(m,n[,k])：生成一个[m,n)以 k(默认为 1)为步长的随机整数。

random. uniform(a,b)：生成一个[a,b]的随机小数。

random. choice(seq)：从序列中随机选择一个元素。

random. shuffle(seq)：将序列 seq 中元素随机排列，返回打乱后的序列。

（5）turtle 模块。

turtle 模块是 Python 标准库中的一个绘图库,可以用来绘制简单的图形、动画和游戏。turtle 模块基于 Tkinter 库,它提供了一个海龟图形,可以控制这个海龟前进、后退、转向、抬起和放下画笔等。以下是 turtle 模块中的几个重要函数和方法。

turtle.setup(width,height,startx,starty)：初始化。

turtle.penup()：抬起画笔。

turtle.pendown()：放下画笔。

turtle.pensize()：设置画笔尺寸。

turtle.pencolor()：设置画笔颜色。

turtle.fd()：朝小乌龟当前方向前进。

turtle.bk()：朝小乌龟当前方向的反方向前进。

turtle.circle(radius,extent)：根据半径 radius 绘制 extent 角度的弧形。

turtle.hideturtle()：绘图结束后隐藏小乌龟。

turtle.clear()：清空画板。

turtle.reset()：清空画板,并让小乌龟回到初始位置。

除了上述标准模块之外,Python 还提供了许多标准模块,可以在 Python 的帮助文档中查看。打开 Python 安装路径下的 Doc 目录,在该目录中的扩展名为 .chm 的文件为 Python 的帮助文档。

11.4.2 模块的实例

下面展示一些 Python 标准模块的用法。

（1）如例 11-12 所示,利用 turtle 模块画北京冬奥会五环,使用该模块中的抬起画笔、放下画笔等函数画出 5 个圆环并写出"BEIJING2022"。

【例 11-12】 turtle 模块绘制北京冬奥会五环。

```python
import turtle

turtle.setup(800, 600)
turtle.speed(0)                          # 速度

# 五环
turtle.penup()                           # 抬起笔
turtle.goto(-70, 60)                     # 去往目标点
turtle.pendown()                         # 落下笔
turtle.pencolor("blue")                  # 设置为蓝色
turtle.pensize(4)                        # 笔粗细为4
turtle.circle(30)                        # 画一个半径为30的圆
turtle.penup()
turtle.goto(0, 60)
turtle.pendown()
turtle.pencolor("black")
turtle.pensize(4)
turtle.circle(30)
turtle.penup()
turtle.goto(70, 60)
```

```
turtle.pendown()
turtle.pencolor("red")
turtle.pensize(4)
turtle.circle(30)
turtle.penup()
turtle.goto( - 35, 25)
turtle.pendown()
turtle.pencolor("yellow")
turtle.pensize(4)
turtle.circle(30)
turtle.penup()
turtle.goto(35, 25)
turtle.pendown()
turtle.pencolor("green")
turtle.pensize(4)
turtle.circle(30)
turtle.penup()
turtle.pencolor("black")
turtle.goto( - 80, - 20)
turtle.write("BEIJING2022", font = ('Arial', 20, 'bold italic'))
turtle.hideturtle()
turtle.done()
```

结果如图 11-5 所示。

图 11-5 输出结果

（2）使用 os 模块画出文件树。

如图 11-6 所示，利用│、├、─和└4 种类型的符号将输入文件夹的目录树画出。代码如例 11-13 所示。

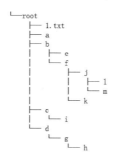

图 11-6 输出结果

【例 11-13】 os 模块文件树。

```
import os

def get_num(path):                          ＃查看当前文件夹下文件数量
    dirlist = os.listdir(path)
    j = 0
    for i in dirlist:
        j += 1
    return j
def print_tree(path, last):
    num = get_num(path)
    if num != 0:                            ＃如果该文件夹下有文件
        dirlist = os.listdir(path)
        j = 0
        for i in dirlist:                   ＃遍历文件
            for k in last:                  ＃判断是否是最后一个文件
                if k == '0':
                    print("   │ ", end = " ")
                else:
                    print("     ", end = " ")
            j += 1
            if j < num:
                print("  ├— ", end = "")
                print(i)
                dir = path + "\\" + i
                if os.path.isdir(dir):
                    print_tree(dir, last + '0')
            else:
                print("  └— ", end = "")
                print(i)
                dir = path + "\\" + i
                if os.path.isdir(dir):
                    print_tree(dir, last + '1')

if __name__ == '__main__':
    path = input("请输入文件夹路径(不含名称): ")
```

```
root = input("请输入文件夹名称: ")
if len(path) == 1:
    path += ':'
print("   └─root")
print_tree(path + "\\" + root,"1")
```

11.4.3　第三方模块的下载与安装

在进行 Python 开发时,除了可以使用内置模块外,还有很多第三方模块可以使用。对于这些第三方模块,可以在官方网站 http://pypi.Python.org/pypi 中找到。在使用第三方模块时,需要先进行下载和安装,然后就可以直接导入并使用该模块。下载和安装第三方模块可以使用 Python 提供的 pip 命令,语法如下。

```
pip < command > [ModuleName]
```

参数如下。

command:用于指定要执行的命令。常用的参数有 install、list 等。

ModuleName:将要安装或者卸载的模块名称。

如果要安装 numpy 模块,可以使用如下命令。

```
pip install numpy
```

在导入多个模块时,推荐优先导入 Python 标准模块。之后导入第三方模块,最后导入自定义模块。

在 cmd 中输入执行语句就可以安装对应的模块。

11.4.4　常见的第三方模块

Python 发展至今,许多第三方模块已经成为 Python 编程时的得力助手,下面列举一些常用的第三方模块。

(1) OpenCV 模块。

OpenCV 是一个基于 Apache 2.0 许可(开源)发行的跨平台计算机视觉和机器学习软件库,可以运行在 Linux、Windows、Android 和 macOS 操作系统上,具有轻量级而且高效的特点——由一系列 C 函数和少量 C++ 类构成,同时提供了 Python、Ruby、MATLAB 等语言的接口,实现了图像处理和计算机视觉方面的很多通用算法。以下为常用的 OpenCV 函数。

cv2. resize():重新定义图像尺寸。

cv2. read():读取图片。

cv2. imwrite():写入图片。

cv2. findContours():图像轮廓检测。

cv2. warpAffine():仿射变换。

cv2. blur():滤波。

cv2. GaussianBlur():高斯滤波。

cv2. medianBlur():中值滤波。

cv2. bilateralFilter()：双边滤波。

cv2. cvtColor()：转换色彩空间。

（2）Matplotlib 模块。

Matplotlib 是 Python 中一个用于绘制数据可视化图表的库，提供了各种绘图工具和 API，可以生成多种类型的图表，包括线图、散点图、柱状图、饼图等。导入时一般将其简称为 plt，下面是 Matplotlib 中几个重要函数和方法。

plt. subplots()：创建子图。

plt. figure()：创建一个新图或者激活一个现有图。

plt. xlim()：获得或者设置图片的 x 轴界限。

plt. title()：添加图表标题。

plt. show()：统计图 GUI 显示。

plt. box(False)：隐藏坐标轴。

（3）pandas 模块。

pandas 是 Python 中一个用于数据处理和分析的库，它提供了高效的数据结构和数据分析工具，包括 Series、DataFrame、数据合并、分组聚合等。pandas 可用于数据清洗、数据预处理、数据分析、数据可视化等领域。下面是 pandas 中几个常用函数。

pandas. Series()：创建 Series 数据类型。

pandas. DataFrame()：创建 DataFrame 数据类型。

pandas. read_csv()：读取 CSV 文件。

pandas. concat()：合并数据。

pandas. groupby()：分组聚合数据。

pandas. plot()：数据可视化。

（4）requests 模块。

requests 是 Python 中一个 HTTP 库，允许发送 HTTP 请求和获取 HTTP 响应，包括 HTTP 的 GET、POST、PUT、DELETE 等方法。requests 可以模拟浏览器的行为，实现模拟登录、爬取网页等功能。下面是 requests 中几个常用函数。

requests. get()：发送 get 请求。

requests. post()：发送 post 请求。

requests. put()：发送 put 请求。

requests. delete()：发送 delete 请求。

requests. head()：发送 head 请求。

requests. request()：发送自定义请求。

（5）scikit-learn 模块。

scikit-learn 是 Python 中一个用于机器学习的库，提供了各种分类、回归、聚类、降维等机器学习算法和工具，同时还提供了数据预处理、数据集划分、交叉验证、模型评估等功能。scikit-learn 可用于数据挖掘、自然语言处理、图像识别、信号处理等领域。下面是 scikit-learn 中几个常用函数。

sklearn. datasets. load_iris()：加载 iris 数据集。

sklearn. linear_model. LinearRegression()：线性回归模型。

sklearn. cluster. KMeans()：K 均值聚类算法。

sklearn. decomposition. PCA()：主成分分析降维算法。

sklearn. model_selection. train_test_split()：数据集划分函数。

sklearn. metrics. accuracy_score()：计算分类准确率。

11.5　实践与练习

【实践】　通过标准库中 random 模块生成符合高斯分布的噪声数据。

高斯噪声是指概率密度函数服从高斯分布(即正态分布)的一类噪声，即某个强度的噪声点个数最多，离这个强度越远噪声点个数越少，并且规律服从高斯分布。使用 random 模块中的 gauss()函数生成符合高斯分布的噪声数据，使用 random. gauss(mu, sigma)函数可以实现，其中，参数 mu 是平均，sigma 是标准偏差，返回随机高斯分布浮点数。

```python
% matplotlib inline
import random                              # 导入 random 模块
import numpy as np                         # 导入 numpy 模块
from matplotlib import pyplot as plt       # 导入 matplotlib 模块

def gauss_noisy(x, y):                     # 生成高斯噪声的函数
    mu = 1                                 # 设置平均值
    sigma = 0.15                           # 设置标准偏差
    for i in range(len(x)):                # 为每个点添加高斯噪声
        x[i] += random.gauss(mu, sigma)
        y[i] += random.gauss(mu, sigma)

if __name__ == '__main__':
    # 在 0~10 的区间上生成 100 个点作为测试数据
    xl = np.linspace(0, 10, 100)
    yl = np.sin(xl)
    # 加入高斯噪声
    gauss_noisy(xl, yl)

    # 画图
    plt.plot(xl, yl, linestyle = '', marker = '.')
    plt.show()
```

上述代码对一组数据增加高斯噪声结果如下，原始数据如图 11-7 所示，添加高斯噪声后的数据如图 11-8 所示。

如果需要为图片增加高斯滤波，可以使用 numpy 库中的 np. random. normal()函数生成图片的高斯滤波。代码如下。

```
output = np.random.normal(loc, scale [, size])
```

其中，三个参数依次为高斯分布的平均值、高斯分布的标准差、输出的随机数据维度。第一个参数对应整个高斯分布的中心；第二个参数对应高斯分布的宽度，scale 值越大，分布越扁平；第三个参数为可选参数，不输入则输出单个值。将原图像与上述函数生成的矩阵相加可以得到高斯噪声的图像。

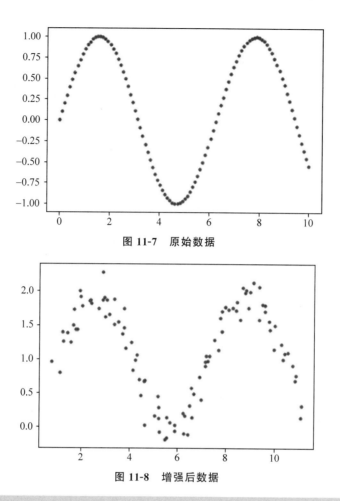

图 11-7 原始数据

图 11-8 增强后数据

```
In : gauss = np.random.normal(0, 0.01 ** 0.5, 3 * 3)
     print(gauss)
```

代码会打印出一个 3×3 的高斯噪声，如图 11-9 所示。

[-0.07929878 0.01599678 -0.17230945 0.13093842 0.18351499 0.10925534
  0.05351378 0.07222678 -0.22848737]

图 11-9 输出结果

【练习】 turtle 绘制冰墩墩。

冰墩墩是北京冬奥会的吉祥物，它成功的形象也是冬奥会成功举办的重要因素之一。冰墩墩是北京冬奥会成功举办的一个重要元素，它的形象为冬奥会的顺利举办和推广做出了积极贡献，也为中国体育文化和形象在世界范围内的推广作出了重要贡献。

在之前的实例中，给出了使用 turtle 模块画出一个奥运五环的图片，在那个实例中，学习了基本的 turtle 的使用方法。在本练习中，请尝试使用 turtle 模块画出一个冰墩墩的形状，如图 11-10 所示。

提示：在作画时，有些部位是重复调用的，如冰墩墩的面罩周围的圆环，可以尝试使用模块将其包装并使用循环的结构重复调用。

图 11-10　冰墩墩效果图

小结

使用模块和包以使代码更模块化，更易于组织和维护。模块也可以看作 Python 中的一种代码组织方式，能够将功能相似的代码放在一起，组成一个独立的、可重复使用的单元。通过将代码模块化，可以轻松地重用和分享代码，提高开发效率。

本章知识点如下。

（1）模块的创建：将一些需要重复使用的功能进行汇总，并将其写入一个 Python 文件中，之后将其重复地调用以节省工作量。

（2）模块的导入：可以使用 import 语句或者 from…import 两种方式进行导入，其中，from…import 在调用时可以省略文件的名称，而 import 在调用时必须使用"文件.函数"的格式，但是可以导入具有相同函数的模块。

（3）包的概念：模块和包的主要区别在于模块是一个单独的文件，而包是一个包含多个模块的文件夹，并且包含一个 __init__.py 文件。创建包的过程与模块类似，只需要创建一个__init__.py 文件。调用过程也和模块类似。

（4）常用的 Python 标准模块：介绍了 sys 模块、os 模块、time 模块、random 模块和 turtle 模块的使用。

（5）常用的第三方模块：介绍了 OpenCV 模块、Matplotlib 模块、pandas 模块、requests 模块、scikit-learn 模块的使用。

异常处理及程序调试

学习目标:

- 了解异常的基本概念,知道为什么会出现异常。
- 了解常用的异常处理语句,并学会如何使用。
- 了解程序调试的方法,并能够进行程序调试。

本章内容将帮助读者掌握 Python 中的异常处理和程序调试技术,从而提高代码的质量和稳定性。通过学习,读者将能够使用异常处理语句和调试工具,解决代码中的各种问题和错误。

12.1 异常概述

在程序运行时,可能会发生多种类型的错误,这些错误被统称为“异常”。当程序员在编写代码时出现错误,导致程序中的某些语句出错,就会出现异常。大多数异常都是由于无效的语法导致的 SyntaxError,这种异常会导致程序无法正常运行。通常情况下,程序运行时会提示语法错误,因此这种异常很容易被发现。但是还有一些异常与使用者的操作有关,这些异常不容易被发现。

【例 12-1】 除数为 0 异常示例:使用者需要输入除数和被除数,程序将会返回两者的计算结果。

```
def division(a,b):
    x = a/b
    print(x)
if __name__ == '__main__':
    a = float(input("请输入被除数"))
    b = float(input("请输入除数"))
    division(a,b)
```

如果使用者在使用时将除数输入为 0,就会出现如图 12-1 所示的异常。

上述异常的原因是算术表达式“1/0”中,0 作为除数出现,所以程序被中断。

Python 中还有许多常见的异常,如表 12-1 所示。

请输入被除数1
请输入除数0

```
------------------------------------------------------------------------
ZeroDivisionError                        Traceback (most recent call last)
<ipython-input-1-2b15a6a14f54> in <module>
      6        a=float(input("请输入被除数"))
      7        b=float(input("请输入除数"))
----> 8        division(a,b)

<ipython-input-1-2b15a6a14f54> in division(a, b)
      1 def division(a,b):
----> 2        x=a/b
      3        print(x)
      4
      5 if __name__=='__main__':

ZeroDivisionError: float division by zero
```

图 12-1　输出结果

表 12-1　Python 中常见的异常

错 误 名 称	错 误 原 因
NameError	尝试访问没有声明的变量
IndexError	索引超出序列范围引发的错误
IndentationError	缩进错误
ValueError	传入的值错误
KeyError	请求一个不存在的字典关键字引发的错误
IOError	输入输出错误
AttributeError	尝试访问未知的对象属性引发的错误
TypeError	类型不合适引发的错误
MemoryError	内存不足
ZeroDivisionError	除数为 0 的错误

12.2　异常处理语句

12.2.1　try…except 语句

在 Python 中,提供了 try…except 语句捕获并处理异常。在使用的时候,把可能产生异常的代码放到 try 语句的语句块中,把处理结果放在 except 语句块中,这样当 try 语句块中出现错误之后,就会指向 except 语句块中的内容;反之,如果 try 没有错误,那么 except 语句将不会执行。语法如下。

```
try:
    Block1
except [ExceptionName [as alias]]:
    Block2
```

Block1 是可能出现错误的语句,ExceptionName [as alias]为可选参数,用于指定要捕获的异常,ExceptionName 表示要捕获的异常名称,其右侧加上[as alias],则表示为当前的异常指定一个别名,通过该别名,可以记录异常的具体内容。如果选择不加 ExceptionName,则会捕获全部异常。Block2 表示进行异常处理的代码块,可以输出固定的提示信息,也可以通过别名输出异常的具体内容。当使用 try…except 时,程序出错后将会输出错误信息,继续执行后面的代码。对例 12-1 进行修改,如例 12-2 所示。

【例 12-2】 修改例 12-1,增加 expect。

```
def division(a,b):
    x = a/b
    print(x)
if __name__ == '__main__':
    a = float(input("请输入被除数"))
    b = float(input("请输入除数"))
    try:                              #异常处理语句
        division(a,b)                 #调用函数
    except ZeroDivisionError:
        print("错误,除数不能为 0")
```

这时,如果除数输入为 0,就不会抛出异常。如果需要多种异常的抛出,可以在后面继续添加自己需要的错误 except 语句块。

12.2.2 try…except…else 语句

```
try:
    Block1
except [ExceptionName [as alias]]:
    Block2
else:
    Block3
```

上面的格式也是 Python 中的一种异常处理结构,它是在 try…except 的基础上增加了一个 else 子句,用于指定当 try 语句块中没有发现异常时要执行的语句。当 try 语句块发生异常时,将不会执行 else 语句块中的内容。对上文中的例子进行修改,如例 12-3 所示。

【例 12-3】 修改例 12-2,增加 else。

```
def division(a,b):
    x = a/b
    print(x)
if __name__ == '__main__':
    a = float(input("请输入被除数"))
    b = float(input("请输入除数"))
    try:                              #异常处理语句
        division(a,b)                 #调用函数
    except ZeroDivisionError:
        print("错误,除数不能为 0")
    else:
      print("运行成功")
```

执行代码时,将会输出"运行成功"。

12.2.3 try…except…finally 语句

try…except…finally 也是一种异常处理语句,完整的异常处理语句应该包含 finally 代

码块,无论有无异常产生,finally 代码块都会被执行。基本格式如下。

```
try:
    Block1
except [ExceptionName [as alias]]:
    Block2
finally:
    Block3
```

相较于 try…except,try…except…finally 只是多了一个 finally 语句块,如果有任何时候都要执行的语句块,则将其放到 finally 语句块中执行。如果 try 中分配了比较珍贵的资源,则应该在 finally 语句块中释放这些资源。进一步修改示例,如例 12-4 所示。

【例 12-4】 修改例 12-3,增加 finally。

```
def division(a,b):
    x = a/b
    print(x)
if __name__ == '__main__':
    a = float(input("请输入被除数"))
    b = float(input("请输入除数"))
    try:                              #异常处理语句
        division(a,b)                 #调用函数
    except ZeroDivisionError:
        print("错误,除数不能为 0")
    else:
        print("运行成功")
    finally:
        print("进行了一次除法")
```

执行代码会输出"运行成功""进行了一次除法"。

至此已经介绍了 try…except,try…except…else,try…except…finally 的异常处理语句,图 12-2 为语句的不同子句的处理关系。

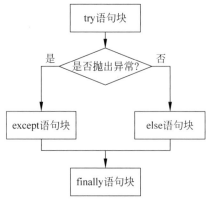

图 12-2　语句流程图

12.2.4　使用 raise 语句抛出异常

如果某个函数可能会产生异常,但并不想在当前函数中处理它,就要使用 raise 语句进

行处理,格式如下。

```
raise [ExceptionName[(reason)]]
```

其中,ExceptionName[(reason)]为可选部分,用于指定抛出的异常名称以及相关信息。如果省略,将会把错误原样抛出。(reason)也可以省略,如果省略,则不附带任何描述信息。

修改上文示例,设置条件,除数不能为 0,代码修改后如例 12-5 所示。

【例 12-5】　增加条件,使除数不能为 0。

```
def division(a,b):
    if a == 0:
        raise ValueError("被除数不能为 0")        #raise 语句
    x = a/b
    print(x)
if __name__ == '__main__':
    a = float(input("请输入被除数"))
    b = float(input("请输入除数"))
    try:                                           #异常处理语句
        division(a,b)                              #调用函数
    except ZeroDivisionError:
        print("错误,除数不能为 0")
    else:
        print("运行成功")
    finally:
        print("进行了一次除法")
```

结果如图 12-3 所示。

```
请输入被除数0
请输入除数1
进行了一次除法
--------------------------------------------------------------------
ValueError                        Traceback (most recent call last)
<ipython-input-5-85a4fc39a874> in <module>
      9        b=float(input("请输入除数"))
     10        try:
---> 11            division(a, b)
     12        except ZeroDivisionError:
     13            print("错误，除数不能为0")

<ipython-input-5-85a4fc39a874> in division(a, b)
      1 def division(a,b):
      2        if a==0:
----> 3            raise ValueError("被除数不能为0")
      4        x=a/b
      5        print(x)

ValueError: 被除数不能为0
```

图 12-3　输出结果

在使用 raise 时,要尽量选择合理的异常对象,在上文例子中,处理的是值异常,所以不会抛出其他种类的异常。

12.3　程序调试

在程序开发中,出现错误是无法避免的,即使不断地进行软件测试,也无法消除全部的问题。错误有语法方面也有逻辑方面,语法错误会导致程序直接停止,所以很容易发现,但

是逻辑错误不会造成程序的停止，只会输出错误的结果。在解决逻辑错误问题时，程序调试方法显得至关重要。

12.3.1 使用 Jupyter Notebook 程序调试

首先需要导入 pdb 模块，导入后在需要进行调试的代码设置断点 pdb. set_trace()。运行代码块出现如图 12-4 所示界面。

```
In [*]:  import pdb
         pdb. set_trace()
         def division(a, b):
             x=a/b
             print(x)

         if __name__=='__main__':
             a=float(input("请输入被除数"))
             b=float(input("请输入除数"))
             division(a, b)

--Return--
> <ipython-input-1-3ea7cbace58a>(2)<module>()->None
-> pdb. set_trace()

(Pdb) |
```

图 12-4　输出结果

然后在命令行中输入调试命令，命令如表 12-2 所示。

表 12-2　调试命令

完 整 命 令	简 写 命 令	描　　　述
args	a	打印当前函数的参数
break	b	设置断点
clear	cl	清除断点
condition	无	设置条件断点
continue	c 或者 cont	继续运行，直到遇到断点或者脚本结束
disable	无	禁用断点
enable	无	启用断点
help	h	查看 pdb 帮助
ignore	无	忽略断点
jump	j	跳转到指定行数运行
list	l	列出脚本清单
next	n	执行下条语句，遇到函数不进入其内部
p	p	打印变量值，也可以用 print
quit	q	退出 pdb
return	r	一直运行到函数返回
tbreak	无	设置临时断点，断点只中断一次
step	s	执行下一条语句，遇到函数进入其内部
where	w	查看当前代码执行位置
!	无	在 pdb 中执行语句

输入 b 4，也就是在第 4 行设置断点，之后输入 b 10，在第 10 行设置断点，设置后如图 12-5 所示。

在设置断点后输入 b 可以查看当前程序所有的断点状态，Num 为断点的序号，Where 为断点的位置，如图 12-6 所示。

```
In [*]:  import pdb
         pdb.set_trace()
         def division(a, b):
             x=a/b
             print(x)

         if __name__=='__main__':
             a=float(input("请输入被除数"))
             b=float(input("请输入除数"))
             division(a, b)

         --Return--
         > <ipython-input-1-3ea7cbace58a>(2)<module>()->None
         -> pdb.set_trace()
         (Pdb) b 4
         Breakpoint 1 at <ipython-input-1-3ea7cbace58a>:4
         (Pdb) b 10
         Breakpoint 2 at <ipython-input-1-3ea7cbace58a>:10

         (Pdb) |
```

图 12-5　输出结果

```
(Pdb) b
Num Type         Disp Enb  Where
1   breakpoint   keep yes  at <ipython-input-1-3ea7cbace58a>:4
2   breakpoint   keep yes  at <ipython-input-1-3ea7cbace58a>:10

(Pdb) |
```

图 12-6　输出结果

输入 c 后程序会继续执行直到结束或遇到下一个断点,如图 12-7 所示。

输入 p a,p b 就可以查看 a、b 变量的值,如图 12-8 所示。

```
(Pdb) c
请输入被除数9
请输入除数3
> <ipython-input-1-3ea7cbace58a>(10)<module>()->None
-> division(a, b)
(Pdb) |
```

图 12-7　输出结果

```
(Pdb) p a
9.0
(Pdb) p b
3.0
(Pdb) |
```

图 12-8　输出结果

输入 n 可以执行下一步,但是不会进入函数内部,而 s 则可以进入函数内部。输入 a 可以将参数打印出来。

12.3.2　使用 assert 语句调试程序

在程序开发过程中,除了排除异常外,还可以使用 print 函数来调试程序。通过在代码中添加 print 语句并将关键变量的值输出到控制台,程序员可以查看程序在运行时的状态,并且在程序发生错误时可以更容易地定位错误。

然而,使用 print 语句调试程序也有一些缺点,输出的信息可能会产生大量的垃圾信息,需要手动删除,这会导致调试过程变得复杂和耗时。此外,在某些情况下,程序的输出可能会被其他输出信息淹没,从而使程序员难以分辨。

Python 提供了另一种调试程序的方法,那就是使用 assert 语句。assert 语句的输出信息比 print 语句更加清晰、易于理解。assert 语句用于检查程序中的某个条件是否为真,如果不为真,则会引发 AssertionError 异常。通过在代码中添加 assert 语句,程序员可以在开发过程中及时发现问题并解决问题。

assert 的中文意思是断言,用于对程序某个时刻必须满足的条件进行验证,语法如下。

```
assert expression [,reason]
```

其中，expression 是条件表达式，如果表达式的值为真，什么都不用做，否则抛出 AssertionError 异常；reason 是可选参数，用于对判断条件进行描述。修改上文示例，如例 12-6 所示。

【**例 12-6**】 使用 assert 语句。

```
def division(a,b):
    assert a != 0,"被除数不能为 0"
    x = a / b
    print(x)
if __name__ == '__main__':
    a = float(input("请输入被除数"))
    b = float(input("请输入除数"))
    division(a,b)
```

将会输出如图 12-9 所示结果。

```
AssertionError                              Traceback (most recent call last)
<ipython-input-6-73207a7bd287> in <module>
      7     a=float(input("请输入被除数"))
      8     b=float(input("请输入除数"))
----> 9     division(a, b)

<ipython-input-6-73207a7bd287> in division(a, b)
      1 def division(a,b):
----> 2     assert a!=0,"被除数不能为0"
      3     x=a/b
      4     print(x)
      5

AssertionError: 被除数不能为0
```

图 12-9　输出结果

通常情况下，assert 可以和异常处理语句结合使用，这样程序将不会直接抛出异常，如例 12-7 所示。

【**例 12-7**】 assert 和异常处理语句结合使用。

```
In : def division(a,b):
        assert a != 0,"被除数不能为 0"
        x = a / b
        print(x)
     if __name__ == '__main__':
        a = float(input("请输入被除数"))
        b = float(input("请输入除数"))
        try:
            division(a,b)
        except AssertionError as e:
            print("错误,",e)
out: 请输入被除数 0
     请输入除数 1
     错误,被除数不能为 0
```

assert 语句只在调试结果有效，可以通过执行 Python 命令时加入-O 关闭 assert 语句。语句如下。

```
Python - O main.py
```

在通过这种方法运行后，将不会出现错误提示，如图 12-10 所示。

图 12-10　输出结果

12.4　实践与练习

【实践】　在第 11 章的生成目录树的代码中，并没有加入异常抛出，如果输入一个不存在的文件夹或者文件夹路径格式错误，将会出现如图 12-11 所示的错误。错误会直接导致程序异常并结束，结合本章的异常抛出，修改代码。

```
请输入文件夹路径（不含名称）: D
请输入文件夹名称: r
    └──r

─────────────────────────────────────────────────────────────
FileNotFoundError                              Traceback (most recent call last)
<ipython-input-14-5db27e098a15> in <module>
     39          path+=':'
     40      print("   └──"+root)
───> 41      print_tree(path+"\\"+root,"1")

<ipython-input-14-5db27e098a15> in print_tree(path, last)
      9
     10 def print_tree(path,last):
───> 11      num=get_num(path)
     12      if num!=0:
     13          dirlist = os.listdir(path)

<ipython-input-14-5db27e098a15> in get_num(path)
      2
      3 def get_num(path):
───> 4      dirlist = os.listdir(path)
      5      j=0
      6      for i in dirlist:

FileNotFoundError: [WinError 3] 系统找不到指定的路径。: 'D:\\r'
```

图 12-11　输出结果

在主函数中增加异常抛出，更改代码如下。

```python
import os

def get_num(path):
    dirlist = os.listdir(path)
    j = 0
    for i in dirlist:
        j += 1
    return j
def print_tree(path, last):
    num = get_num(path)
    if num != 0:
        dirlist = os.listdir(path)
        j = 0
        for i in dirlist:
            for k in last:
                if k == '0':
                    print("  |",end = " ")
                else:
```

```
                print("    ", end = "")
            j += 1
            if j < num:
                print("  ├— ", end = "")
                print(i)
                dir = path + "\\" + i
                if os.path.isdir(dir):
                    print_tree(dir,last + '0')
            else:
                print("  └— ", end = "")
                print(i)
                dir = path + "\\" + i
                if os.path.isdir(dir):
                    print_tree(dir,last + '1')
if __name__ == '__main__':
    path = input("请输入文件夹路径(不含名称): ")
    root = input("请输入文件夹名称: ")
    if len(path) == 1:
        path += ':'
    print("  └—" + root)
    try:                    ♯在此处增加异常处理语句
        print_tree(path + "\\" + root,"1")
    except FileNotFoundError:
        print("文件路径错误,没有该路径")
```

在增加文件未找到的异常抛出后,再次输入不存在的路径,结果如图 12-12 所示,可以看到异常被抛出。

请输入文件夹路径(不含名称): D
请输入文件夹名称: r
　└─r
文件路径错误,没有该路径

图 12-12　输出结果

【练习】

下面完成一个程序,输入你所在的省/市的博物馆数量,之后输入人数(数据如表 12-2 所示),计算人均博物馆数量。注意,在进行计算的时候涉及除法的操作,为除法加上异常抛出的语句使其遇到除数为 0 的情况的时候能够正常地结束运行。同时,增加传入值错误的异常抛出,使得在输入整数的时候输入一个字符能够正常运行而不会错误结束。

表 12-2　各省博物馆数量

省/市	博物馆数量/个	人口数量/万人
北京市	167	2184.3
天津市	69	1363
河北省	174	7420
山西省	197	3481.35
内蒙古自治区	173	2401.17
辽宁省	117	4197
吉林省	104	2347
黑龙江省	213	3099
上海市	128	2475.89
江苏省	335	8515

省/市	博物馆数量/个	人口数量/万人
浙江省	420	6577
安徽省	234	6127
福建省	142	4188
江西省	179	4527.98
山东省	623	10162.79
河南省	384	9872
湖北省	234	5844
湖南省	174	6604
广东省	367	12656.8
广西壮族自治区	123	5047
海南省	37	1027.02
重庆市	121	3213.3
四川省	367	8374
贵州省	138	3856
云南省	169	4693
西藏自治区	12	366
陕西省	323	3956
甘肃省	232	2492
青海省	41	595
宁夏回族自治区	69	725
新疆维吾尔自治区	101	2587

在程序运行过程中加入调试的步骤,当输入完成之后,进行程序调试,观察在输入过程中每一个变量的值的变化。

小结

异常处理是编程中的一种重要技术,用于处理程序运行时可能出现的异常情况。当程序在运行时出现异常,如果没有进行处理,程序就会崩溃或者运行错误,导致程序无法继续执行。而异常处理就是为了解决这种问题而设计的机制。

本章知识点如下。

(1) 异常处理语句:异常处理语句有 try…except 语句,try…except…else 语句以及 try…except…finally 语句。其中,try…except 语句可以将错误抛出,try…except…else 语句可以在运行正常的时候输出,而 try…except…finally 语句无论是否异常均可运行完整程序。

(2) 程序调试:在程序的运行过程中,清楚地了解每一个变量在每一步的数值,就可以对程序的运行有着更加清晰的认知,从而可以更好地修改、理解程序,而查看每一步变量的具体内容就是程序调试。

使用 Jupyter Notebook 程序调试的步骤如下。

① 导入模块 import pdb。

② 导入后设置断点 pdb. set_trace()。

③ 输入调试命令进行调试。

（3）使用 assert 语句调试程序：将 assert expression［,reason］语句添加到程序中，将会判断条件并产生输出。虽然 print 函数输出也有着同样的功能，但是使用 assert 语句只需要关闭调试就可以避免输出，从而不会出现 print 函数调试时出现的程序杂乱、冗余信息多等问题。该语句常和异常抛出语句一起使用，在 except 后替换为 AssertionError 就可以在抛出语句时输出 assert 中的内容。

第 13 章

文件与目录操作

学习目标：

- 理解文件和保存数据的概念。
- 掌握文件的目录操作。
- 掌握文件的读、写和更新操作。
- 掌握 with 语句用法，避免"资源泄露"。

内存中存放的数据在计算机关机后就会消失，如果需要将数据保存起来以便以后使用，需要将数据存储到硬盘、光盘、U 盘等设备。为了便于数据的管理和检索，引入了"文件"的概念。文件是以计算机硬盘为载体存储在计算机上的数据集合，一张图片、一个文档、一个可执行程序，都可以被保存为一个文件。一个计算机系统中有成千上万个文件，为了便于对文件进行存取和管理，操作系统引入了目录（目录也叫文件夹）机制。目录是一种特殊的文件，存储的内容是一张表，该表包含该目录文件下所有文件名和其文件物理地址之间的映射关系。在 Windows 操作系统中，可以把文件放在不同的文件夹中，文件夹中还可以嵌套文件夹；双击一个文件夹，会显示该文件夹下的文件和文件夹。

13.1 文件的定义

在 Linux 中有一句经典描述：一切皆文件。文件是以计算机硬盘为载体存储在计算机上的信息集合，以便信息的长期存储及将来访问。文件可以是文本文档、图片，也可以是视频、程序等。根据系统对文件的处理方式可将文件分为三类。

（1）普通文件：存放于外部存储器中，由 ASCII 码或二进制码组成的字符文件。一般存放程序、数据等，绝大部分处理的文件就是普通文件。

（2）目录文件：用来存放文件的目录，通过目录文件可以对其他文件的信息进行检索。由于目录文件也是由字符序列构成，因此可对目录文件进行与普通文件一样的文件操作。

（3）特殊文件：特指系统中的各类输入/输出设备。为了便于统一管理，系统将所有的输入/输出设备都视为文件，按文件方式提供给用户使用。例如，磁盘、光盘和打印机等。

根据数据在文件中的逻辑存储结构，文件又可分为以下两类。

（1）文本文件：基于字符编码的文件，常见的编码有 ASCII 编码、Unicode 编码等。若一个文件中没有包含文本字符外的其他数据，就认为它是一个文本文件。文本文件可以直接使用文字处理程序(如记事本、NotePad＋＋)打开并正常阅读，例如，txt 文件、py 文件。

（2）二进制文件：由比特 0 和 1 组成，没有统一字符编码。计算机中的图像、视频、数据库、可执行文件等都属于二进制文件，这类文件不能直接使用文字处理程序正常读写，例如，jpg 文件需要图像查看器，mp4 文件需要播放器才能打开。

13.2 目录操作

在终端中可以执行常规的目录管理操作，例如，创建、重命名、删除、改变路径、查看目录内容等。在 Python 中如果希望通过程序实现上述功能，需要导入 os 模块。常见的目录操作函数如表 13-1 所示。

表 13-1 目录操作

目录操作	示例
os. listdir(path)/os. walk(path)	获取目录下的文件和文件夹
os. mkdir(path)/os. makedirs(path)	创建目录
os. rmdir(path)/os. removedirs(path)	删除目录
os. getcwd()	获取当前工作目录
os. chdir(path)	跳转工作目录
os. path. exists(path)	判断路径 path 是否存在
os. path. isdir(path)	判断是否为目录
os. path. isfile(path)	判断是否为文件
os. path. splitext(path)	分离文件名和扩展名
os. path. abspath(path)	将相对路径转换为绝对路径
os. path. join(path1,path2[,path3,…])	路径拼接

下面将仔细介绍这些目录操作功能。

13.2.1 文件路径

关于文件，它有两个关键属性，分别是"文件名"和"路径"。其中，文件名指的是为每个文件设定的名称，而路径则用来指明文件在计算机上的位置。标准的 DOS 路径如图 13-1 所示，可由以下三部分组成。

（1）卷号或驱动器号，后跟卷分隔符(:)。

（2）目录名。目录分隔符(/或\)用来分隔嵌套目录层次结构中的子目录。

（3）可选的文件名。目录分隔符(/或\)用来分隔文件路径和文件名。

图 13-1 路径格式

例如，在 Windows 中，D 盘下 study 文件夹中 Python 子文件夹有一个文本文件"demo. txt"，该文本文件的路径是"D:\study\Python\demo. txt"。

（1）当前工作目录。

在文件系统中，每访问一个文件，都要从根目录开始，逐级访问中间目录名的全路径名，直到找到文件为止。这是相当麻烦的事，基于这一点，可为每个程序设置一个"当前目录"，又称为"工作目录"。程序对各文件的访问都相对于"当前目录"而进行。此时各文件所使用的路径名，只需从当前目录开始，逐级经过中间的目录文件，最后到达要访问的数据文件。当前目录即当前用户或正在使用的目录。每个运行在计算机上的程序，都有一个"当前工作目录"。

在 Python 中，利用 os.getcwd() 函数可以取得当前工作路径的字符串，还可以利用 os.chdir(path) 改变它，如果使用 os.chdir(path) 修改的工作目录不存在，Python 解释器会报错，如图 13-2 所示。

```
>>> import os
>>> os.getcwd()
'C:\\Windows'
>>> os.chdir('D:\\python')
>>> os.getcwd()
'D:\\python'
>>> os.chdir('D:\\error')
Traceback (most recent call last):
  File "<stdin>", line 1, in <module>
FileNotFoundError: [WinError 2] 系统找不到指定的文件。: 'D:\\error'
```

图 13-2 当前工作目录示例

（2）绝对路径和相对路径。

明确一个文件所在的路径，有以下两种表示方式。

① 绝对路径。绝对路径是指文件在硬盘上真正存在的路径。绝对路径是从根文件夹开始，Window 系统中以驱动器号（C:、D:）作为根文件夹，在 macOS 或者 Linux 系统中以"/"作为根文件夹。

② 相对路径。相对路径指的是文件相对于当前工作目录所在的位置。例如，当前工作目录为"D:\Python"，若文本文件 demo.txt 就位于这个 Python 文件夹下，则 demo.txt 的相对路径表示为"./demo.txt"。其中，在相对路径里，使用"./"表示当前目录、"../"表示上一级目录、"../../"表示上上一级目录。

特别地，绝对路径是指可以从这个路径上查找文件夹，不管是从外部或内部存取。而相对路径则是与它本身相关的其他文件的路径，因而只能在内部存取。

在 Python 中，利用 os.path.exists(path) 函数可以判断 path 路径是否存在，若存在则返回 true。os.path.abspath(path) 可以返回 path 参数的绝对路径的字符串，这是将相对路径转换为绝对路径的简便方法。

【例 13-1】 将图 13-3 文件结构中的相对路径转换为绝对路径。

```python
import os
def toDir(curpath, paths):
    os.chdir(curpath)                        # 跳转工作目录
    for path in paths:
        abspath = os.path.abspath(path)      # 将相对路径转换为绝对路径
        isExists = os.path.exists(abspath)   # 判断路径是否存在
        if isExists:
            print('相对路径: ', path, ' ----- ', '绝对路径: ', abspath)
        else:
```

```
                print('目录路径转换错误')

curpath = 'D:/demo/book'
print('当前工作环境', curpath)
paths = ['../../', '../', './', '', './examples', '../picture', '../
        picture/face.jpg', '/']
toDir(curpath, paths)
```

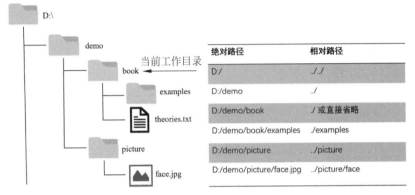

图 13-3　相对路径和绝对路径的示例

程序的运行结果如下。

```
当前工作环境 D:/demo/book
相对路径:../../    -----    绝对路径:D:\
相对路径:../    -----    绝对路径:D:\demo
相对路径:./    -----    绝对路径:D:\demo\book
相对路径:    -----    绝对路径:D:\demo\book
相对路径:./examples    -----    绝对路径:D:\demo\book\examples
相对路径:../picture    -----    绝对路径:D:\demo\picture
相对路径:../picture/face.jpg    ------    绝对路径:D:\demo\picture\face.jpg
相对路径:/    -----    绝对路径:D:\
```

13.2.2　目录的创建与删除

(1) 创建目录。

Python 可以使用 os.mkdir(path) 和 os.makedirs(path) 两种方法来创建目录。os.mkdir(path)创建一层目录,如果要创建的目录 path 有多级,并且最后一级目录的上级目录存在,则创建最后一级,如果最后一级目录的上级目录不存在,则会抛出一个异常;os.makedirs(path)创建多层目录,如果子目录创建失败或者已经存在,会抛出一个异常。其中,path 可以是相对或者绝对路径。

【例 13-2】　创建目录示例。

```
import os
def create_mkdir(path):                        #创建一级目录
    isExists = os.path.exists(path)
    if not isExists:                           #目录不存在
        os.mkdir(path)                         #创建单级目录操作函数
```

```
            print(path + '创建成功')
        else:                                        #目录存在
            print(path + '目录已存在')
def create_makedirs(path):                           #创建多级目录
    isExists = os.path.exists(path)
    if not isExists:
        os.makedirs(path)                            #创建多级目录操作函数
        print(path + '创建成功')
        else:
            print(path + '目录已存在')

create_mkdir('time')
create_makedirs('time/year/month')
create_mkdir('hello/hi')                             #此时 hello 目录不存在,报错
```

程序的运行结果如下。

```
time 创建成功
time/year/month 创建成功
FileNotFoundError: [Errno 2] No such file or directory: 'hello/hi'
```

（2）删除目录。

Python 可以使用 os. rmdir（path）和 os. removedirs（path）两种方法来删除目录。os. rmdir（path）删除单个目录；os. removedirs（path）函数递归删除多级目录，即子文件夹成功删除后,才尝试删除其父文件夹。

> **注意:**
>
> os. rmdir（）和 os. removedirs（）只能删除空目录（里面只能有空文件夹）,否则将会报错。

【例 13-3】 删除目录示例。

```
import os
os.makedirs('./time/year/month/day')    #创建目录 time/year/month/day
print("移除 day 目录前时 time/year/month 下的目录为:",os.listdir('./time /year/month'))
                                        #列出移除前的目录
os.rmdir("./time/year/month/day")       #删除'day'目录
print("删除单个目录 day 后的 time/year/month 下的目录为 :",os.listdir ('./ time/year/month'))
os.removedirs("./time/year/month")      #删除'time'整个目录
#删除'time'目录后,已经没有 time 文件夹,此时程序报错
print("移除 time 目录后的 time 下的目录为 :",os.listdir('time'))
```

程序的运行结果如下。

```
移除 day 目录前时 time/year/month 下的目录为: ['day']
删除单个目录 day 后的 time/year/month 下的目录为 : []
FileNotFoundError: [Errno 2] No such file or directory: 'time'
```

可以看出,经 os. rmdir（". /time/year/month/day"）函数处理后,系统中 time/year/month 文件夹下面的 day 文件夹被删除；经 os. removedirs（". /time/year/month"）函数处理后,系统中的 time 文件夹以及 time 文件夹下面的文件夹均已被删除。

13.2.3　获取目录下文件列表

Python 中扫描目录有两种方法：os. listdir(path) 和 os. walk(path)。os. listdir(path) 用于返回指定目录 path 下包含子目录或者非子目录的文件名，不包括子目录中的文件。当一个目录下面既有目录也有文件，使用递归方法，os. listdir(path) 可以得到指定目录 path 下的所有文件目录。

【例 13-4】　以图 13-3 中的文件结构为例，利用 os. listdir(path)获取文件列表。

```
import os
list_dir = os.listdir('demo')                    #os.listdir()只显示单级文件
print('demo目录下的单级文件', list_dir)
print('<><><><><><><><><><><>')                 #分隔
def list_dir(file_dir):                          #通过递归实现os.listdir()显示所有文件
    dir_list = os.listdir(file_dir)
    for cur_file in dir_list:
        #获取文件的路径
        '''os.path.join(path1,path2[,path3....])用于路径拼接文件路径,可以传入多个路径'''
        path = os.path.join(file_dir, cur_file)
        print('路径',path)
        if os.path.isdir(path):                  #如果path为目录
            list_dir(path)                       #递归子目录
path = 'demo'
list_dir(path)
```

程序的运行结果如下。

```
demo目录下的单级文件 ['picture', 'book']
<><><><><><><><><><><>
路径 demo/picture
路径 demo/picture/face.jpg
路径 demo/book
路径 demo/book/theories.txt
路径 demo/book/examples
```

os. walk(path)是一个简单易用的文件、目录遍历器，可以返回指定目录 path 下包含的所有文件目录。os. walk(path)返回的是一个三元组(root, dirs, files)。其中，root 所指的是 path 的路径；dirs 是一个 list，内容是 path 路径下的文件夹的名字；files 同样是 list，内容是 path 路径下文件夹以外的其他文件。

【例 13-5】　以图 13-3 中的文件结构为例，利用 os. walk(path)获取文件列表。

```
import os
def work_dir(file_dir):                          #获取demo目录下的所有文件
    for root, dirs, files in os.walk(file_dir):
        print("当前目录",root,"  当前目录下的文件夹",dirs,"当前目录下的文件",files)

work_dir('demo')
```

程序的运行结果如下。

```
当前目录 demo   当前目录下的文件夹 ['picture', 'book']   当前目录下的文件 []
当前目录 demo/picture   当前目录下的文件夹 []   当前目录下的文件 ['face.jpg']
```

当前目录 demo/book　当前目录下的文件夹 ['examples']　当前目录下的文件 ['theories.txt']
当前目录 demo/book/examples　当前目录下的文件夹 []　当前目录下的文件 []

13.3　文件操作

和其他编程语言一样,Python 也具有操作文件(I/O)的能力,如打开文件、读取和追加数据、插入和删除数据、关闭文件、删除文件等。在计算机中要操作文件一共包含以下三个步骤。

(1) 打开文件。打开文件有两种情况,系统搜索目录以查找文件位置,若找到相应文件则返回一个文件对象,之后对该文件的任何操作都需要通过文件对象来调用;若在目录文件中找不到相应文件,则返回异常信息"FileNotFoundError"。

(2) 读/写文件。读文件即从文件中读出内容,写文件即将内存内容写入文件。读和写文件操作都使用指针,指向要进行下一次读或写操作的文件位置。

(3) 关闭文件。在文件使用完毕后,需要关闭文件以释放资源,否则 Python 垃圾回收机制无法自动回收打开文件所占用的资源,造成系统资源耗费,并且影响后续对文件的访问。

13.3.1　文件的创建与打开

在 Python 中,如果想要操作文件,首先需要创建或者打开指定的文件,并创建一个文件对象,而这些工作可以通过内置的 open()函数实现。open()是 Python 的内置函数,用于创建或打开指定文件,它会返回一个文件对象,这个文件对象拥有文件的读取、写入、关闭等方法。open()函数的语法格式如下。

```
#打开文件,fileObject 为返回的文件对象
fileObject = open(file_name [,mode = 'r'])
```

其中,file_name 是需要创建或打开的文件路径;mode 指定文件的打开模式,默认以只读模式(r)打开文件。如表 13-2 所示,列出了常用的打开文件的模式。

表 13-2　文件打开模式

模式	作　用	描　述
r	读取(默认值)	打开文件进行读取,文件的指针将会放在文件的开头。如果文件不存在则报错
a	追加	打开文件后,文件指针将会放在文件的结尾。如果该文件不存在,创建新文件进行写入
w	写入	打开文件进行写入,并从开头开始编辑,即原有内容会被删除。如果文件不存在则创建该文件
x	创建	创建指定的文件,如果文件存在则返回错误
+	更新(不能单独使用,需要与 r/w/a 组合使用)	打开一个文件进行更新(可读可写)。例如,r+表示打开一个文件用于读写;w+表示打开一个文件用于读写;a+表示以追加模式打开一个文件用于读写

此外,所有上面这些文件处理模式默认都是文本模式("t"),如果要以二进制模式处理

文件,需要加上参数"b",如 rb、rb+、wb、wb+、ab、ab+。

【例 13-6】 创建文件示例。

```
file1 = open('demofile1.txt','xt')      ♯创建 txt 文件
file2 = open('demofile2.csv','x')       ♯创建 csv 文件
file3 = open('demofile3.jpg','rb')      ♯创建 jpg 文件,并且 file3 对象具有以二进制方式
                                           读取文件的能力
```

程序的运行结果如图 13-4 所示。

T demofile1.txt

demofile2.csv

demofile3.jpg

图 13-4　创建文件结果示例

13.3.2　文件的关闭、读取、写入与删除

(1) 关闭。

文件的输入输出是很常见的资源管理操作,但资源都是有限的,在写程序时,必须保证这些资源在使用过后得到释放,否则可能会造成系统的崩溃。在 Python 中,使用 close()关闭文件并立即释放它使用的所有系统资源,关闭后的文件不能再进行读写操作,否则会触发错误。如果没有显式地关闭文件,Python 的垃圾回收器最终将销毁文件对象并关闭打开的文件,但这个文件可能会保持打开状态一段时间。在编程中,应该养成使用 close()方法关闭文件的习惯。close()的语法格式如下。

```
fileObject.close()                       ♯关闭文件,释放资源
```

(2) 读取。

当使用 open()函数打开文件后,就可以使用该文件对象的各种方法了,Python 提供了以下三种读取文件的函数。

① read([size]):逐个字节或者字符读取文件中的内容,读到文件尾时返回""(空字符)。size 是从文件读取的字节数,若 size 未指定则返回整个文件。

② readline():按行读取文件中的内容,包括"\n"字符。

③ readlines():一次性读取文件中全部行内容。

读取文件数据后,指针位置发生变化,可以使用 seek()方法移动文件读取指针到指定位置。seek()的语法格式如下。

```
fileObject.seek(offset[,whence])
```

其中,offset 指需要移动偏移的字节数;whence 表示要从哪个位置开始偏移,0 代表从文件开头开始算起(默认值),1 代表从当前位置开始算起,2 代表从文件末尾算起。

【例 13-7】 读取文件内容示例。

```
print('<><><> read()读取文件中的内容<><><>')
file1 = open('demofile1.txt', 'r')
print(file1.read())
```

```
file1.close()
#虽然 read(),readline(),readlines()均读取 domefile1.txt 文件的内容,
#但是每次读取完毕文件指针会移动,因此有时需要关闭文件重新打开,可以利用 #fileObject.
seek()移动文件指针.
print('<><><> readline()读取文件第一行的内容<><><>')
file1 = open('demofile1.txt', 'r')
print(file1.readline())
print('<><><> readlines()读取文件所有行内容<><><>')
file1.seek(0,0)                                         #重新设置文件读取指针到开头
print(file1.readlines())
file1.close()                                          #关闭文件
```

程序的运行结果如下。

```
<><><> read()读取文件中的内容<><><>
line_1
line_2
line_3
<><><> readline()读取文件第一行的内容<><><>
line_1

<><><> readlines()读取文件所有行内容<><><>
['line_1\n', 'line_2\n', 'line_3']
```

> **注意：**
> 由于 readline()函数在读取文件中一行的内容时,会读取最后的换行符"\n",再加上 print()函数输出内容时默认会换行,所以输出结果中会看到多出了一个空行。

（3）写入。

在 Python 中,write()函数可以将字符串写入到文件里。write()的语法格式如下。

```
fileObject.write(str)                              #str 代表要写入的字符串
```

其中,在使用 write()函数向文件中写入数据,需保证使用 open()函数是以 r+、w、w+、a 或 a+等模式打开文件,否则执行 write()函数会抛出 io. UnsupportedOperation 异常。此外,在写入文件完成后,一定要调用 close()函数将打开的文件关闭,否则写入的内容不会保存到文件中。这是因为,在写入文件内容时,操作系统不会立刻把数据写入磁盘,而是先缓存起来,只有调用 close()函数时,操作系统才会保证把没有写入的数据全部写入磁盘文件中。

【例 13-8】　文件写入数据示例。

```
f = open("demofile1.txt", "r")
print('写入前的数据内容: ')
print(f.read())
f.close()
f = open("demofile1.txt", "w")
f.write("new_line_1")
f.close()
```

```
f = open("demofile1.txt", "r")              #写入后,打开并读取该文件
print('写入后数据: ')
print(f.read())
f.close()

f = open("demofile1.txt", "a")
f.write("\nnew_line_2")                      #注意里面的换行符'\n'
f.close()
f = open("demofile1.txt", "r")              #追加后,打开并读取该文件
print('追加后数据: ')
print(f.read())
f.close()
```

程序的运行结果如下。

```
写入前的数据内容:
line_1
line_2
line_3
写入后数据:
new_line_1
追加后数据:
new_line_1
new_line_2
```

（4）删除。

os.remove()函数可以删除文件,其语法如下。

```
os.remove('file_name')                       #file_name代表要删除文件的文件路径
```

13.3.3 文件异常处理

处理文件时,可能出现各种异常,如找不到文件、文件读取错误、忘记关闭文件句柄等。Python有两种方法处理文件异常,一种是try…except结构,另外一种是with…as结构。

（1）try…except。

```
try:
    #可能出现异常的代码块
except:
    #抛出异常的代码块
```

在Python异常处理结构中,try…except使用最为频繁,其中,try子句中代码块为可能引发异常的语句,except子句用来捕获相应的异常。

【例13-9】 文件检索失败示例。

```
In :try:
        f = open("demo.txt", "r")
    except FileNotFoundError:
            print ("Error: 没有找到文件或读取文件失败")
    f.close()
Out:Error: 没有找到文件或读取文件
```

（2）with…as。

前面在介绍文件操作时，一直强调打开的文件最后一定要关闭，否则会对程序的运行造成意想不到的隐患。但是，即便使用 close() 做好了关闭文件的操作，如果在打开文件或文件操作过程中抛出了异常，还是无法及时关闭文件。Python 为了避免此类问题，对应的解决方式是使用 with…as 语句操作上下文管理器，它能够帮助自动分配并且释放资源。with…as 语句结构如下。

```
with 表达式 [as target]:
    #代码块
```

其中，target 参数用于指定一个变量，该语句会将表达式的结果保存到该变量中。with…as 语句是简化版的 try…except 语句，如果 with…as 语句中不想执行任何语句，可以直接使用 pass 语句代替。

【例 13-10】 with…as 示例。

```
with open("demofile1.txt") as f1:
    data = f1.read()
print(data)
print(f1.read())
```

程序的运行结果如下。

```
line_1
line_2
line_3
ValueError: I/O operation on closed file.
```

在执行完 with…as 语句后，再调用文件 demofile1.txt 的对象 f1，系统会抛出异常，说明该文件已经关闭。

13.4　实践与练习

【实践】 根据党的二十大报告数据做词云可视数据分析。设计思路如下。

（1）创建文本文件"data.txt"，并写入党的二十大报告数据。

（2）读取该文本并打印文本信息。

（3）根据该文本信息生成词云信息并显示词云信息，如图 13-5 所示。

```
import wordcloud
import jieba
filename = 'data.txt'
with open(filename, 'w + ') as f:                        #创建党史文件并且写入数据
    f.write("党立志于中华民族千秋伟业,致力于人类和平与发展崇高事业,责任无比重大,使命无
上光荣。")
    f.write("马克思主义是我们立党立国、兴党兴国的根本指导思想。")
    f.write("人民性是马克思主义的本质属性,党的理论是来自人民、为了人民、造福人民的理论,
人民的创造性实践是理论创新的不竭源泉。")
    f.write("中国共产党的中心任务就是团结带领全国各族人民全面建成社会主义现代化强国、实
现第二个百年奋斗目标,以中国式现代化全面推进中华民族伟大复兴。")
```

```
        f.write("不断谱写马克思主义中国化时代化新篇章,是当代中国共产党人的庄严历史责任。")
        f.write("坚持和发展马克思主义,必须同中国具体实际相结合。")
        f.write("完善党的自我革命制度规范体系,坚持制度治党、依规治党,健全党统一领导、全面覆
盖、权威高效的监督体系,发挥政治巡视利剑作用,落实全面从严治党政治责任,用好问责利器。")
        f.write("高举中国特色社会主义伟大旗帜,全面贯彻新时代中国特色社会主义思想,弘扬伟大
建党精神,自信自强、守正创新。")
with open(filename, 'r') as f:                          # 读取文件,并输出文件内容
    for contexts in f.readlines():
        print(contexts)
strt = open('data.txt').read()
# 生成词云对象
WordCloud1 = wordcloud.WordCloud(font_path = 'msyh.ttc')
# 生成词云对象 WordCloud1,msyh.ttc 为字体文件
WordCloud1 = WordCloud1.generate(" ".join(jieba.lcut(strt)))
# 以 jieba 分词的方式加载文本 strt
plt.imshow(WordCloud1)
plt.axis('off')                                         # 显示图片时不显示坐标尺寸
plt.show()                                              # 显示词云图片
```

程序的运行结果如下。

党立志于中华民族千秋伟业,致力于人类和平与发展崇高事业,责任无比重大,使命无上光荣。马克思主义是我们立党立国、兴党兴国的根本指导思想。人民性是马克思主义的本质属性,党的理论是来自人民、为了人民、造福人民的理论,人民的创造性实践是理论创新的不竭源泉。中国共产党的中心任务就是团结带领全国各族人民全面建成社会主义现代化强国、实现第二个百年奋斗目标,以中国式现代化全面推进中华民族伟大复兴。不断谱写马克思主义中国化时代化新篇章,是当代中国共产党人的庄严历史责任。坚持和发展马克思主义,必须同中国具体实际相结合。完善党的自我革命制度规范体系,坚持制度治党、依规治党,健全党统一领导、全面覆盖、权威高效的监督体系,发挥政治巡视利剑作用,落实全面从严治党政治责任,用好问责利器。高举中国特色社会主义伟大旗帜,全面贯彻新时代中国特色社会主义思想,弘扬伟大建党精神,自信自强、守正创新。

图 13-5　党的二十大报告词云结果示例

【练习】　读取 csv 文件,并对其进行简单的数据分析,设计思路如下。

(1) 下载并读取波士顿房价公开数据集"boston_housing.csv"。

(2) 将计算各个特征的最大值、最小值、均值和中位数。

(3) 将上一步得到的各个特征信息写入一个新的 csv 文件。

小结

1. 目录

（1）常见目录操作。

① os. mkdir（path）和 os. makedirs（path）、os. rmdir（path）和 os. removedirs（path）、os. listdir（path）和 os. walk（path）。

② 语法格式。

（2）文件路径。

① 绝对路径——卷号：/目录名/文件名。

② 相对路径——相对于当前工作目录所在的位置。

2. 文件

（1）常见文件操作。

① open（）、read（）、readline（）、readlines（）、write（）、close（）、os. remove（）。

② 文件的打开模式：r、a、w、x、＋、b。

（2）文件异常处理。

① try…except：用来处理可能出现异常的代码。

② with…as：自动分配并且释放资源。

第 14 章

用numpy实现面向数组的编程

学习目标：

- 了解 numpy 数组的概述和特点。
- 掌握 numpy 数组的生成及常用操作。
- 熟悉 numpy 库的常见方法。
- 熟悉图像与数组的关系。
- 了解异常数据的剔除。

前面章节中系统地学习了 Python 基础语法等知识，接下来将学习 Python 中较为实用的 numpy 库，使用该库实现对数组的编程。

14.1 数组概述

数组是在程序设计中为了处理方便，把具有相同类型的若干元素按有序的形式组织起来的一种数据结构。这些有序排列的同类数据元素的集合称为数组，数组是用于存储多个相同类型数据的集合。

14.1.1 什么是数组

数组（Array）的定义：数组是存储同一种数据类型多个元素的序列，符号'[]'为数组符号。数组本身是引用数据类型，数据中的元素可以是任何元素类型，包括基本数据类型和引用类型。

如图 14-1 所示数组 X 是由元素 P、Y、T、H、O、N 组成的，这些元素被称为数组元素，下面对应的是每个元素的数组下标（索引），下标一般从 0 开始，最大下标为数组长度−1，使用数组下标能更快捷地对数组进行访问和操作。

X[]=	P	Y	T	H	O	N
	0	1	2	3	4	5

图 14-1　数组 X 的组成

14.1.2 多维数组

1. 一维数组

只有一个下标的数组称为一维数组,一维数组是最简单的数组。要使用数组,需要经过定义、初始化和应用等过程。

2. 二维数组和多维数组

在实际问题中有很多变量是二维的或多维的,因此编程语言允许构造多维数组。多维数组元素有多个下标,以标识它在数组中的位置,所以也称为多下标变量。本节只介绍二维数组,多维数组可由二维数组类推而得到。

二维数组在概念上是二维的,其下标在两个方向上变化,下标变量在数组中的位置也处于一个平面之中,而不是像一维数组只是一个向量,它可以被理解为一个包含多行和多列的数据表,其中每个元素都可以通过两个索引来访问。

14.1.3 数组的特点

(1) 数组中所有元素必须为同种数据类型。

(2) 在内存中,数组是一块连续的区域。数组元素用整个数组的名字和它自己在数组中的顺序位置来表示。例如,a[0]表示名字为 a 的数组中的第一个元素,a[1]代表数组 a 的第二个元素,以此类推。

(3) 数组的随机访问性强,查找速度快。因为数组是连续的,知道每一个数据的内存地址,可以直接找到给定地址的数据。

(4) 数组需要预留空间,在使用前要先申请占内存的大小,如果申请了不合理的大小,可能会浪费内存空间。

(5) 插入数据和删除数据效率低,如插入元素时,插入位置的后面元素都需要向后移,删除元素时,删除位置的后面元素都需要往前补。

(6) 数组元素并非只能为基本数据类型。例如,数组也能作为数组元素存储在另一个数组中。

14.2 生成数组

Python 最基本的数据结构是序列,对应有 Python 内置数据类型列表和元组,Python 原生没有数组的概念。在 Python 中,数组由 array 模块支持,在使用前需要导入模块并初始化。

14.2.1 创建数组

可以将列表视为数组,但是不能限制列表中存储的元素的类型。

```
a = [1, 3.5, "Hello"]
```

如果使用 array 模块来创建数组,则数组的所有元素必须为相同的数据类型,否则将报错。

```
import array as arr
a = arr.array('d', [1, 3.5, "Hello"])        #Error
```

下面创建一个数组。

```
import array as arr
a = arr.array('d', [1.1, 3.5, 4.5])
print(a)
```

在这里创建了一个 float 类型数组,字母'd'是类型代码,确定了创建过程中数组的类型,后面[]中为创建的数组内容。如表 14-1 所示,列举出了常用类型代码。

表 14-1　常用类型代码表

代　　码	Python 类型	最小字节
b	int	1
B	int	1
u	Unicode	2
h	int	2
H	int	2
i	int	4
L	int	4
f	float	4
d	float	8

14.2.2　数组的访问和操作

1. 如何访问数组元素

使用数组下标(索引)来访问数组的元素。

```
import array as arr
a = arr.array('i', [2, 4, 6, 8])
print("第一个元素:", a[0])
print("第二个元素:", a[1])
print("最后一个元素:", a[-1])
```

注意,下标从 0(而不是 1)开始,类似于列表。

2. 如何切片数组

可以使用切片运算符访问数组中的一系列项目。

```
In : import array as arr
     numbers_list = [2, 5, 62, 5, 42, 52, 48, 5]
     numbers_array = arr.array('i', numbers_list)    #将列表转换成数组
     print(numbers_array[2:5])                        #第3~5个元素
     print(numbers_array[:-5])                        #从开始到第 4 个元素
     print(numbers_array[5:])                         #从第 6 个元素到末尾
     print(numbers_array[:])                          #从开始到末尾
```

```
Out: array('i', [62, 5, 42])
     array('i', [2, 5, 62])
     array('i', [52, 48, 5])
     array('i', [2, 5, 62, 5, 42, 52, 48, 5])
```

3. 如何更改或添加元素

数组是可变的,它们的元素可以使用类似列表的方式进行更改。

```
In : import array as arr
     numbers = arr.array('i', [1, 2, 3, 5, 7, 10])
     numbers[0] = 0                               #改变第一个元素
     print(numbers)
     numbers[2:5] = arr.array('i', [4, 6, 8])     #改变第3~5个元素
     print(numbers)
Out: array('i', [0, 2, 3, 5, 7, 10])
     array('i', [0, 2, 4, 6, 8, 10])
```

可以使用 append() 方法将一个元素添加到数组中,或者使用 extend() 方法将多个元素添加到列表中。

```
In : numbers = arr.array('i', [1, 2, 3])
     numbers.append(4)
     numbers.extend([5, 6, 7])        #extend()将 iterable 追加到数组的末尾
     print(numbers)
Out : array('i', [1, 2, 3, 4, 5, 6, 7])
```

可以使用＋运算符连接两个数组。

```
import array as arr
odd = arr.array('i', [1, 3, 5])
even = arr.array('i', [2, 4, 6])
numbers = arr.array('i')          #创建一个空的整数数组
numbers = odd + even
print(numbers)
```

4. 如何移除/删除元素

可以使用 Python 中的 del 语句从数组中删除一个或多个元素。

```
In : import array as arr
     number = arr.array('i', [1, 2, 3, 3, 4])
     del number[2]                        #删除第三个元素
     print(number)
Out : array('i', [1, 2, 3, 4])
```

可以使用 remove() 方法删除给定项目,也可以使用 pop() 方法删除指定索引处的元素。

```
In :import array as arr
     numbers = arr.array('i', [10, 11, 12, 12, 13])
     numbers.remove(12)
     print(numbers)
```

```
    print(numbers.pop(2))
    print(numbers)
Out: array('i', [10, 11, 12, 13])
    12
    array('i', [10, 11, 13])
```

14.2.3 numpy 的安装

本书采用 Anaconda 下的编译环境，numpy 的安装简单方便。单击"开始"菜单，打开 Anaconda Prompt 终端窗口，输入以下命令。

```
conda install numpy
```

如图 14-2 所示。

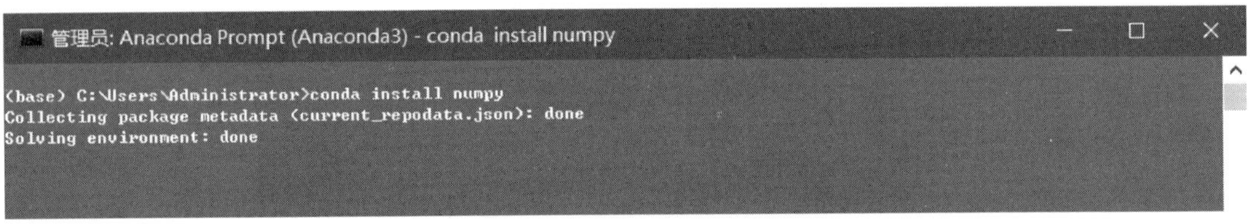

图 14-2 numpy 库安装示例

注：安装 numpy 时需要等待 30s 左右画面才会显示，一定要等待安装完成出现如图 14-3 所示内容后再退出窗口，否则将会报错。输入"y"并按 Enter 键后等待即可安装成功，如图 14-3 所示。

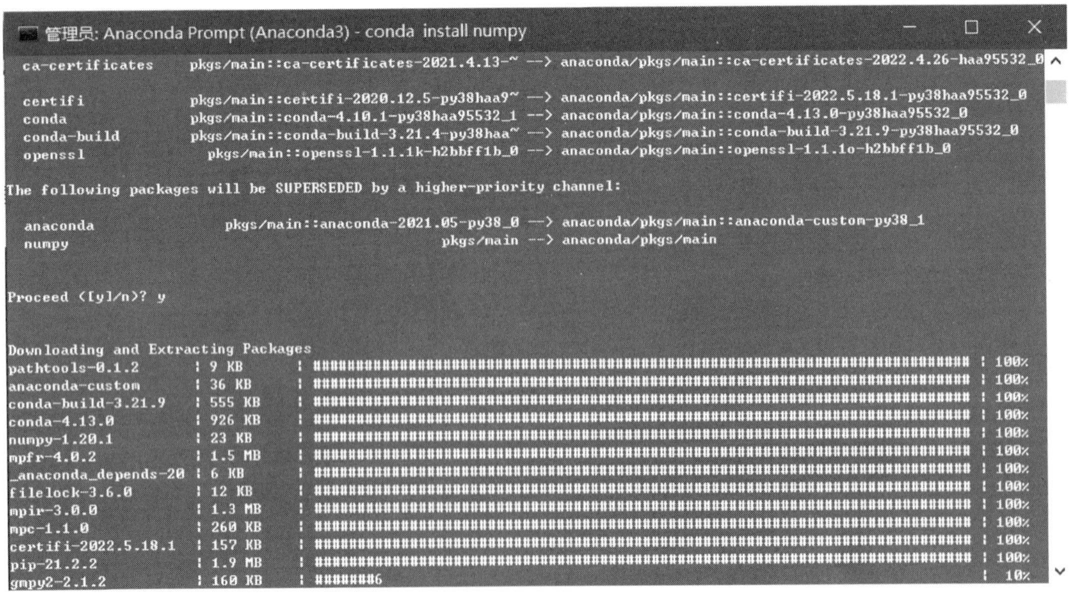

图 14-3 numpy 库安装示例

如已安装过 numpy，再次安装则会出现提示，如图 14-4 所示。

图 14-4　numpy 库安装示例

14.3　numpy 的属性和方法

numpy 是 Numerical Python 的缩写,它是一个由多维数组对象(ndarray)和处理这些数组的函数(function)集合组成的库。使用 numpy 库,可以对数组执行数学运算和相关逻辑运算。numpy 不仅作为 Python 的扩展包,它同样也是 Python 科学计算的基础包。numpy 的前身 Numeric 最早是由 Jim Hugunin 与其他协作者共同开发,2005 年,Travis Oliphant 在 Numeric 中结合了另一个同性质的程序库 Numarray 的特色,并加入了其他扩展而开发了 numpy。numpy 为开放源代码并且由许多协作者共同维护开发。

numpy 是一个运行速度非常快的数学库,主要用于数组计算,其中包含:

(1) 一个强大的 N 维数组对象 ndarray。

(2) 广播功能函数。

(3) 整合 C/C++/FORTRAN 代码的工具。

(4) 线性代数、傅里叶变换、随机数生成等功能。

14.3.1　numpy 数组的属性

1. numpy Ndarray 对象

numpy 最重要的一个特点是其 N 维数组对象 ndarray,它是一系列同类型数据的集合,以 0 下标为开始进行集合中元素的索引。ndarray 对象是用于存放同类型元素的多维数组。ndarray 中的每个元素在内存中都有相同存储大小的区域。

ndarray 内部由以下内容组成。

(1) 一个指向数据(内存或内存映射文件中的一块数据)的指针。

(2) 数据类型或 dtype,描述在数组中的固定大小值的格子。

(3) 一个表示数组形状(shape)的元组,表示各维度大小的元组。

(4) 一个跨度元组(stride),其中的整数指的是为了前进到当前纬度下一个元素需要"跨过"的字节数。

ndarray 对象采用了数组的牵引机制,将数组中的每个元素映射到内存块上,并且按照一定的布局对内存块进行排列(行或列)。

2. numpy ndrarry 的属性

numpy 数组的维数称为秩(Rank),秩就是轴的数量,即数组的维度,一维数组的秩为 1,二维数组的秩为 2,以此类推。在 numpy 中,每一个线性的数组称为一个轴(Axis),也就是维度(Dimensions)。例如，二维数组相当于两个一维数组，其中，第一个一维数组中每个元素又是一个一维数组。所以一维数组就是 numpy 中的轴，第一个轴相当于底层数组，第二个轴是底层数组里的数组。而轴的数量——秩，就是数组的维数。很多时候可以声明 axis。axis＝0,表示沿着第 0 轴进行操作，即对每一列进行操作；axis＝1,表示沿着第 1 轴进行操作，即对每一行进行操作。

numpy 的数组中比较重要的 ndarray 对象属性如下。

(1) ndarray.ndim。

ndarray.ndim 用于返回数组的维数，等于秩。示例：

```
In : import numpy as np
     a = np.arange(24)
     print(a.ndim)                    ♯a 现在只有一个维度，调整其大小
     b = a.reshape(2,4,3)             ♯b 现在拥有三个维度
     print(b.ndim)
Out: 1
     3
```

(2) ndarray.shape。

ndarray.shape 表示数组的维度，返回一个元组，这个元组的长度就是维度的数目，即 ndim 属性(秩)。例如，一个二维数组，其维度表示"行数"和"列数"。ndarray.shape 也可以用于调整数组大小。示例：

```
In : import numpy as np
     a = np.array([[1,2,3],[4,5,6]])
     print(a.shape)
Out: (2, 3)
```

调整数组大小，示例：

```
In : import numpy as np
     a = np.array([[1,2,3],[4,5,6]])
     a.shape = (3,2)
     print(a)
Out: [[1 2]
      [3 4]
      [5 6]]
```

(3) ndrarry.itemsize。

ndarray.itemsize 以字节的形式返回数组中每一个元素的大小。

例如，一个元素类型为 float64 的数组 itemsize 属性值为 8(float64 占用 64b,每个字节长度为 8,所以 64/8,占用 8B)。又如，一个元素类型为 complex32 的数组 item 属性为 4(32/8)。示例：

```
In : import numpy as np
     ♯ 数组的 dtype 为 int8(1B)
     x = np.array([1,2,3,4,5], dtype = np.int8)
     print(x.itemsize)
     ♯ 数组的 dtype 现在为 float64(8B)
     y = np.array([1,2,3,4,5], dtype = np.float64)
```

```
        print(y.itemsize)
Out: 1
     8
```

（4）ndrarry.flags。

ndarray.flags 返回 ndarray 对象的内存信息，其属性如表 14-2 所示。

表 14-2　属性表

属　　性	描　　述
C_CONTIGUOUS(C)	数据是在一个单一的 C 风格的连续段中
F_CONTIGUOUS(F)	数据是在一个单一的 FORTRAN 风格的连续段中
OWNDATA(O)	数组拥有它所使用的内存或从另一个对象中借用它
WRITEABLE(W)	数据区域可以被写入，将该值设置为 False，则数据为只读
ALIGNED(A)	数据和所有元素都适当地对齐到硬件上
UPDATEIFCOPY(U)	这个数组是其他数组的一个副本，当这个数组被释放时，原数组的内容将被更新

示例：

```
In : import numpy as np
     x = np.array([1,2,3,4,5])
     print(x.flags)
Out: C_CONTIGUOUS : True
     F_CONTIGUOUS : True
     OWNDATA : True
     WRITEABLE : True
     ALIGNED : True
     WRITEBACKIFCOPY : False
     UPDATEIFCOPY : False
```

numpy 属性小结如表 14-3 所示。

表 14-3　numpy 属性表

属　　性	说　　明
ndarray.ndim	秩，即轴的数量或维度的数量
ndarray.shape	数组的维度，对于矩阵，n 行 m 列
ndarray.size	数组元素的总个数，相当于 .shape 中 $n \times m$ 的值
ndarray.dtype	ndarray 对象的元素类型
ndarray.itemsize	ndarray 对象中每个元素的大小，以 B 为单位
ndarray.flags	ndarray 对象的内存信息
ndarray.real	ndarray 元素的实部
ndarray.imag	ndarray 元素的虚部
ndarray.data	包含实际数组元素的缓冲区，由于一般通过数组的索引获取元素，所以通常不需要使用这个属性

14.3.2　常用的函数及使用

1. numpy 创建数组

ndarray 数组除了可以使用底层 ndarray 构造器来创建外，也可以通过以下几种方式来创建。

（1）numpy. empty()。

numpy. empty()方法用来创建一个指定形状（shape）、数据类型（dtype）且未初始化的数组，order 有"C"和"F"两个选项，分别代表行优先和列优先，在计算机内存中存储元素的顺序。

```
#shape 为数组形状,dtype 为数据类型,order 有"C"和"F"两个选项,分别代表行优先和
#列优先,在计算机内存中存储元素的顺序.
numpy.empty(shape, dtype = float, order = 'C')
```

下面是一个创建空数组的示例（数组元素为随机值，因为它们未初始化）。

```
In : import numpy as np
     x = np.empty([3,2], dtype = int)
     print(x)
Out: [[ 6917529027641081856   5764616291768666155]
     [ 6917529027641081859  -5764598754299804209]
     [          4497473538        844429428932120]]
```

（2）numpy. zeros()。

创建指定大小的数组，数组元素以 0 来填充。

```
numpy.zeros(shape, dtype = float, order = 'C')
```

示例：

```
In : import numpy as np
     #默认为浮点数
     x = np.zeros(5)
     print(x)
     #设置类型为整数
     y = np.zeros((5,), dtype = int)
     print(y)
     #自定义类型
     z = np.zeros((2,2), dtype = [('x', 'i4'), ('y', 'i4')])
     print(z)
Out: [0. 0. 0. 0. 0.]
     [0 0 0 0 0]
     [[(0, 0) (0, 0)]
     [(0, 0) (0, 0)]]
```

（3）numpy. ones()。

创建指定形状的数组，数组元素以 1 来填充。示例：

```
In : import numpy as np
     #默认为浮点数
     x = np.ones(5)
     print(x)
     #自定义类型
     x = np.ones([2,2], dtype = int)
     print(x)
Out: [1. 1. 1. 1. 1.]
     [[1 1]
     [1 1]]
```

（4）numpy.arange()。

numpy 包中使用 arange() 函数创建数值范围并返回 ndarray 对象,函数格式如下。

```
# start 起始值,stop 终止值(不包含),step 步长(默认为 1)
numpy.arange(start, stop, step, dtype)
```

示例:

```
In : import numpy as np
     x = np.arange(10,20,2,dtype = int)
     print(x)
Out: [10  12  14  16  18]
```

2. numpy 切片和索引

ndarray 对象的内容可以通过索引或切片来访问和修改,与 Python 中 list 的切片操作一样。ndarray 数组可以基于 $0\sim n$ 的下标进行索引,切片对象可以通过内置的 slice 函数,并设置 start,stop 及 step 参数进行,从原数组中切割出一个新数组。示例:

```
In : import numpy as np
     a = np.arange(10)
     s = slice(2,7,2)          # 从索引 2 开始到索引 7 停止,间隔为 2
     print(a[s])
Out: [2  4  6]
```

以上示例中,首先通过 arange() 函数创建 ndarray 对象。然后,分别设置起始、终止和步长的参数为 2、7 和 2。

也可以通过冒号分隔切片参数 start:stop:step 来进行切片操作,示例:

```
In : import numpy as np
     a = np.arange(10)
     b = a[2:7:2]              # 从索引 2 开始到索引 7 停止,间隔为 2
     print(b)
Out: [2  4  6]
```

冒号(:)的解释:如果只放置一个参数,如[2],将返回与该索引相对应的单个元素。如果为[2:],表示从该索引开始以后的所有项都将被提取。如果使用了两个参数,如[2:7],那么则提取两个索引(不包括停止索引)之间的项,多维数组同样适用上述索引提取方法。

3. 数组操作函数清单

numpy 中包含一些函数用于处理数组,大概可分为以下几类。

（1）修改数组形状。

（2）翻转数组。

（3）连接数组。

（4）分割数组。

（5）数组元素的添加和删除。

以下是不同类别的处理数组的函数清单表。

（1）修改数组形状函数如表 14-4 所示。

表 14-4　修改数组形状函数

函　　数	描　　述
reshape	不改变数据的条件下修改形状
flat	数组元素迭代器
flatten	返回一份数组复制，对复制所做的修改不会影响原始数组
ravel	返回展开数组

（2）翻转数组函数如表 14-5 所示。

表 14-5　翻转数组函数

函　　数	描　　述
transpose	对换数组的维度
ndarray.T	和 self.transpose() 相同
rollaxis	向后滚动指定的轴
swapaxes	对换数组的两个轴

（3）连接数组函数如表 14-6 所示。

表 14-6　连接数组函数

函　　数	描　　述
concatenate	连接沿现有轴的数组序列
stack	沿着新的轴加入一系列数组
hstack	水平堆叠序列中的数组(列方向)
vstack	竖直堆叠序列中的数组(行方向)

（4）分割数组如表 14-7 所示。

表 14-7　分割数组函数

函　　数	数组及操作
split	将一个数组分割为多个子数组
hsplit	将一个数组水平分割为多个子数组(按列)
vsplit	将一个数组垂直分割为多个子数组(按行)

（5）数组元素的添加和删除函数如表 14-8 所示。

表 14-8　数组元素的添加和删除函数

函　　数	元素及描述
resize	返回指定形状的新数组
append	将值添加到数组末尾
insert	沿指定轴将值插入到指定下标之前
delete	删掉某个轴的子数组，并返回删除后的新数组
unique	查找数组内的唯一元素

14.4 图像与数组

14.4.1 图像的数组表示

图像一般采用 RGB 色彩模式,图像中的每一个像素点,由红色、绿色和蓝色组成,这三种颜色形成三个颜色通道,每个通道之间进行变化和叠加之后形成各种颜色,其中,R,G,B三个颜色通道取值范围均为 0~255,叠加起来的色彩空间为 256,RGB 形成的颜色包括人类视力所能感知的所有颜色。所以在计算机的使用中,一般的图像均使用 RGB 色彩。

在计算机中,图像是一个由像素组成的矩阵,每个元素是一个 RGB 值,可以借助Python 中的 PIL 库表示图像,使用 Matplotlib 绘图库提供的图形界面,使用 numpy 中的矩阵表示图像中的每一个元素。

Python 中有很多图像处理的库,PIL 全称为 Python Imaging Library,是 Python 平台一个功能非常强大而且简单易用的图像处理库。

Matplotlib 是一个 Python 2D 绘图库,它以多种硬复制格式和跨平台的交互式环境生成出版物质量的图形。

14.4.2 图像的数组变换

图片的打开、显示与保存(本节代码通用)示例。

```
In : from PIL import Image
     import numpy as np
     import matplotlib.pyplot as plt
     image = Image.open('Workspaces/华电.jpg')        #打开图片
     plt.imshow(image)                                #显示图片
     image.save('1.jpg')                              #保存图片
     print(image.mode, image.size, image.format)      #输出图片格式
Out: RGB (720, 476) JPEG
```

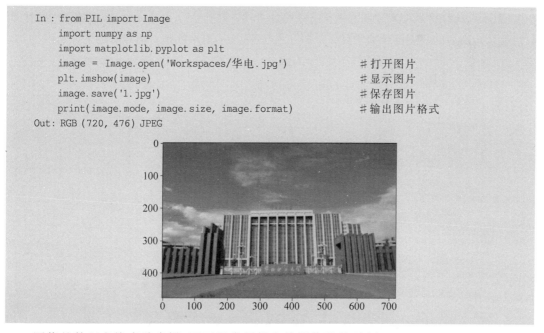

图像的数组变换多种多样,下面是常用的变换操作以及示例。

1. 转换为灰度图

(1)彩色图像。

任何颜色都由红、绿、蓝三原色组成。用红、绿、蓝三元组的二维矩阵来表示(这样构成了三个通道),抽象出来一起构成了一个三维数组。三元组的每个数值为 0~255,0 表示相

应的基色不存在于该像素中,而255表示相应的基色在该像素中取得最大值。通过调节每个通道数灰度值的亮度,从而对三个通道中的三种基色进行不同搭配,进而构成了五颜六色的彩色世界! 可以把这三种基色(红、绿、蓝)看成三种颜料,每一个颜色通道里面的灰度等级看成每种颜料的调色板,灰度等级越大,对应的通道中的颜色就越接近三种基色。例如,一个8b的彩色图片,灰度等级为0~255,如果第0通道(R)里面灰度等级为255,这个通道显示的色板就是红色;如果灰度等级小于255,红色就会越来越淡;到0的时候就表示红色这个基色在0通道里面没有了,以此类推。第1通道(G)、第2通道(B)也是这个原理,然后将这三种色板的基色重叠在一起,就好比三种基色颜料混合在一起,这样就构成了彩色图像。

（2）灰度图像。

每个像素的亮度用一个数值来表示,取值范围为0~255,0表示黑、255表示白,其他值表示处于黑白之间的灰度,抽象出来构成了一个二维数组。灰度图像没有色彩,颜色是介于黑色到白色。255表示白色,0表示黑色,灰度等级处于之间的数值就表示成不同等级的灰色。

（3）转换。

彩色图像转换成灰度图像最基本的就是考虑怎么去分配三个通道里面的灰度等级。这使用 $L=R\times299/1000+G\times587/1000+B\times114/1000$ 公式分配颜色比例。

上面公式中的 R、G、B 表示这三个通道里面的灰度值。为什么会出现这样不同的比例转换呢? 因为人的眼睛对颜色的敏感程度是不一样的,对绿色更加敏感,其次是红色,最后是蓝色。所以对不同通道里的灰度值进行加权,加权后得到的灰度值就是转换后的灰度图的灰度值,所以这样得到的灰度图像更符合人眼的直观。转换后存到对应的二维数组里面,这个数组就是转换后的灰度图像抽象意义上的二维数组,显示出来就是一幅灰度图像。示例:

```
In : #转换为numpy数组
     img = np.array(image)
     #数组形状(长、宽、颜色通道数)
     print(img.shape)
     #分离颜色通道
     R = img[:, :, 0]
     G = img[:, :, 1]
     B = img[:, :, 2]
     #常用灰度图颜色比例
     L = R * 299 / 1000 + G * 587 / 1000 + B * 114 / 1000
     plt.imshow(L, cmap = "gray")
     plt.show()
     print(L.shape)
Out: (476, 720, 3)
```

2. 转置示例

```
In : plt.imshow(L.T, cmap = "gray")
     plt.show()

Out:
```

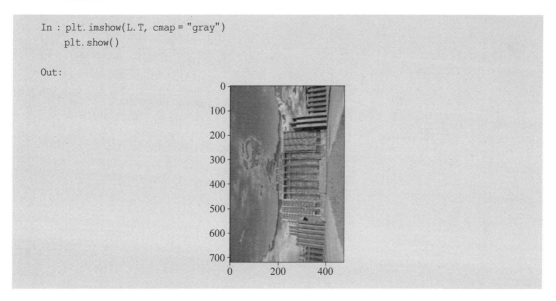

3. 画出三个通道的彩图示例

```
In : #其他通道置0
     B_img = img.copy()
     B_img[:, :, [0,1]] = 0
     R_img = img.copy()
     R_img[:, :, [0,2]] = 0
     G_img = img.copy()
     G_img[:, :, [2,1]] = 0
     fig, ax = plt.subplots(2,2)                    #画布布局
```

```
In : ax[0,0].imshow(img)
     ax[1,1].imshow(R_img)
     ax[1,0].imshow(G_img)
     ax[0,1].imshow(B_img)
     fig.set_size_inches(15, 15)
     plt.tight_layout()
     plt.show()

Out:
```

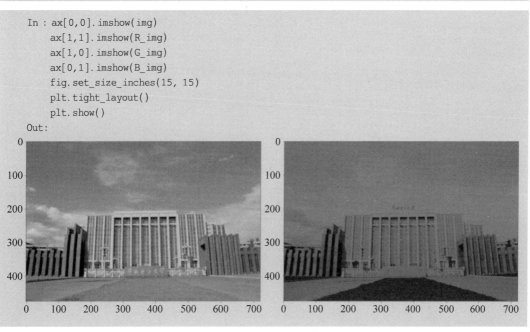

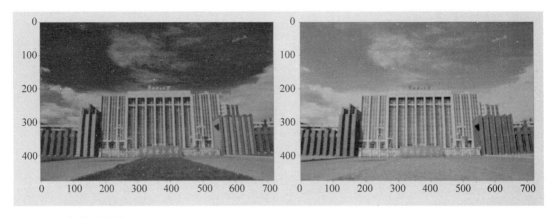

4. 交换行列

水平镜像-交换行示例。

```
In : mirrow_img_x = img[::-1]
     plt.imshow(mirrow_img_x)
     plt.show()
Out:
```

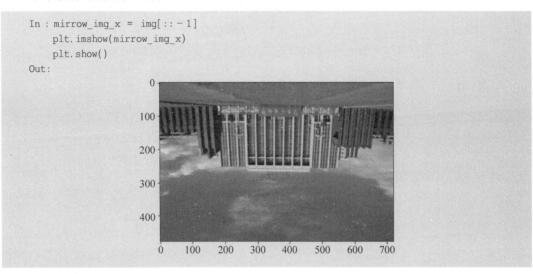

水平翻转-交换列示例。

```
In : mirrow_img_y = img[:, ::-1]
     plt.imshow(mirrow_img_y)
     plt.show()

Out:
```

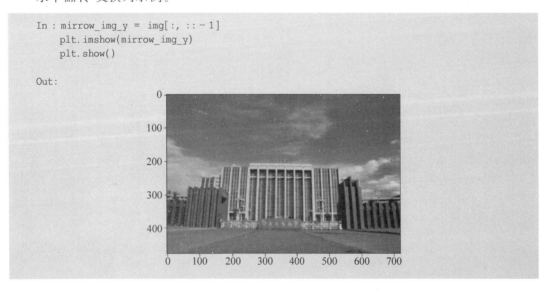

5. 交换通道示例

```
In : t = img.copy()
     plt.imshow(t[:, :, [2,0,1]])
     plt.show()

Out:
```

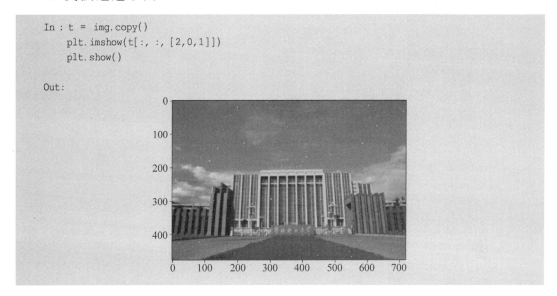

14.5 实践与练习

【实践1】 人工叠加噪声。

数码相机拍摄的任何图像总会有一些噪声,图像中噪声是指由于成像传感器噪声、相片颗粒噪声、图片在传输过程中的通道传输误差等因素使图片上出现一些随机的、离散的、孤立的像素点,这就是图像噪声。常见的两种图像噪声包括椒盐噪声和高斯噪声。本实践以椒盐噪声为例,进行噪声的人工叠加。

椒盐噪声也称为脉冲噪声,是图像中经常见到的一种噪声,它是一种随机出现的白点(盐点)或者黑点(胡椒点),可能是亮的区域有黑色像素或是在暗的区域有白色像素(或是两者都有)。椒盐噪声的成因可能是影像信号受到突如其来的干扰而产生、类比数位转换器或位元传输错误等。例如,失效的感应器导致像素值为最小值,通过随机获取像素点并设置为高亮度点和低灰度点,可以实现向图像模拟添加椒盐噪声。

在添加椒盐噪声之前,先来了解一下信噪比(Signal-Noise Rate,SNR),在噪声的概念中,通常采用信噪比衡量图像噪声。通俗地讲,就是信号占多少,噪声占多少,SNR越小,噪声占比越大。

在信号系统中,计量单位为 dB,为 $10\lg(PS/PN)$,PS 和 PN 分别代表信号和噪声的有效功率。在这里,采用信号像素点的占比充当 SNR,以衡量所添加噪声的多少。例如,假设一张图像的宽×高＝10×10,共计 100 个像素,想让其中 20 个像素点变为噪声,其余 80 个像素点保留原值,则这里定义的 SNR＝80/100＝0.8。

椒盐噪声＝椒噪声＋盐噪声。椒盐噪声的值为 0(黑色)或者 255(白色),这里假设为等概率地出现 0 或者 255。

为图像添加椒盐噪声的步骤如下。

(1) 依 SNR 制作 mask,用于判断像素点是原始信号还是噪声。

（2）依 mask 给原图像赋噪声值。

按照不同的信噪比挑选像素点，分别加上盐噪声和椒噪声，使用 OpenCV 模块设置预览界面，最后利用画图模块画出不同 SNR 的噪声图。OpenCV 是一个用于图像处理、分析、机器视觉方面的开源函数库。代码示例：

```
In : #coding: utf-8
     import numpy as np
     import cv2
     from matplotlib import pyplot as plt
     def addsalt_pepper(img, SNR):
         img_ = img.copy()
         c, h, w = img_.shape
         #按照比例随机挑选像素点组成数组
         mask = np.random.choice((0, 1, 2), size=(1, h, w), p=[SNR, (1 - SNR) / 2., (1 -
SNR) / 2.])
         mask = np.repeat(mask, c, axis=0)
         #按 channel 复制到与 img 具有相同的 shape
         img_[mask == 1] = 255                    #盐噪声
         img_[mask == 2] = 0                      #椒噪声
         return img_
     img = cv2.imread('2.jpg')
     SNR_list = [0.9, 0.7, 0.5, 0.3]
     sub_plot = [221, 222, 223, 224]
     plt.figure(1)
     for i in range(len(SNR_list)):
         plt.subplot(sub_plot[i])
         img_s = addsalt_pepper(img.transpose(2, 1, 0), SNR_list[i])
         img_s = img_s.transpose(2, 1, 0)
         cv2.imshow('PepperandSalt', img_s)
         cv2.waitKey(0)
         plt.imshow(img_s[:, :, ::-1])              #bgr --> rgb
         plt.title('(SNR={})'.format(SNR_list[i]))
         plt.tight_layout()
         plt.show()
Out:
```

【实践 2】 异常数据剔除。

处理图像噪声的主要手段就是滤波器,图像的实质可以被理解为一种二维信号,而滤波本身是信号处理中的一个重要概念。通过滤波操作,就可以突出一些特征或者去除图像中不需要的成分。通过选取不同的滤波器,在原始图像上进行滑动和卷积,借助相邻的像素值就可以决定该像素最后的输出。常用的滤波器有均值滤波器、高斯滤波器、中值滤波器等,本实践采用中值滤波器对椒盐噪声进行去除。

OpenCV 是一个用于图像处理、分析、机器视觉方面的开源函数库,本节将会使用它来进行操作。

1. 中值滤波器

中值滤波不采用加权求和的方式计算滤波结果,它用邻域内所有像素值的中间值来代替当前像素点的像素值。中值滤波会取当前像素点及其周围邻近像素点的像素值,一般有奇数个像素点,将这些像素值排序,将排序后位于中间位置的像素值作为当前像素点的像素值。

中值滤波对于斑点噪声和椒盐噪声来说尤其有用,因为它不依赖于邻域内那些与典型值差别很大的值,而且噪声成分很难被选上,所以,可以在几乎不影响原有图像的情况下去除全部噪声。但是由于需要进行排序操作,中值滤波的计算量较大。中值滤波器在处理连续图像窗函数时与线性滤波器的工作方式类似,但滤波过程却不再是加权运算。

2. 异常数据剔除(去噪)

在学习了人工添加噪声、中值滤波器后,这里采用实例来对图片先添加椒盐噪声,而后使用中值滤波器进行去噪。以下是实例展示。

```
In : import cv2
     import numpy as np
     import random
     import matplotlib.pyplot as plt
     #加载原图像
     src = cv2.imread("2.jpg")
     #设置画布尺寸
     plt.figure(figsize = (8,10))
     #将图像转换为RGB模式显示
     plt.imshow(cv2.cvtColor(src,cv2.COLOR_BGR2RGB))
     #显示图像
     plt.show()
Out:
```

（1）加载 OpenCV 并显示图像。

（2）添加椒盐噪声。

```
In : ♯添加椒盐噪声函数
    def addsalt_pepper(image, SNR):
        '''
        添加椒盐噪声
        SNR: 信噪比
        '''
        output = np.zeros(image.shape, np.uint8)
        thres = 1 - SNR
        for i in range(image.shape[0]):
            for j in range(image.shape[1]):
                rdn = random.random()
                if rdn < SNR:
                    output[i][j] = 0                    ♯盐噪声
                elif rdn > thres:
                    output[i][j] = 255                  ♯椒噪声
```

```
In :                else:
                    output[i][j] = image[i][j]
        return output
    output1 = addsalt_pepper(src, 0.1)                  ♯设置信噪比
    plt.figure(figsize = (8, 10))                       ♯设置画布尺寸
    ♯将图像转换为 RGB 模式显示
    plt.imshow(cv2.cvtColor(output1, cv2.COLOR_BGR2RGB))
    plt.show()                                          ♯显示图像
Out:
```

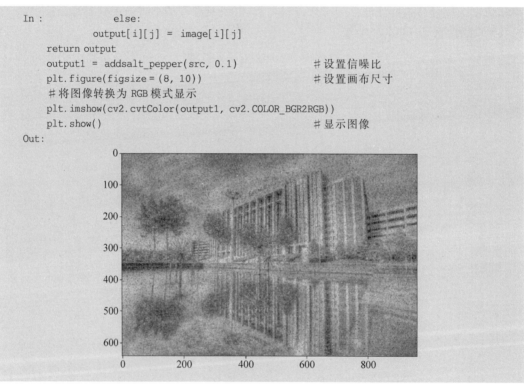

（3）中值滤波去噪。

OpenCV 库提供了 medianBlur 函数来实现中值滤波。

```
medianBlur(src,ksize,dst = None)
```

其中：

- src：表示待处理的输入图像。

- ksize：表示滤波窗口尺寸，必须是奇数并且大于1。例如，这里取值为5，表示滤波窗口的大小为5×5。即对图像以当前像素为中心的5×5邻域进行中值滤波，也就是滤波后，取5×5邻域中25个像素值的中间值，替换窗口中心像素值。

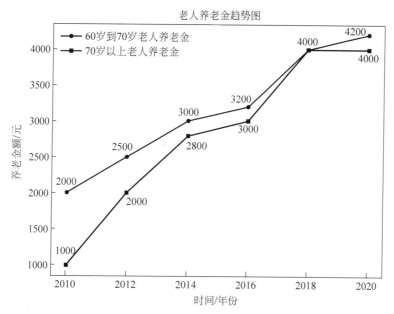

- dst：表示输出与src相同大小和类型的图像。

示例：

```
In： #指定卷积核为5×5
    dst2 = cv2.medianBlur(output1, 5)
    plt.figure(figsize = (8, 10))              #设置画布尺寸
    #将图像转换为RGB模式显示
    plt.imshow(cv2.cvtColor(dst2, cv2.COLOR_BGR2RGB))
    plt.show()
Out:
```

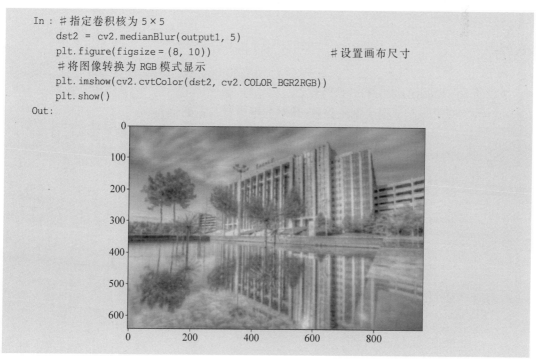

问题与分析：

使用均值滤波器对椒盐噪声进行去除，并与中值滤波器去噪效果进行对比，分析导致不

同效果的原因。

【**练习**】 开发一个程序,使用 Python 的 numpy 库来分析 60 周岁以上、70 周岁以上老人养老金变化的趋势走向,以下是注意事项。

(1) 使用 numpy 库来读取数据。

(2) 计算统计指标。

(3) 绘制趋势图(数据为虚拟数据)。

示例图如图 14-5 所示。

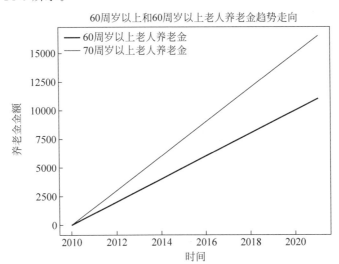

图 14-5 60 周岁以上和 70 周岁以上老人养老金趋势走向示例图

小结

(1) 介绍了数组的结构和一些特性。

(2) 学习使用 array 模块创建数组,并对数组进行基本的操作。

(3) 引进了 numpy 库,了解了图像与数组的关系并学习对图像的数组数据进行操作。

(4) 学习图片的噪声,手动给图片添加噪声。

(5) 使用滤波器对噪声进行剔除。

数据科学简介：Pandas Series 和DataFrame

学习目标：

- 了解 Pandas 库的基本内容。
- 掌握 Series 数据结构和 DataFrame 数据结构。
- 熟练操作 Series 和 DataFrame。

Pandas 的名字衍生自术语"panel data"（面板数据）和"Python data analysis"（Python 数据分析），是一个专门用于数据分析的开源 Python 库。2008 年，Wes McKinney 首先开始了 Pandas 库的开发工作，以 numpy 库作为 Pandas 库的开发基础，日后也证明这一选择对于 Pandas 的成功和它的迅速扩展起着至关重要的作用。

Pandas 没有使用 Python 已有的内置数据结构，也没有使用其他库的数据结构，而是开发了两种新型的数据结构：Series（一维）和 DataFrame（二维）。DataFrame 是 Series 的容器，Series 是标量的容器。Series 和 DataFrame 在底层都是 ndarray 类型。

Series 和 DataFrame 的设计初衷是用于关系型或带标签的数据。这使得使用 Pandas 可以处理许多不同类型的数据。例如，SQL 表或 Excel 表格中的数据，有序和无序（不一定是固定频率）时间序列数据，具有行和列标签的任意矩阵数据（同构或异构），任何其他形式的观测、统计数据集。这些数据不需要进行特别的处理，即可放入 Pandas 数据结构中。

15.1 数据结构 Series

Series 是一种类似于一维数组的对象，与 numpy 中的一维 array 类似，它由一组数据（value）以及一组与之相关的数据索引（index）组成。Series 能保存不同的数据类型，如字符串、布尔值、数字等，如图 15-1 所示。

Pandas 库中的 Series 类包括 5 个关键字（data,index,dtype,name,copy），它们的含义如下。

data：创建的 Series 对象的初始值。

index：索引，Series 默认使用从 0 开始的数字索引。

dtype：输出的数据类型，不指定时，系统自行判断数据类型。

name：Series 对象的名称。

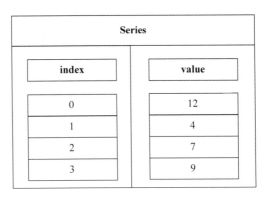

图 15-1　Series 对象的结构

copy：布尔值，规定是否复制 Series 中的值。

15.1.1　创建 Series 对象

Series 对象的创建非常简单，只需导入 Pandas 库，调用 Pandas 库中的 Series 类，括号中传入 Series 对象的初始值，就完成了 Series 对象的创建。

创建 Series 对象时，常见的初始值类型有列表、ndarray、元组、字典、其他 Series、单个值。需要注意一点，使用 ndarray 或其他 Series 对象创建 Series 对象时，生成的 Series 对象不是原 ndarray 或其他 Series 对象元素的副本，而是对它们的引用。也就是说，Series 对象中仅保存了这些值的地址，当原来的值发生变化时，新 Series 对象中对应的元素也会发生相同的变化。

1. 创建使用默认索引的 Series 对象

创建 Series 对象时，仅传入初始值，则 Series 对象使用默认的数字索引。下面以列表为 Series 对象的初始值，创建 Series 对象。

```
In : import pandas as pd
  Eva = pd.Series([95, 100, 93])
  Eva
Out: 0     95
  1     100
  2     93
  dtype: int64
```

"dtype：int64"是 Series 对象中数据的类型。

2. 创建 Series 对象时，指定 index 关键字

创建 Series 对象时，给每一个元素都添加一个有意义的索引值是必要的。因此，在创建 Series 对象时，最好指定 index 关键字，index 关键字的值通常是一个列表。例如，[95,100,93] 代表一位同学三门课程的成绩。

```
In : import pandas as pd
  index = ['English', 'Python', 'Java']
    Eva = pd.Series([95, 100, 93], index = index)
    Eva
```

```
Out: English     95
     Python     100
     Java        93
     dtype: int64
```

3. 以单值为初始值创建 Series 对象

```
In : pd.Series(95, range(3))
Out: 0    95
     1    95
     2    95
     dtype: int64
```

可以看出，当以单值作为初始值创建 Series 对象时，Series 对象每个元素具有相同的元素值。

4. 字典作为初始值，创建 Series 对象

使用字典创建 Series 对象，字典中的键将成为 Series 对象的索引，对应的值将成为 Series 对象的元素值。

```
In : Eva = pd.Series({'English':95, 'Python':100, 'Java':93})
     Eva
Out: English     95
     Python     100
     Java        93
     dtype: int64
```

15.1.2   查看 Series 对象的索引值或元素值

Series 类中提供大量与元素查询相关的方法，使用这些方法不仅可以灵活查看 Series 对象的元素值，还可以查看索引的值。

1. 访问 Series 元素

```
In : Tom = pd.Series([93, 95, 90])
     Tom[2]
Out: 90
```

当指定 index 关键字时，可以通过自定义的索引访问单个元素。

```
In : Tom = pd.Series([93, 95, 90], index = ['English', 'Python', 'Java'])
     Tom['English']
Out: 93
```

可以通过"＝"直接修改某个元素的值，如果查找元素时使用的索引不包含 Series 对象时，会以该索引添加一个新的元素到 Series 中。

Series 对象中，索引不全为数字时，通过[元素数字索引]访问元素值的方式失效，如果仍然需要通过数字索引访问元素值，可以使用 loc、iloc 属性，后续将会介绍。

2. index 属性和 values 属性

若只关心 Series 对象的索引或全部元素值其中的一项，这时可以通过 Series 对象的

index 属性访问索引。

```
In : Tom.index
Out: RangeIndex(start = 0, stop = 3, step = 1)
```

通过 values 属性访问全部的元素值。

```
In : Tom.values
Out: array([93, 95, 90], dtype = int64)
```

3. 切片访问元素值

访问 Series 对象元素时,可以像操作列表那样,使用切片的方式,访问对象中的某一段元素。

```
In : Tom['English': 'Java']
Out: English    93
     Python     95
     Java       90
     dtype: int64
```

可以看出,不仅数字索引可以切片,当索引全部为字符串时,同样可以进行切片。需要注意的是,当字符串为索引时,切片操作的区间左右封闭;当索引为数字时,切片操作的区间左闭右开。

15.1.3　删除元素值

使用 del 关键字,可以删除 Series 对象中的元素。例如,删除 Tom 中索引为 English 的值。

```
In : del Tom['English']
     Tom
Out: Python     95
     Java       90
     dtype: int64
```

不指定 Series 对象的索引时,会直接将整个对象删除,这种方式应当谨慎使用。

15.2　数据结构 DataFrame

DataFrame 是一个表格型的数据结构,含有一组有序的列,每行每列都是一个 Series 对象,如图 15-2 所示。

从 DataFrame 对象的结构图可以看出,DataFrame 对象有两个索引数组:index 和 columns。index 数组是 DataFrame 对象的行索引数组,其中的每个标签与一行元素相关;columns 数组是 DataFrame 对象的列索引数组,其中的每个标签与一列元素相关。

DataFrame 还可以理解为一个由 Series 组成的字典,其中每一列的名称为字典的键,形成 DataFrame 的列的 Series 作为字典的值。

通俗来讲,DataFrame 就是一组具有相同索引的 Series 对象组合,每个 Series 对象作为 DataFrame 对象的一列,每个 Series 对象的对象名作为 DataFrame 对象中一列的标签。

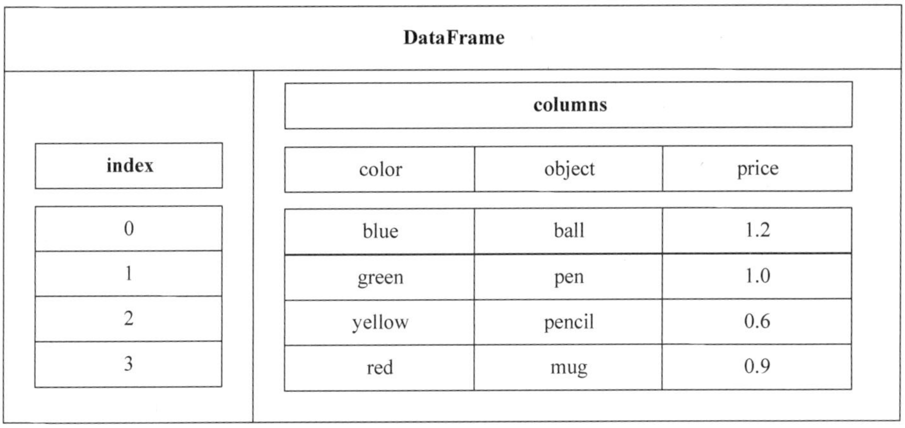

DataFrame			
index	color	object	price
0	blue	ball	1.2
1	green	pen	1.0
2	yellow	pencil	0.6
3	red	mug	0.9

图 15-2 DataFrame 对象结构

Pandas 库中 DataFrame 类具有如下关键字。

data：一组数据，可以是 ndarray、Series、列表、字典等类型。

index：索引值，或者可以称为行标签。

columns：列标签，默认为 RangeIndex(0，1，2，…，n)。

dtype：数据类型。

copy：是否允许复制数据，默认为 False，不允许复制。

15.2.1 创建 DataFrame 对象

新建 DataFrame 对象最常用的方法是传递一个字典给 DataFrame 类的构造函数。字典中的每个键组成 DataFrame 对象的列索引。行索引同样需要指定 index 属性，否则，系统默认使用从 0 开始的数字作为每一行的标签。

假设有三位同学参加三个科目的考试，他们的成绩分别是 Tom=[89,94,91],Jerry=[93,97,99],Eva=[85,89,93]。可以据此创建字典，并将字典作为初始值创建 DataFrame 对象。

```
In : dic0 = {'Tom': [89, 94, 91], 'Jerry': [93, 97, 99], 'Eva': [85, 89, 93]}
     grade0 = pd.DataFrame(dic0)
     grade0
Out:      Tom    Jerry    Eva
     0    89     93       85
     1    94     97       89
     2    91     99       93
```

可以指定 index 关键字，确定三个科目分别是什么，这样使得 DataFrame 中的每个元素值都有一个清晰的含义。

```
In : dic1 = {'Tom': [89, 94, 91], 'Jerry': [93, 97, 99], 'Eva': [85, 89, 93]}
     grade1 = pd.DataFrame(dic1, index = ['English', 'Python', 'Java'])
     grade1
Out:          Tom    Jerry    Eva
     English   89     93       85
     Python    94     97       89
     Java      91     99       93
```

使用嵌套的字典可以不用指定 index 关键字，创建同样的 DataFrame 对象。

```
In : dic2 = {
                'English': {'Tom': 89, 'Jerry': 93, 'Eva': 85},
             'Python': {'Tom': 94, 'Jerry': 97, 'Eva': 89},
             'Java': {'Tom': 91, 'Jerry': 99, 'Eva': 93}  }
     grade2 = pd.DataFrame(dic2)
     grade2.T
Out:          Tom       Jerry      Eva
     English   89        93         85
     Python    94        97         89
     Java      91        99         93
```

T 属性可以转置 DataFrame 对象，让原来的行变成列，让原来的列变成行。T 属性返回 DataFrame 的转置视图，而不是副本。

如果用来创建 DataFrame 对象的字典中包含无用数据，可以只选择自己感兴趣的列创建 DataFrame 对象。在 DataFrame 构造函数中，用 columns 选项指定需要的列即可。新建的 DataFrame 各列顺序与指定的列顺序一致，而与它们在字典中的顺序无关。下面创建只包含 Tom 和 Eva 成绩的对象。

```
In : dic3 = {'Tom': [89, 94, 91],'Jerry': [93, 97, 99],'Eva': [85, 89, 93]}
     grade3 = pd.DataFrame(dic3, columns = ['Tom', 'Eva'])
     grade3
Out:      Tom    Eva
     0    89     85
     1    94     89
     2    91     93
```

15.2.2 查看 DataFrame 对象元素值

想知道 DataFrame 对象行索引或列索引的全部内容，只要调用 index 属性或者 columns 属性。如果想要获取存储在 DataFrame 对象中的元素，可以使用 values 属性获取所有元素。

如果只想获取某一列的值，只需要把列标签作为索引即可。

```
In : grade1['Jerry']
Out: English    93
     Python     97
     Java       99
     Name: Jerry, dtype: int64
```

从输出可以看出，结果是一个 Series 对象。

尽管 DataFrame 支持使用[ ]访问元素值的功能，但 Pandas 文档建议使用属性 loc、iloc、at、iat 来进行操作。这些属性已经被优化，专门用于访问 DataFrame，而且使用[ ]访问元素通常会产生数据副本。

可以通过 loc 属性，指定行标签访问行。下面列出了三位同学 English 科目的成绩。

```
In : grade1.loc['English']
Out: Tom     89
     Jerry   93
```

```
      Eva     85
      Name: English, dtype: int64
```

还可以使用 iloc 属性通过整数 0 索引访问行(iloc 中的 i 表示与整数索引一起使用)。下面通过数字索引列出三位同学的 English 科目成绩。

```
In : grade1.iloc[0]
Out: Tom     89
     Jerry   93
     Eva     85
     Name: English, dtype: int64
```

loc、iloc 属性的索引可以是一个切片,当切片两端的值是字符串时,输出的结果包括切片右端的索引。

```
In : grade1.loc['Python': 'Java']
Out:         Tom   Jerry   Eva
     Python   94     97    89
     Java     91     99    93
```

当将 iloc 属性与包含整数索引的切片一起使用时,指定的范围不包括切片右端的索引。

```
In : grade1.iloc[1: 3]
Out:         Tom   Jerry   Eva
     Python   94     97    89
     Java     91     99    93
```

可以使用两个切片、两个列表或切片和列表组合来选择行与列,从而专注于 DataFrame 的一个较小的子集。

假设只想查看 Jerry 和 Eva 的 English 和 Python 成绩,可以使用带有两个连续行的切片的 loc 和两个非连续行的列来实现。

```
In : grade1.loc['English': 'Python', ['Jerry', 'Eva']]
Out:         Jerry   Eva
     English   93    85
     Python    97    89
```

切片 'English': 'Python' 选择索引为 English 和 Python 的这两行。列表['Jerry','Eva']表示仅从这两列中选择相应的成绩。

使用带有列表和切片的 iloc 来选择第一个科目和第三个科目的成绩,并获取这些测试成绩的前三列。

```
In : grade1.iloc[[0, 2], 0: 3]
Out:          Tom    Jerry   Eva
     English   89     93    85
     Java      91     99    93
```

可以使用 DataFrame 的 at 和 iat 属性从 DataFrame 获取单个值。像 loc 和 iloc 一样,at 使用标签,而 iat 使用整数索引。在这种情况下,行和列的索引必须用逗号隔开。下面通过 at 和 iat 查看 Jerry 的 Python 成绩。

```
In : grade1.at['Python', 'Jerry']
Out: 97
```

```
In : grade1.iat[1, 1]
Out: 97
```

Pandas 更强大的选择功能之一是支持布尔索引。例如，只想查看大于或等于 90 分的成绩。

```
In : grade1[grade1 >= 90]
Out:            Tom       Jerry      Eva
    English     NaN        93        NaN
    Python      94.0       97        NaN
    Java        91.0       99        93.0
```

Pandas 检查每个成绩，以确定其值是否大于或等于 90，如果是，则令其包含在新的 DataFrame 中。条件为 False 的成绩在新的 DataFrame 中表示 NaN，NaN 是 Pandas 表示缺失值的符号。

在布尔索引中，可以使用 &(按位与)、|(按位或)连接多个条件。查看成绩在[80,89]区间内的所有成绩。

```
In : grade1[(grade1 >= 80) & (grade1 <= 89)]
Out:            Tom       Jerry      Eva
    English     89.0       NaN       85.0
    Python      NaN        NaN       89.0
    Java        NaN        NaN       NaN
```

15.3　数据科学入门

Pandas 常被用于数据分析，从数据收集到数据分析结果，通常需要对数据进行预处理过程，这是因为数据分析前采集到的数据并不都是可以直接用于分析的格式化数据，数据预处理就是规整这些数据，以便后续的分析。行业经验表明，数据预处理几乎占到数据分析全程 75% 的时间。

数据预处理中最重要的两个步骤是数据清理和将数据转换为可供数据库系统和分析软件处理的最佳格式。以下是一些常见的数据清理示例。

- 删除具有缺失值的观测值。
- 用合理的值代替缺失值。
- 删除具有错误值的观察值。
- 用合理的值代替不合理值。
- 抛弃离群值(也称异常值)，有时需要保留。
- 消除重复。
- 处理不一致数据。
- 其他。

下面介绍一些数据分析中常见的操作。首先，假设有 10 位同学参加 5 门课程的测试，创建 DataFrame 对象 score 存储这些成绩。

```
            English    Python     Java      Web      C
student1    92         94.0       75.0      83       93.0
student2    83         90.0       96.0      89       82.0
```

student3	98	NaN	82.0	78	78.0
student4	74	96.0	88.0	84	NaN
student5	83	90.0	95.0	75	99.0
student6	83	78.0	NaN	71	70.0
student7	70	70.0	73.0	98	87.0
student8	90	NaN	77.0	83	74.0
student9	81	99.0	96.0	93	87.0
student10	86	92.0	79.0	71	91.0

1. 处理缺失值（NaN）

缺失值是没有任何实际意义的，如果不想让数据中出现 NaN，就需要过滤掉这样的值，或者为 NaN 填充上有意义的值。

dropna() 函数可以很好地解决这个问题，它可以自动过滤掉数据中的缺失值，只保存有效值。可以使用 dropna() 函数删除 NaN 元素所在行或所在列，dropna() 函数默认删除 NaN 元素所在行。

```
In : score.dropna()
Out:          English     Python     Java     Web     C
    student1    85         77.0      80.0     72     75.0
    student2    90         74.0      91.0     72     83.0
    student5    94         82.0      94.0     98     92.0
    student7    76         84.0      71.0     80     74.0
    student9    85         95.0      70.0     76     73.0
    student10   90         78.0      98.0     84     96.0
```

很多时候，当一行或一列的元素全是 NaN，就需要把这一行或这一列过滤掉，为了实现这个目的，可以在 dropna() 函数中使用 how 关键字，将其值指定为 all，则在一行或一列全为 NaN 时，dropna() 函数就会将一行或一列过滤掉。

```
In : score.dropna(how = 'all')
Out:          English     Python     Java     Web     C
    student1    85         77.0      80.0     72     75.0
    student2    90         74.0      91.0     72     83.0
    student3    98         NaN       87.0     81     72.0
    student4    88         74.0      84.0     88     NaN
    student5    94         82.0      94.0     98     92.0
    student6    92         91.0      NaN      89     80.0
    student7    76         84.0      71.0     80     74.0
    student8    93         NaN       81.0     89     87.0
    student9    85         95.0      70.0     76     73.0
    student10   90         78.0      98.0     84     96.0
```

可以看到，尽管有缺失值，但没有一行或一列被过滤掉。

fillna() 函数可以用来填充数据中的缺失值，只需要指定替换 NaN 的元素。如果需要不同列填充不同的值，依次指定列名称及要替换成的元素即可。稍后会进行演示。

2. 描述性统计

Series 和 DataFrame 都有一个 describe() 方法，该方法计算数据的基本描述性统计并将结果以 DataFrame 的形式返回。在 DataFrame 中，统计数据是按列计算的。

```
In : pd.set_option('precision', 2)
score.fillna(0).describe()
Out:          English      Python      Java       Web        C
      count   10.00        10.0        10.00      10.00      10.00
      mean    89.10        65.5        75.60      82.90      73.20
      std      6.10        35.2        28.08       8.35      27.02
      min     76.00         0.0         0.00      72.00       0.00
      25 %    85.75        74.0        73.25      77.00      73.25
      50 %    90.00        77.5        82.50      82.50      77.50
      75 %    92.75        83.5        90.00      88.75      86.00
      max     98.00        95.0        98.00      98.00      96.00
```

默认情况下，Pandas 使用浮点值计算统计信息，并以 6 位小数的精度显示它们。可以使用 set_option 函数控制精度和其他默认设置。

在进行统计前，因为源数据中包含缺失值，默认情况下，Pandas 直接跳过缺失值的统计，从而导致统计结果不精确。为了结果的精确，在使用 describe()函数前，可以先使用 fillna()函数对源数据进行填充，将缺失值填充为 0。

Series 和 DataFrame 也可以单独使用 count(元素个数)、mean(平均值)、min(最小值)、max(最大值)、std(标准偏差)方法计算各统计值。

```
In : score.mean()
Out: English    89.10
     Python     81.88
     Java       84.00
     Web        82.90
     C          81.33
     dtype: float64
```

这里返回的是一个 Series 对象，每个元素是这一列的平均值，列名作为 Series 对象的索引值。

3. 排序

Pandas 支持通过索引或元素值排序。下面展示了 sort_index(索引排序)和 sort_values(值排序)方法。sort_index 默认按照行升序排序，可以通过指定关键字 ascending 为 False，变成降序排序。

```
In : score.sort_index(ascending = False)
Out:           English      Python      Java       Web       C
      student9   85          95.0        70.0       76        73.0
      student8   93          NaN         81.0       89        87.0
      student7   76          84.0        71.0       80        74.0
      student6   92          91.0        NaN        89        80.0
      student5   94          82.0        94.0       98        92.0
      student4   88          74.0        84.0       88        NaN
      student3   98          NaN         87.0       81        72.0
      student2   90          74.0        91.0       72        83.0
      student10  90          78.0        98.0       84        96.0
      student1   85          77.0        80.0       72        75.0
```

如果想按照列索引进行排序，在 sort_index()方法中设置 axis 关键字的值为 1。默认情况下，axis 的值为 0，即按行排序。

假定同学 1 想按照降序查看自己各科目的成绩，以便按分数从高到低顺序查看科目的名称。对此，可以按以下方式调用 sort_values() 方法。

```
In : score.sort_values(by = 'student1', axis = 1, ascending = False)
Out:            English      Java     Python       C       Web
    student1      85         80.0      77.0      75.0      72
    student2      90         91.0      74.0      83.0      72
    student3      98         87.0      NaN       72.0      81
    student4      88         84.0      74.0      NaN       88
    student5      94         94.0      82.0      92.0      98
    student6      92         NaN       91.0      80.0      89
    student7      76         71.0      84.0      74.0      80
    student8      93         81.0      NaN       87.0      89
    student9      85         70.0      95.0      73.0      76
    student10     90         98.0      78.0      96.0      84
```

如果想按照降序查看 Python 科目的成绩，以便按分数从高到低顺序查看学生的名次，需要使用 T 属性，因为默认情况下，sort_values() 默认对列中的数据进行排序。

默认情况下，sort_index() 和 sort_values() 返回原始对象的副本，这可能会占用大量的内存。可以通过指定关键字 inplace＝True 进行原址排序，而不是创建副本。

15.4 实践与练习

【实践】 Pandas 常用于数据清洗。假设现在收集到一些同学的信息，以 csv 文件格式存储，其中的信息如图 15-3 所示。

PID	ST_NUM	ST_NAME	OWN_OCCUPIED	NUM_BEDROOMS	NUM_BATH	SQ_FT
100001000	104	PUTNAM	Y	3	1	1000
100002000	197	LEXINGTON	N	3	1.5	--
100003000		LEXINGTON	N	n/a	1	850
100004000	201	BERKELEY	12	1	NaN	700
	203	BERKELEY	Y	3	2	1600
100006000	207	BERKELEY	Y	NA	1	800
100007000	NA	WASHINGTON		2	HURLEY	950
100008000	213	TREMONT	Y	1	1	
100009000	215	TREMONT	Y	na	2	1800

图 15-3 csv 数据信息

对数据进行以下清洗操作。

(1) 读取 csv 文件，其中，n/a、NA、--、na 均是缺失值。

(2) 为每一列缺失值填充相同的值，PID 列填充字符串"100000000"，ST_NUM 列填充数值 100，OWN_OCCUPIED 列填充字符"N"，NUM_BEDROOMS 列填充数值 0，NUM_BATH 列填充数字 0，SQ_FT 列填充数值 100。

(3) 列 PID 无小数点位数。根据 ST_NAME 列值，删除值重复的行。

（4）计算每一列的统计信息，调用 describe()函数。

参考程序：

```
In : import pandas as pd
 #1. 读取 csv 文件, n/a、NA、-- 、na 均是缺失值
 missing_values = ['n/a', 'na', '--', 'NA']
 df = pd.read_csv('property-data.csv', na_values = missing_values)
 #2. 为每一列缺失值填充相同的值
 values = {'PID': '100000000',
           'ST_NUM': 100,
           'OWN_OCCUPIED': 'N',
           'NUM_BEDROOMS': 0,
           'NUM_BATH': 0,
           'SQ_FT': 100}
 df.fillna(value = values, inplace = True)
 #3. 列 PID 无小数点位数.根据 ST_NAME 列值,删除值重复的行
 df['PID'] = df['PID'].apply(lambda x: '%.9s'%x)
 df = df.drop_duplicates(['ST_NAME'])
 #4. 计算每一列的统计信息,调用 describe()函数
 df.describe()
Out:          ST_NUM       NUM_BEDROOMS       SQ_FT
     count    5.000000     5.0                5.00000
     mean     163.000000   2.0                570.00000
     std      56.013391    1.0                443.84682
     min      100.000000   1.0                100.00000
     25%      104.000000   1.0                100.00000
     50%      197.000000   2.0                700.00000
     75%      201.000000   3.0                950.00000
     max      213.000000   3.0                1000.00000
```

【练习】 创建一个程序，使用 Python 的 Pandas Series 和 DataFrame 库来分析中国"一带一路"倡议的社会和经济影响。

（1）广泛查阅文献，收集相关数据。

（2）确定分析指标。

（3）通过 Pandas Series 和 DataFrame 处理数据，得到数据结果。

（4）分析数据结果意义。

小结

（1）演示了如何创建和操作类似于数组的一维 Series 和二维 DataFrame，定制了 Series 和 DataFrame 索引。

（2）展示了访问和选择 Series 和 DataFrame 中的数据的各种方法。

（3）介绍了一些 Pandas 在数据科学中应用的基本操作，包括如何处理缺失值，使用 describe()方法计算 Series 和 DataFrame 的基本描述性统计信息以及如何按照索引或元素值进行排序。

图书资源支持

感谢您一直以来对清华版图书的支持和爱护。为了配合本书的使用，本书提供配套的资源，有需求的读者请扫描下方的"书圈"微信公众号二维码，在图书专区下载，也可以拨打电话或发送电子邮件咨询。

如果您在使用本书的过程中遇到了什么问题，或者有相关图书出版计划，也请您发邮件告诉我们，以便我们更好地为您服务。

我们的联系方式：

清华大学出版社计算机与信息分社网站：https://www.shuimushuhui.com/

地　　址：北京市海淀区双清路学研大厦 A 座 714

邮　　编：100084

电　　话：010-83470236　010-83470237

客服邮箱：2301891038@qq.com

QQ：2301891038（请写明您的单位和姓名）

资源下载： 关注公众号"书圈"下载配套资源。

资源下载、样书申请

书圈

图书案例

清华计算机学堂

观看课程直播